U0917377

简明养鹅手册

尹兆正　余东游　祝春雷　编著

中国农业大学出版社
·北京·

前　言

我国是世界上养鹅数量最多的国家，同时也是鹅产品出口大国。实践证明，养鹅业具有耗粮少、投入低、周转快、用途广、效益高等特点，是适应新世纪我国畜牧业战略性结构调整要求的一项优势产业，更是广大农村脱贫致富奔小康的一条有效捷径。针对当前各地养鹅业蓬勃发展，对科学养鹅专业知识和先进技术需求迫切的新形势，我们根据多年从事养鹅生产实践和科研所积累的资料，参阅国内外养鹅最新技术和经验，在广泛调查研究的基础上，编写了《简明养鹅手册》一书。

本书介绍了养鹅生产中的主要环节、关键技术、优质高产具体措施以及生产中的成功经验。主要内容：鹅的生物学特性及养鹅业发展、鹅的品种、营养与饲料、鹅的饲养管理、肥肝生产技术、活拔鹅毛绒技术、鹅的屠宰及肉蛋皮加工、鹅舍建筑与设备及鹅的疾病防治等，共 8 章。全书资料新、实用性强，可供广大养鹅专业户、养鹅场的生产技术人员阅读使用。

因水平有限，书中不妥和错误之处，敬请读者批评指正。

编著者

2002 年 1 月

目　录

第一章 概 述

鹅是经人类长期驯化、豢养、能在家养条件下生存繁衍后代、有较高经济价值的鸟类。作为家禽业的一个重要组成部分，鹅与鸭共同构成我国水禽生产的主体。按照生物学分类方法，鹅属于鸟纲、雁形目、鸭科、雁属、鹅种。

我国具有悠久的养鹅历史。一般认为，中国鹅起源于鸿雁，欧洲鹅起源于灰雁。考古证明，我国家鹅最早驯养于新石器时代，至今已有约 6 000 年的历史。北魏时期贾思勰撰写的《齐民要术》（公元 533—544 年成书）一书中，就已详细记载了公元前1～6世纪我国劳动人民对鹅的饲养管理、选种繁育和孵化等技术及经验。在长期驯养过程中，人类对家鹅体型、体重、产蛋量、羽色等都进行了广泛的选育，因而形成了其不同于鸡乃至鸭的独特的生物学特点和习性。即使是同属于雁属的中国鹅与欧洲鹅，从外形到特性也有所不同。因此，了解鹅的生理特点、生物学特性及各种经济用途，掌握其生长发育规律，将有助于为它们创造一个良好的环境条件，施以精心的饲养管理，充分发挥其生长快速、节粮耐粗饲、经济价值高的优势，促进我国养鹅业在新时期的不断发展。

第一节 养鹅的经济意义

由于受人口增加及耕地减少的双重制约，我国粮食偏紧的状况将长期存在，饲料粮成为我国畜牧业持续发展的重要瓶颈因素。在此情况下，建立以草食畜禽为主体的高效节粮型畜牧业结构，是我国畜牧业战略性结构调整的重要方向。近些年来，各地养鹅业发展很快，在不少主产区已成为支柱性产业，并开始走上产业化道路。无论在农区、牧区、山区、矿区、平原等地区，养鹅被认为是一项“短、平、快”的项目，很多贫困地区把发展养鹅当做脱贫致富的“启动”项目和突破口，加速了养鹅业由自给、半自给型的副业生产向商品生产的转化。养鹅的经济意义主要包括以下 7 个方面：

一、投入少，产出多

鹅以放牧草食为主,因此养鹅的基本建设与设备所需很少,除育雏期间需要一些房舍和供暖设备外，开始放牧的仔鹅及成鹅一般都露宿在外，随放牧地的变换而迁移；产蛋期的种鹅也仅需一遮挡风雨的竹棚用于产蛋,而所得鹅产品则较多,且产值较高,如鹅肉、羽绒、肥肝、裘皮等。由于鹅的生命力强，适应性广，抗病力很强，疾病少，用于鹅的医药费也比鸡、鸭少得多。因此，从投入产出角度看，发展养鹅是农村脱贫致富的优选项目。

二、生长快，耗料少

以放牧为主的肉用仔鹅，一般从出孵至上市，仅需 60～80 天，鹅活重即可达 3～4 kg，精料与活重的比例为 1～1.7∶1。而饲养 1 头上市体重达 90 kg 的生猪，需饲料 324～360 kg，育肥期需 200 天左右。而用这些饲料，可饲养肉用仔鹅 111 只，总活重达 220～270 kg，时间仅需 70 天左右，获利可达养猪的 10 倍。由此可以看出，养鹅较养猪经济效益要高。

三、鹅肉、鹅蛋的营养价值高

鹅肉鲜嫩味美，营养丰富。近几年形成了鹅肉系列产品，如烤鹅、咸水鹅、熏鹅、分割鹅等，深受市场欢迎。在一些欧洲国家如法国，有“富人吃鹅，穷人吃鸡”的说法，说明鹅肉的品味很高。尤其是腌制的腊鹅肉，紫里透红，油香四溢，别有一番风味。鹅掌、鹅翅、鹅肝等也独具特色。鹅蛋中蛋白质的含量多于鸡蛋和鸭蛋。鹅血、鹅胆、鹅掌黄皮都是较好的药材。

据分析，鹅蛋的蛋白质及人体所需要的八种必需氨基酸的含量都比鸡蛋和鸭蛋高。用鹅蛋制作的松花蛋，风味独特；用盐腌制的鹅蛋味道比鸡、鸭蛋都好；煎炒的鹅蛋味道不次于鸡蛋。因此，鹅蛋营养价值高、价格低廉，很受群众欢迎。

四、可提供肥肝

经过人工填肥的鹅肥肝质地细嫩，营养更为丰富，味道独特。肥肝含有大量对人体有益的不饱和脂肪酸和多种维生素，最适于儿童和老年人食用，在国际市场上是珍贵而畅销的营养食品之一。欧洲人特别爱吃，但近几年肥肝鹅供应不足。发展鹅肥肝生产，不仅可以增加鹅肉产量，供应国内市场的需要，而且可以打入国际市场，换取外汇，前景看好。

五、可提供毛绒

鹅毛绒质地柔软而轻松，具有防寒保温等特点，其制品用途十分广泛。羽绒服装制品，风靡全国，但羽绒原料却十分紧张，解决的办法之一就是大力发展养鹅业。鹅毛可做羽毛扇、羽毛球等体育用品以及工艺装饰品等。一只成年鹅一次可得毛绒150～200 g，采用人工活拔毛技术，一年拔毛3～4次，全年可得毛绒450～800 g。在温暖地区，可拔毛5～12次，拔取毛绒更多。

六、充分利用农副产品，开发草地、荒山和滩涂

鹅群放牧以草为主，仅早晚补料。放牧时，可在已收割的麦茬地、稻茬地让鹅群啄食遗落在田间的麦粒、谷粒。此外，由于

鹅对草质的选择性很广，因此对田边、河边、路边等地的荒草利用率很高，一些无法利用或暂时无法利用的草地、草滩、荒坡、滩涂可先用来放牧鹅群，而鹅群排的粪便又可肥田，改良土壤土质。由于这些草滩、荒坡几乎无农药、化肥等污染，因此鹅肉也是受污染较小的畜禽产品，对人类来说是极为有利的食品。

七、鹅体质强健，管理方便

鹅的生活力强，适应性广，耐寒力和抗病能力比鸡、鸭强，小鹅的成活率一般都在90%以上。东北的豁鹅，在冬天还能扒开积雪寻找埋在雪下的草根吃。鹅既容易饲养，风险又较小。在我国悠久的养鹅历史中，形成了众多具有不同特性的地方鹅种，其饲养量超过世界其他各国的总和，这说明我国养鹅基础较好，且特别适于农家利用当地的水草资源分散放养。

综上所述，养鹅是一项投资省、销路好、效益大的速效型养殖业，各地可因地制宜，大力发展。

第二节　我国的养鹅业发展

一、养鹅业发展概况

我国是世界上家鹅的起源地之一。据考古证明，早在距今约6 000年前的新石器时代，我国已开始驯养鹅；而非洲养鹅的历史为4 000年左右，欧洲则更晚，仅有3 000多年的养鹅历史。中国的许多有关农事和科技的古书籍中都提到了对鹅的驯化、饲养、选种、繁殖、管理、加工、流通等方面的内容，说明我国古代劳动人民已逐渐积累了十分丰富的养鹅技术和经验，并在一定程度上说明了养鹅业的兴旺。从春秋战国时期的《管子》、《周礼》等，到西汉的《礼记》、《盐铁论》、《隋书·经籍志》到《齐民要术》，明朝的《本草纲目》，直至清代的《三农记》等，都有养鹅、食鹅、用鹅的记载。这说明，鹅也像其他畜禽一样，很早就为人类所驯养，并为人类利用。

改革开放以来，我国养禽业和其他行业一样，有了迅速的发展。1948年全国的养禽量为2.5亿羽，其中鹅为724万羽；1957年全国家禽存栏量为7亿多；到1982年家禽存栏量达到了11.8亿羽，活鹅出口达243万羽，羽绒制品出口额约为1.2亿美元；1986年我国羽绒出口1.1万吨，创汇1.5亿美元，占世界羽绒总出口量的30%左右，居于世界第一位；1988年全国家禽存栏数达22.6亿羽，鹅约为2.6亿羽，占养禽量的11.5%，鹅肉产量约50万吨，羽绒及羽绒制品出口创汇约3亿美元；1994年全国养禽存栏量即跃增为39.45亿羽，比1993年增加21.88%，其中鹅的存栏量有所下降，为1.60亿羽，仍占养禽量的4.07%；近几年来，发展养鹅等高效节粮型草食畜禽成为我国畜牧业战略性结构调整的重要体现，全国各地掀起了种草养鹅的热潮，1998年全国鹅饲养量猛增到5.18亿羽。许多地方将发展养鹅当做脱贫致富的“启动”项目和突破口，并走上产业化的道路，养鹅正成为加速畜牧业发展、振兴农村经济的一个新的特色产业。

当然，必须看到，现阶段我国的养鹅业总体上依然是以千家万户的副业性生产为主，一般饲养数量不大，依靠手工劳动，且大多以放牧为主，辅之以适当补饲。精饲料还是用原粮及其副产品，配合饲料数量较少，质量也不高。在育种工作上，品系繁育和杂交配套的研究和应用相当少，杂种优势的利用也很不够。鹅及其产品的加工，无论在技术和水平上都还不高。这些，就是我们与世界上一些养鹅先进国家的差距。

综观近几十年来的我国养鹅业发展，不难发现有以下几方面较为明显的特点：

（一）科学技术在养鹅业中的地位和作用越来越突出

在农业部的领导和协调下，全国有关部门通力合作，于1989年出版了《中国家禽品种志》，基本清理了全国包括鹅在内的优良家禽品种；20世纪80年代后期推广活拨鹅毛技术；鹅病的防治有了突破性进展，特别是小鹅瘟的发现和定名，其后又研制了小鹅瘟血清和小鹅瘟疫苗；全国各地开展了鹅品种的选育、杂交、育种等工作。如近年来扬州大学运用引进的四川白鹅与当地太湖鹅开展杂交选育，经过三世代的培育已取得了可喜的成绩，新育成的扬州鹅（暂定名）早期生长快，70日龄重3.2 kg，80日龄重3.5～4 kg，生长速度比太湖鹅高30%以上，是一个极具选育推广价值的优良鹅种；许多单位先后开展了鹅肥肝的生产试验；鹅的人工授精技术也得到了推广和应用。

（二）饲养规模的扩大和饲养方式的改变

千百年来，养鹅业一直是农村农户的家庭副业，以放牧为主，一般饲养量不大，规模仅为200～300羽。近年来，养鹅的规模越来越大，出现了许多养鹅专业户。以全国养鹅业的领头雁——江苏省为例，1998年全省鹅饲养量达7 043万羽，规模养殖发展迅速。当年有养鹅专业户、场2万多个，年出栏鹅1 200多万羽，比1997年分别增长35%和21%。目前该省年出栏鹅百万羽以上的县有21个，其中高邮、邗江、宝应、吴江、句容、江宁六县（市）年出栏超2 000万羽，已形成当地农村经济的一个特色产业。传统养鹅以放牧为主，但近年来，半放牧半舍饲乃至全舍饲的养鹅户越来越多。舍饲的好处是可以扩大养殖规模，减小放牧劳力的劳动强度，减少损失，提高饲养效率。在舍饲方式中，除平地饲养外，目前人们正在摸索网上或竹栅上饲养的新的养殖方式，并已取得了初步的成功经验。

（三）配合饲料已开始进入养鹅业

以往人们在给鹅补料时一般都是采用稻谷、玉米、大麦等原粮。用这些原粮喂鹅，由于养分不全，造成很大的浪费。随着鹅饲养标准的修订和使用，许多饲料厂家正把目光盯向配合饲料的研制和生产上，这对养鹅业来说，无疑是一大进步。配合饲料的使用和舍饲的结合，必将使农村养鹅业产生一个新的飞跃。

（四）养鹅与扶贫、草滩、荒坡、滩涂开发的结合

越来越多的地区已把养鹅作为贫困地区、贫困户脱贫致富的首选项目。缺劳力、缺资金的农户只要在春天用少量的资金一次购进200～300羽雏鹅，利用弱劳力或老人进行放牧，2～3个月后即可获得上千元的利润。许许多多的贫困户从养鹅中尝到了甜头，走上了致富奔小康之路。一些地方的荒坡、草滩、滩涂也可用养鹅作为开发的前期工作。

（五）鹅产品加工越来越深入

鹅全身都是宝，对鹅进行综合利用可大幅度地增值。除了对鹅肉进行深加工外，羽绒的利用、鹅皮的加工正引起人们的高度重视，特别是鹅绒裘皮加工工艺的成熟，将给鹅的综合利用开辟一个全新的途径。

二、养鹅业的发展方向

近20年来，我国的畜牧业取得了举世瞩目的巨大成就，在农村经济中已由传统副业一举发展成为相对独立的支柱产业，成为整个国民经济中重要的具有鲜明特色的产业。目前，畜牧业产值占农业总产值的比重超过30%，彻底摆脱了长期依附于农业的附属地位，迅速地向现代化方向发展。所谓畜牧业的现代化，是由具备现代知识和技能的劳动者，运用现代工业的物质装备和经济管理，结合先进的畜牧兽医科技，把分散、独立的手工劳动改造成为专业化协作的机械体系生产，实现畜牧业的工业化的一场深刻变革，达到赶上或超过世界先进国家水平的目标。现代化的目的在于大幅度地提高生产效率，主要是劳动生产率、畜禽生产率和饲料转化率，以取得更高的经济效益。这也就是养鹅业从现在起到世纪中叶的发展方向。具体来说，养鹅业的现代化主要包括以下 6 个方面和环节：

（一）生产工具的机械化

即在生产的各个环节都使用机械，并相互配套，形成机械体系的配套操作。在饲料加工、配合和饲喂上，机械化操作已有可能。在孵化上，不仅机械化基本可以实现，而且自动化也有可能。南京实验仪器厂生产的单板机自动控制孵化机就是例证。鹅屠宰、加工、填肥的机械化，也是能够做到的，饮水的自动化也没有多大问题，难点在于排粪的机械化。无论是网养还是笼养，都要解决这个难点。笼养时怎样才能减轻捉鹅操作的劳动强度，也是一个复杂的问题。当然，在机械化上只能量力而行，逐步发展，不能操之过急。

（二）生产技术的现代化

这方面包括以下几个内容：

1. 饲养标准化　即按照鹅在不同情况下对各种养分的不同需要，喂给相应的全价饲料。现在我国还没有鹅的饲养标准，随着对鹅消化和营养研究的深入，鹅在不同时期对各种养分的需要将逐步确定。在这个过程中，一定要注意发挥鹅利用粗饲料能力强的特点，研究出适合不同鹅种在不同的生长发育阶段的饲料及饲养方法。饲养标准化的实现，还有待于草业产品生产和开发的配合，特别是草粉这一产品生产和使用的配合。看来，实现饲养标准化要分两步走。第一步，放牧加补饲相应的配合饲料；第二步，全舍饲全价配合饲料。实现的时间要比鸡、鸭更长。今后，首先要加快鹅营养的研究和草粉的生产。

2. 种质优良化　即普遍推广优良品种，广泛利用杂交优势，使鹅群保持良好的种质优势。种质优良化的基础是良种繁育体系的建立和健全。我国养鹅业这方面的条件，要比养鸡业、养猪业差得多，国外良种还没有正式的繁育基地，国内良种虽有育种场，但未能形成繁育体系。实践证明，无论是肉用仔鹅生产还是鹅肥肝生产，利用杂交优势能取得明显的效果，而且需要的投入较少。今后，首先要有计划地重点抓杂交优势的利用，在有条件时再重点抓专门化品系的培育和配套杂交。在繁育工作中，要把提高鹅的繁殖力作为选育的重点去抓。

3. 繁殖高效化　只从选育上去提高繁殖力是不够的，还要在繁殖技术的提高上下功夫。推广鹅的人工授精，精选种公鹅，调控光照时间，改善种鹅饲养管理，掌握先进孵化技术等，都能提高鹅的繁殖力。今后最急需又比较容易实施的是精选种公鹅、改善种鹅的饲养管理和推广人工孵化。在实现繁殖高效化上，我国的条件和基础比外国好。不过，从世界范围看，鹅的繁殖技术尚没有什么新的突破。

4. 鹅群健康化　即消灭或基本消灭鹅的主要传染病，使鹅群普遍比较健康。鹅群健康化是养鹅业安全生产的必要保证。要实现健康化，必须制定和颁布兽医法规，完善和健全防疫灭病体系，使防疫、检疫、扑疫工作的综合防治措施真正落实到具体单位和具体环节。比较有利的是，目前鹅的主要传染病，基本上都有了有效的疫苗或药物。问题在于兽医法规不够完善，综合防治措施不够落实。怎样使单克隆抗体、抗疫血清的产量增加，降低成本，使免疫的方式更加可靠和简便，也是亟待解决的问题。

（三）经营管理科学化

这里讲的经营管理，是指按照民主原则和科学规律，对人、财、物、时间、信息、技术等要素进行综合研究，并就养鹅业的各项活动，进行决策与实施、组织与协调的经营管理行为和活动。它包括的内容很广，如总体规划的编制，生产规模的确定，专业分工的确定，社会协作的组织，生产活动的调控等等。它虽然属于社会科学的范围，但需要自然科学的支持。经营管理是一种手段，科学的经营管理能使同样的生产要素，取得更好的经济效益和社会效果。经营管理是我国养鹅业的薄弱之处，在市场经济年代尤其要给予充分认识，努力提高经营管理水平。

（四）生产时间的全年化

鹅业生产的季节性是由产蛋的季节性、孵化的季节性、饲草的季节性等造成的。随着鹅产蛋量的提高和饲养的标准化，鹅的季节饲养将向全年饲养转变，以适应市场的需要。转变的关键在于全价饲料的生产及其使用的经济效益。现在长江流域一带用自制的配合饲料饲养冬鹅成功，并取得较好的经济效益，证明这种转变是完全可能的。

（五）产品利用的综合化

产品利用的综合化，就是通过不同部位、不同层次利用的结合，使鹅体综合利用。利用越综合、越深入，生产成本越低，经济效益越高。一种投入，多种产出，这是非常诱人的前景。我国虽在各种产品的利用上有了突破，但在上质量、上规模、上层次上不够，在怎样才能走向世界上还研究、探索得不够。

（六）养鹅业产业化

养鹅业产业化的本质特征是贸工鹅一体化经营。实行养鹅产业化的过程，实质上就是资源重组、各类生产要素优化配置的过程。当前，鹅的产业化建设在我国各地发展很快，各种形式的产业化组织大量涌现。实践证明，实行养鹅产业化，有利于引导千家万户分散的小生产进入社会化大市场，增强其市场竞争和抵御风险的能力，实现鹅产品多层次转化增值，提高养鹅生产的综合效益，加快农民增收致富的步伐，促进我国养鹅业持续稳定协调发展。

以上 6 个方面，是相互促进、相互制约的，在不同的地方和时期，由于不同的条件和基础，养鹅业现代化的道路和方式也将有所不同，但总体方向和反映现代化特点的内容是不会变的。

实现养鹅业的现代化，需要一个较长的历史时期才能完成，需要作出艰苦的努力，因为它需要多种科学技术的组合，受多种条件的制约。目前看来，实现养鹅业的现代化主要取决于科技上的可靠性，装备上的可能性，经济上的可行性。这里讲的科技，既包括自然科学，也包括社会科学，还包括两者的相互结合；既包括管理者的科技水平，也包括生产者的科技水平，还包括经营者的科技水平，它是实现养鹅业现代化的“根”。要把实验室的成果向生产转移，要把潜在的生产力转化为现实的生产力，关键在于装备的可能性。这里讲的装备是各种物质装备的总称，包括机械、设备、仪器、药物等等，这是“地上部分”。但光有地上“植株”还不够，还要有地下“水和肥”，这就是经济上的可行性。要让生产者、经营者有合理的收益，有“能量和营养”的保证，才能结出“果”——现代化来。必须看到，现代化有赖于全社会整体经济水平的提高，不是在短时间内能完成的。在实际工作中，一定要从经济可行性出发，因地制宜，选择恰当的步骤和方式，向养鹅业现代化方向努力。

第三节 鹅的体型外貌

鹅是体重较大的草食水禽，在体型外貌上与鸡、鸭、火鸡等有明显不同，即使在品种之间也有所不同。

一、头

鹅头比其他家禽的头大，前额高大是鹅的主要特征。鹅头部与鸭一样，无冠、肉垂、耳叶，但有鸡鸭所没有的肉瘤。头的形状因鹅的品种而异，我国鹅种绝大多数是鸿雁的后代，在鹅喙基上部（前额部）长有肉瘤，多数呈半圆形，公鹅较大，母鹅较小。多数品种肉瘤光滑，但狮头鹅的肉瘤发达，向前突出，覆盖于喙上，显得不很光滑；长乐鹅公鹅肉瘤稍带棱脊形。欧洲鹅种和我国新疆的伊犁鹅是灰雁的后代，一般无肉瘤。鹅喙由上、下颌组成，不像鸡那样短、尖、弯，也不如鸭那样长、扁，而是略扁、宽，成楔形，且角质较软，表层覆盖有蜡膜。鹅的喙边缘有许多横脊，水中采食时便于将水滤出，并把食物压碎。鹅的前额肉瘤及喙的颜色有橘色和黑色两大类。有些品种如我国狮头鹅、法国土鲁斯鹅，因咽喉部皮肤松弛下垂，形似袋状，称为咽袋。此外，眼和耳是鹅的视觉和听觉器官，非常灵敏，故有养鹅护院的说法。对鹅头部外形的要求，除符合品种特征外，一般要求头小而短，眼大而明亮，反应灵活。

二、颈

鹅颈比其他家禽粗而长，并有弯曲，有利于采食各类牧草。中国鹅种一般颈细长、弯曲，呈弓形；欧洲鹅种颈较粗、短、直一些。大型鹅种颈较粗短，小型鹅种颈较细长。一般来说，颈较粗短的鹅，易育肥，生产肥肝时较易填饲，肥肝也较大；颈较细长的鹅，产蛋性能较好。我国鹅种中，太湖鹅颈较细长，狮头鹅颈较粗短，伊犁鹅颈既细又短。国外鹅种中，土鲁斯鹅颈相当粗短。颈的粗细与体躯的宽深相关。对鹅的颈部外形的要求是，在符合品种特征的前提下，粗而短些。

三、体　躯

鹅的体躯比其他家禽长而宽，且紧凑坚实。鹅的体躯也因品种不同而有差异，一般大型鹅种体躯大，骨骼也大，肉质较粗；小型品种体躯较小，骨骼也小，肉质较细。鹅的体躯长短及宽窄关系到个体的生产性能，体躯长而宽的个体，不仅产肉性能好，而且产羽绒也多；背宽腹大的个体产蛋性能较高。有些鹅腹部皮肤皱褶较大，下垂成袋状，叫腹褶。母鹅的腹褶在产蛋期明显增大，形似肉袋，俗称“蛋窝”。对鹅的体躯外形要求是，宽深丰满，呈长方形。

四、尾

鹅尾比较短平，尾端羽毛略有上翘，但公鹅尾部无雄性羽。鹅尾部有比较发达的尾脂腺，能分泌脂肪、卵磷脂和高级醇，保护羽绒湿润有光泽，也有防止被水浸湿的作用。

五、腿与胫

鹅腿粗壮而有力，是支撑肌体的支柱。胫部公鹅较长，母鹅较短。胫的长短及粗细是品种的重要特征之一，如广东阳江鹅胫长 9～10 cm，狮头鹅则长达 12 cm 左右。胫的下端生有 4～5 个趾，趾间有蹼，趾端的角质称爪。鹅与鸭同属水禽，其蹼部都比陆禽鸡、火鸡大。胫和蹼颜色相同，分橘色和黑色两类。

六、羽毛

鹅全身羽毛紧贴，有白色和灰色两种类型，其羽毛色泽没有鸡那么丰富多彩，也比鸭、火鸡等单调些。我国北方白鹅较多；南方灰鹅较普遍，白鹅较少。白羽鹅种的羽毛色泽较一致，但少数个体的某些部位带有灰褐斑点。灰鹅鹅种中，各品种羽毛的色泽深浅不同，各部位的毛色也不一致。多数鹅种雏鹅的毛色与成年鹅不同，如太湖鹅雏鹅全身乳黄，成年后纯白；伊犁鹅雏鹅黄色，成年后多数为灰色。大型鹅种羽毛较松，中、小型鹅种羽毛较紧。鹅的两翼宽大厚实，且较长，常褶叠于背上，有飞翔和保持身体平衡的功能。鹅羽毛是否富于光泽，能大体反映出鹅体的健康状况。

第四节 鹅的消化系统及特点

禽类的消化系统基本相似，但与哺乳动物有较大不同。鹅的消化系统，包括口腔、咽、食管、胃、肠、肝和胰等。

一、口腔和咽

鹅无软腭，所以口腔和咽之间没有明显界限。口腔没有唇、齿，颊部也很短，有喙。喙由上、下颌形成。鹅喙长宽而扁，末端钝圆，角质比较软，表层覆有蜡膜。喙的边缘形成许多横脊，在水中采食时便于滤水和压碎食物。硬腭构成口腔顶壁，正中线上有腭裂，向后连鼻后孔。硬腭上有5列乳头。

鹅舌长，前端稍宽，分舌尖和舌根两部分。舌黏膜有厚的角质层。鹅丝状乳头位于舌的边缘。舌上没有味觉乳头，但是在口腔黏膜内有味蕾分布。

咽与口腔之间以最后一列腭乳头为界，咽乳头和喉乳头为咽和食管的分界。咽的顶端正中有一咽鼓管口。

唾液腺很发达，包括上颌腺、下颌腺、腭腺、咽腺及口角腺。这些腺体分泌黏液，有导管开口于口腔和咽的黏膜面。

二、食管和食管膨大部

食管宽大，能扩张，便于吞咽较大的食团。鹅的颈长，食管也长。食管分为颈部和胸部食管。食管最初位于气管背侧，在颈部转到气管的右侧，在入胸腔之前形成一个纺锤形的食管膨大部，有着与鸡嗉囊相似的功能，起着贮存和浸软食物的作用。

三、胃

鹅胃由腺胃和肌胃组成。腺胃呈短纺锤形，位于左、右肝叶之间的背侧部分。黏膜上有数量较多的小乳头，黏膜内有大量胃腺，可分泌盐酸和胃蛋白酶，分泌物通过导管开口于乳头。

肌胃又叫砂囊或"肫"，位于腺胃后方，外形近似椭圆形的双凸体，质地坚实。背腹面稍压扁，上有厚而致密的中央腱膜，称为腱镜。肌胃有两个通口，一个通腺胃，一个通十二指肠。两个口都在肌胃的前缘，距离很近。肌胃的肌层发达，暗红色。黏膜层内有肌胃腺，分泌物形成一层类角质膜，有保护黏膜的作用。鹅的类角质膜较厚，较易剥离。肌胃腔内有较多的砂石，对食物起研磨作用，所以肌胃又叫砂囊。

四、肠和泄殖腔

鹅肠较短，为其体长的 3～4 倍。分为大肠和小肠。在大小肠上均有肠绒毛，但无中央乳糜管。在大小肠黏膜内有肠腺，但在十二指肠内无肠腺。

小肠分为十二指肠、空肠和回肠。十二指肠位于肌胃右侧。肌胃的幽门口连通十二指肠。十二指肠以对折的盘曲为特征，可分为降部和升部。两部分肠段之间夹有胰。与十二指肠起始端相对应处的十二指肠末端向后侧延续为空肠。空肠形成许多肠褶，由肠系膜悬挂于腹腔顶壁。鹅空肠形成 5～8 圈长袢，数目比较固定。空肠的中部有一盲突状卵黄囊憩室，是胚胎期间卵黄囊柄的遗迹。回肠短而直，以回盲韧带与盲肠相连。小肠壁内有肠腺，分泌物排入肠腔，对食物进行消化。

大肠分为盲肠和直肠。盲肠有 2 条，呈盲管状，盲端游离。回盲口可作为小肠与大肠的分界线。距回盲口约 1 cm 处的盲肠壁上有一膨大部，由位于盲肠内的大量淋巴小结组成，称为盲肠扁桃体。口的后方为直肠，直肠很短，末端连接泄殖腔。

泄殖腔略呈球形，内腔面有 3 个横向的环形黏膜褶，将泄殖腔分为三部分。前部为粪道，与直肠相通；中部叫泄殖道，输尿管、输精管或输卵管开口在这里；后部叫肛道，肛道壁内有肛腺，分泌黏液。肛道的背侧壁上有腔上囊的开口。肛道向后通肛门（又叫泄殖孔）。肛门壁内有括约肌。

五、肝和胰

肝脏分左右两叶。肝叶有胆囊。肝的相对体积较大，其重量从孵化出壳到性成熟增加 33.9 倍。一般鹅肝重 60～100 g。雏鹅的肝呈淡黄色，这是由于雏鹅吸收卵黄的色素的结果，成年鹅的肝一般为暗褐色。每叶的肝动脉、肝门静脉和肝管进出肝的地方称为肝门。左叶肝管直接开口于十二指肠末端，右叶肝管先入胆囊，再由胆囊发出胆管在肝管的旁边入十二指肠。

胰位于十二指肠降部和升部之间的系膜内，呈淡粉色，分为背叶、腹叶和脾叶。鹅 2 条导管开口于十二指肠末端。胰的分泌部为胰腺，分泌胰液，排入十二指肠，消化食物。胰的内分泌物都是胰岛，呈团块状分布于胰腺腺泡之间，分泌胰岛素等激素，随静脉血循环。

六、消化和吸收

消化作用主要是将蛋白质、脂肪、碳水化合物等营养物质转变为能够被肠黏膜上皮所吸收的物质，然后进入血液送至全身，这种化学分解作用是由许多酶完成的。

在禽类，属于分解碳水化合物的酶有水解淀粉的唾液淀粉酶、胰淀粉酶和胆汁中的淀粉酶，水解双糖的各种双糖酶，最后将其转变为简单的糖类，如葡萄糖；属于分解蛋白质的酶有胃蛋白酶、胰蛋白酶、肠肽酶等，最后将其转变为氨基酸；属于分解脂肪的酶有胰脂肪酶和肠脂肪酶，胆汁则有乳化脂肪的作用，最后将其转变为甘油和脂肪酸。贮存于食管假嗉囊中的食物，在微生物和食物本身所含的酶（外源性酶）的作用下，也可进行部分的分解。

胃液对食物的作用主要是在肌胃里进行的，因为停留的时间较长，禽胃液是连续分泌的，其质和量则因年龄、饲养条件及饲料种类而有变化。

食糜从胃入肠后依靠肠的蠕动逐渐向后推移；禽的肠还具有明显的逆蠕动，使食糜往返运行，能在肠内停留较长时间，以便更好地进行消化和吸收。

小肠是吸收的主要部位。肠绒毛则积极参与吸收作用。禽的肠绒毛中没有乳糜管（淋巴管），只有丰富的毛细血管，所以各种分解产物都被吸收入血液。这些血液首先通过肝门静脉送到肝脏，一方面对某些吸收的有毒物质进行解毒作用，另一方面将糖类和脂肪贮存于肝内。

盲肠内栖居有微生物，能对纤维素进行发酵分解，产生低级脂肪酸而被肠壁吸收。直肠短，主要吸收一些水分和盐类，形成粪便后送入泄殖腔，即排出体外，泄殖腔也有吸收少量水分的作用。

第五节 鹅的生物学特性

一、食草耐粗饲性

鹅是体型较大和容易饲养的一类草食水禽，凡在有草地和水源的地方均可饲养，尤其是地上水较多、水草丰富的地方，更适宜成群放牧饲养。鹅喜食青草，不存在与人、畜争粮的矛盾，因此在我国现今人均占有粮食较低、饲料粮紧张的条件下，大力发展养鹅等草食动物，是实现畜牧业战略性结构调整的一项重要举措。

鹅具有强健的肌胃、比身体长10倍的消化道，以及发达的盲肠。鹅的肌胃压力比鸡大 2 倍，是鸭的 1.5 倍。胃内有两层厚的角质膜，内装砂石，可把食物磨碎。鹅的肠道较长，盲肠发达，对青草中粗纤维的消化率可达 45%～50%。特别是消化青饲料中蛋白质的能力很强。鹅的颈粗长而有力，对青草芽草尖和果食穗有很强的衔食性。同绵羊相似，鹅吃百样草，除莎草科苔属青草及有毒、有特殊气味的草外，它都可采食，群众称之为“青草换肥鹅”。

值得一提的是，我国江河纵横，湖泊、池沼及丘陵山地多，水草茂盛，适于鹅群放牧饲养。在播种前的休闲地和收割后没有翻耕的土地上放牧鹅群，可采食各种青嫩杂草或已结实的草穗。在果园里放牧鹅群，既可以利用其除草，节省人力，保护果树，增加土壤肥力，又可省下大量饲料。田间放牧，既能消除杂草，又能除害灭虫，促进农业丰收。当然，养鹅既可放牧，也宜舍饲。据调查，饲喂 7 kg 左右的青草、1～1.2 kg 精料，鹅体重即可增加 1 kg。鹅这种食草耐粗饲的特性，对于降低饲养成本、提高经济效益十分有利。

二、喜 水 性

鹅是水禽，喜欢在水中寻食、嬉戏和求偶交配。因此，宽阔的水域、良好的水源是养鹅的重要环境条件之一。鹅很喜欢水，阴天下雨乐，在水面上游时像一只小船，趾上有蹼似船桨，躯体比重约为 0.85，气囊内充满气体，轻浮如梭，时而潜入水下，扑觅淘食。喙上有触觉，并有许多横向的角质沟，当衔到带杂食的食物，可不断呷水滤水留食，可充分利用水中食物及矿物质满足生长和生产的需要。

鹅有水中交配的习性，特别是在早晨和傍晚，水中交配次数占 60%以上。鹅喜欢清洁，羽毛总是油亮干净，经常用嘴梳理羽毛，不断以嘴和下颌从尾脂腺处蘸取脂油，涂以全身羽毛，下水可防水，上岸抖身可干，防止污物沾染。

三、合群性

鹅在野生状态下，天性喜群居和成群飞行。这种本性在驯化家养之后仍未改变，因而家鹅至今仍表现出很强的合群性。经过训练的鹅在放牧条件下可以成群远行数里而不紊乱。如有鹅离群独处，则会高声鸣叫，一旦得到同伴的应和，孤鹅则寻声而归群。鹅相互间也不喜殴斗。因此这种合群性使鹅适于大群放牧饲养和圈养，管理也比较容易。

四、耐寒性

鹅全身覆盖羽毛，起着隔热保温作用，因而鹅的耐寒性比鸡要强。成年鹅的羽毛比鸡的羽毛更紧密贴身，且鹅的绒羽浓密、保温性能更好，较鸡具有更强的抗寒能力。鹅与鸡的脂肪沉积比较，鸡的脂肪主要贮积在腹部，皮下脂肪层较薄，因而鸡脂肪对于调节体温起的作用不大；而鹅的皮下脂肪则比鸡厚，因而具有较强的耐寒性。鹅的尾脂腺发达，尾脂腺分泌物中含有脂肪、卵磷脂、高级醇，鹅在梳理羽毛时，经常用喙压迫尾脂腺，挤出分泌物，再用喙涂擦全身羽毛，来润湿羽毛，使羽毛不被水所浸湿，起到防水御寒的作用。故鹅即使是在0℃左右冬季低温下，仍能在水中活动，在10℃左右的气温条件下，即可保持较高的产蛋率。相对而言，鹅比较怕热，在炎热的夏季，喜欢整天泡在水中，或者在树荫下纳凉休息，觅食时间减少，采食量下降，产蛋量也下降。许多鹅种往往在夏季停止产蛋。

五、摄食性

鹅喙呈扁平铲状，摄食时不像鸡那样啄食，而是铲食，铲进一口后，抬头吞下，然后再重复上述动作，一口一口地进行。这就要求补饲时，食槽要有一定高度，平底，且有一定宽度。鹅没有鸡那样的嗉囊，每天鹅必须有足够的采食次数，防止饥饿，每间隔 2 小时需采食 1 次，小鹅就更短一些，每天必须在 7～8 次以上，特别是夜间补饲更为重要。群众说："鹅不吃夜草不肥，不吃夜食不产蛋"。

六、反应灵敏性

鹅有较好的反应能力，比较容易接受训练和调教，但它们性急、胆小，容易受惊而高声鸣叫，导致互相挤压。鹅的这种应激行为一般在雏鹅早期就开始表现，雏鹅对人、畜及偶然出现的鲜艳色泽物或声、光等刺激均有害怕感觉。甚至因某只鹅无意间弄翻食盆发出声响，其他鹅也会异常惊慌，迅速站起惊叫，并拥挤于一角。对此，应尽可能保持鹅舍的安静，避免惊群的发生造成损失。人接近鹅群时，也要事先做出鹅熟悉的声音，以免使鹅骤然受惊而影响采食或产蛋。同时，也要防止猫、犬、老鼠等动物进入圈舍。

七、择偶性

鹅有"一夫一妻"的特性，且随着驯化有所加强。一般公母鹅比例为 1∶4～6 只，公鹅认准的母鹅可经常进行交配，而对群体中的其他鹅则视而不配。

八、就巢性

鹅虽经过人类的长期选育，有的品种已经丧失了抱孵的本能(如太湖鹅、豁眼鹅等)，但较多的鹅种由于人为选择了鹅的就巢性，致使这一行为仍保持至今，这就明显减少了鹅产蛋的时间，造成鹅的产蛋性能远远低于鸡和鸭。一般鹅产蛋 15 枚左右时，就自然就巢，每窝可抱鹅蛋 8～12 枚。

九、夜间产蛋性

禽类大多数是白天产蛋，而母鹅是夜间产蛋，这一特性为种鹅的白天放牧提供了方便。夜间鹅不会在产蛋窝内休息，仅在产蛋前 0.5 小时左右才进入产蛋窝，产蛋后稍歇片刻才离去，有一定的恋巢性。鹅产蛋一般集中在凌晨，若多数窝被占用，有些鹅宁可推迟产蛋时间，这样就影响了鹅的正常产蛋。因此，鹅舍内窝位要足，垫草要勤换。

十、生活规律性

鹅具有良好的条件反射能力。活动节奏表现出极强的规律性。如在放牧饲养时，一天之中的放牧、收牧、交配、采食、洗羽、歇息、产蛋等都有比较固定的时间，而且这种生活节奏一经形成便不易改变。如原来每天喂 4 次的，突然改为 3 次，鹅会很不习惯，并会在原来喂食的时候，自动群集鸣叫、骚乱；如原来的产蛋窝被移动后，鹅会拒绝产蛋或随地产蛋；如早晨放牧过早，有的鹅还未产蛋即跟着出牧，当到产蛋时这些鹅会急急忙忙赶回舍内自己的窝内产蛋。因此，在养鹅生产中，一经制定的操作管理规程要保持稳定，不要轻易改变。

第六节　鹅的品种分类

养鹅的目的，主要是获得鹅肉、蛋、肥肝以及鹅羽绒和鹅绒皮等鹅产品。为了有目的有计划地利用现有鹅品种资源，发展生产，培育新种，开展鹅杂交优势利用，提高养鹅经济效益，人们从不同角度，对现有鹅品种进行了分类。

一、按地理特征分类

以往对鹅的品种，多从地理环境分布分类，如中国鹅、法国土鲁斯鹅、英国埃姆登鹅、埃及鹅、加拿大鹅、东南欧鹅以及德国鹅等。这些仅仅是世界部分国家鹅种中的一些代表品种。

二、按经济用途分类

随着人们对鹅产品的需要不同，在养鹅生产中出现了一些优秀的的专用品种。如用于肥肝生产的专用品种，国内有广东的狮头鹅、湖南的溆浦鹅；国外有法国的土鲁斯鹅、朗德鹅、玛瑟布鹅，匈牙利的玛加尔鹅，意大利的奥拉斯鹅等等。用于肉用仔鹅的品种，国内如广东著名的肉用小型鹅种清远鹅、乌棕鹅。国外如意大利的奥拉斯鹅，8 周龄仔鹅活重 4.5～5 kg，料肉比为2.8～3：1；德国的莱茵鹅，肉用仔鹅在适当的饲养条件下，8 周龄活重可达 4.2～4.3 kg，料肉比为 2.5～3：1，适于大型养鹅场大批生产肉用仔鹅。

三、按体型大小分类

国内外一般都以活体重的大小作为划分体型大、中、小的标准。小型品种鹅：公鹅体重为 3.7～5 kg，母鹅为 3.1～4.0 kg。国内属于小型鹅种的有乌棕鹅、太湖鹅、五龙鹅、永康鹅以及东北地区的豁鹅和籽鹅等。中型品种鹅：公鹅体重为 5.1～6.5 kg，母鹅为 4.4～5.5 kg。如溆浦鹅、雁鹅、浙东白鹅、皖西白鹅、马岗鹅、四川白鹅、伊犁鹅等，以及德国的莱茵鹅。大型品种鹅：公鹅体重为 10～12 kg，母鹅为 6～10 kg。国内大型鹅如狮头鹅。国外的如土鲁斯鹅，成年公鹅活重达 10～12 kg，母鹅重达 8～10 kg，肉用仔鹅经填饲后活重可达 12～14 kg。

四、按产蛋性能的高低分类

高产品种，年产蛋 150～200 枚，如豁鹅；中产品种，年产蛋 60～80 枚，如太湖鹅、雁鹅等；低产品种，年产蛋 25～40 枚，如国内的狮头鹅和国外的土鲁斯鹅、朗德鹅。

五、按性成熟早晚分类

早熟型，开产期在130日龄左右的小型鹅种；中熟型，开产期在150～180日龄的中型鹅种；晚熟型，开产期在200日龄以上的大型鹅种。

六、按羽毛颜色分类

分白鹅和灰鹅两大类。中国北方多为白鹅，南方多为灰鹅。但在白鹅中往往带有程度不等的灰褐毛，在灰鹅中亦有带白色或羽色深浅的差异。灰羽鹅有：安徽的雁鹅，四川的钢鹅，广东的乌棕鹅、阳江鹅、马岗鹅，浙江的永康鹅，福建的长乐鹅。白羽鹅有：东北地区的籽鹅、豁鹅，江苏的太湖鹅，安徽的皖西白鹅，浙江的浙东白鹅，四川白鹅，河北白鹅等。

第七节 国内鹅的品种

现代我国饲养的鹅品种分为两个品种类型：占绝大多数的是中国鹅（分为许多品变种）和产于新疆的伊犁鹅。中国鹅是世界古老的鹅品种之一，是东亚大陆的主要鹅品种，被引至许多国家饲养并用以改良其他品种，1848年被国际上公认为良种。可以说，中国养鹅的悠久历史，主要是中国鹅这个古老品种发展的悠久历史。中国鹅对各种自然、地理、气候有广泛适应性，耐粗饲，抗病力强，饲料报酬高，更以其高产蛋率而著称于世。在漫长的品种形成及普及过程中，形成许许多多分布在不同区域的优良品变种或品种群，这些地方品种既具有中国鹅的典型特征，又具有各自独特的优良性状。中国鹅按体型可分为小、中、大三种类型，按羽色可分为白鹅和灰鹅两种。现将一些具有代表性的中国鹅地方品种介绍如下。

一、小型鹅品种

（一）太湖鹅

产于江苏、浙江的太湖流域各县，具有体型小、生长快、产蛋多、成熟早、就巢性弱、肉质细嫩等优点，是我国蛋肉兼用白鹅之一。本种在江、浙一带饲养的目的主要是为了肉用仔鹅的商品性生产。因为太湖鹅的产蛋多而集中，采用人工孵化能在春季提供大量苗鹅，生产的肉用仔鹅肉质好，而且在产地利用麦茬田放牧肥育，饲料消耗很低，饲养的经济效益好，所以很适于大批生产肉用仔鹅。

1. 体型外貌　太湖白鹅除眼梢、头颈、腰背部有少量灰褐色斑点外，全身羽毛皆白。喙、胫、蹼均为橘红色，头瘤姜黄，眼睑浅黄，虹彩灰蓝色。颈细长，无咽袋。公母外表差异不大，公鹅常昂首挺胸展翅行走，叫声洪亮，喜追啄人；母鹅性情温顺，叫声低，头瘤稍小，喙稍短。成年鹅平均体重公 4.5 kg，母 3.5 kg。

2. 生长与产肉性能　太湖鹅生长速度快，雏鹅出壳重 91.2 g，结合牧草盛季和秋季蹓楂子进行半舍半牧饲养，70 日龄内每只鹅只需补喂 0.5 kg 精料（碎米），体重可达 2 250～2 500 g，达到上市标准。成年公鹅屠宰半净膛率为 84.9%，全净膛率为 75.6%，母鹅分别为 79.2%和 68.6%。

3. 产蛋与繁殖性能　太湖鹅性成熟较早，3 月份的鹅雏 8 月下旬开产，性成熟期约 160 天，年产蛋量为 78.8～93.3 枚，高产个体有 123 枚记录。蛋重 135.3 g，蛋壳白色，椭圆形，蛋形指数为 1.44，如果条件好，采用人工补光，产蛋量还可提高。公母配种比例 1∶6～7，受精率为 90%，孵化率 85%，成活率 70 日龄达 92%以上，第一个产蛋年为产蛋高峰年，以后逐年下降，一般利用年限为 3 年。太湖鹅母鹅是较好的生产肉用仔鹅的母本。

4. 产羽绒性能 太湖鹅羽绒洁白，绒质较好，屠宰一次性褪毛羽绒 200～250 g，含绒量为 30%。

（二）豁眼鹅

豁眼鹅又名五龙鹅、疤拉眼鹅或豁鹅，为中国鹅的白羽小型品变种，1982 年引入《中国家禽品种志》，具有产蛋率高、就巢性弱的特点，分布于山东莱阳、辽宁昌图、吉林通化及黑龙江延寿县等地。原产地为山东莱阳地区，后来推广到东北三省。

1. 体型外貌 在体型外貌上具有中国鹅的品种特征。瘤头，颈较长呈弓形，前躯高抬，体躯呈椭圆形，上眼睑有一个疤状缺口，即豁眼或疤拉眼，这是本品种最独特的外貌特征。少数颌下有咽袋，腹部偶有腹褶。喙、肉瘤、胫、蹼橘红色，虹彩蓝灰色，羽毛白色。山东豁鹅颈较细长，腹褶较少，咽袋亦少；辽宁、吉林、黑龙江豁鹅体型稍大，多有腹褶和咽袋。公鹅比母鹅体型稍大，有好斗习性，叫声高而洪亮。母鹅性情温顺，叫声低而清脆。

2. 生长与产肉性能 因各地饲养条件不同，生长速度差异较大，在半舍半牧条件下，初生重 70～80 g；30 日龄 480～513.7 g；60 日龄 1 479.9～1 523.3 g；90 日龄公 1 906.3～2 468.8 g，母 1 787.5～1 883.3 g；5 个月公 3 250～4 510 g，母 2 860～3 700 g；性成熟期为 180～200 天，公 4～4.5 kg，母 3.5～4 kg。肥鹅的屠宰率，公半净膛率为 78.3%～81.2%，全净膛率为 70.3%～72.6%；母分别为 75.6%～81.2%和 69.3%～71.2%；料肉比为 2.76∶1。

3. 产蛋与繁殖性能 成年母鹅在较好饲养条件下，年产蛋 130～160 枚。除盛夏和严冬停产外，可全年产蛋。半舍半牧粗放饲养条件下，年产蛋 80～100 枚。如果采用全舍饲，夏防暑冬防寒，喂全价饲料，可全年产蛋。蛋重平均为 118 g，蛋壳白色，蛋形椭圆，横径 5.35 cm，纵径 7.71 cm。蛋黄占全蛋重的 35.35%，蛋清 51.92%，蛋壳 12%，壳厚度 0.45～0.51 mm，抗压力强。繁殖期公母配比 1∶6～7，受精率为 85%以上。用火炕热水袋孵化法孵化受精蛋，孵化率为85%～90%。雏鹅成活率90%～98%。产蛋高峰出现在出生后的第二年和第三年，第四年产蛋率下降。种鹅利用年限为3年。豁眼鹅就巢性较弱，醒抱也较快。一般不用鹅进行自然抱孵鹅雏。

4. 产肝与产羽绒性能　成年鹅经21天人工填饲，平均肥肝重195.2 g，达到出口等级的肥肝占67.7%，最大肥肝重250～586 g。成年鹅羽毛质量较佳，每只每次可活拔羽绒50～75 g，含绒率平均为30.3%。一次性屠宰取毛，公纯绒为54 g，毛片140 g；母纯绒60 g，毛片136 g。当年鹅90日龄前不能活拔毛，含绒量低。一次性取毛屠宰以11月中下旬为宜，此时含绒量高，绒质也好。

（三）乌棕鹅

乌棕鹅属小型鹅种，因羽毛大部分呈乌棕色而得名。本品种原产于广东省清远县，主要产区在该县北江河两岸的江口、源潭、洲心、附城等10个乡，全县都有分布，邻近的花县、佛岗、丛化、英德等县均有引种饲养。原产地清远县有种鹅近8万只，年产雏鹅180多万只，年饲养量100多万只。

1. 体型外貌　乌棕鹅体质结实，被毛紧凑，体躯宽短，背平。公鹅体型比母鹅大，呈榄核形；母鹅呈楔形，脚矮小，颈细灵活，眼大适中，虹彩褐色，喙和肉瘤黑色，较深。胫、蹼黑色，尾羽呈扇形，稍向上翘起，公鹅肉瘤发达，雄性特征明显。成年鹅的头部自喙基和眼的下缘起直至最后颈椎有一条由大渐小的鬃状黑褐色羽毛带，颈部两侧的羽毛为白色，翼羽、肩羽和背羽乌棕色。并在羽毛末端有明显的棕褐色镶边，故俯视呈乌棕色，胸羽灰白色，腹尾的羽绒白色。在背部两边，有一条起自肩部直至尾根的2 cm宽的白色羽毛带，在尾翼间不被覆盖部分呈现白色圈带。青年鹅的各部羽毛颜色比成年鹅较深。

2. 生长与产肉性能　在合理的饲养条件下，生长期各阶段体重为：出壳重81.4 g，30日龄重662.8 g，75日龄重2 572 g，95

日龄重 2 896 g，全期增重 2 815 g。在不放牧条件下，肥育 15 天，可增重 725 g，日增重 50 g，屠宰率测定结果为：半净膛屠宰率，公鹅 87.4%，母鹅 87.5%；全净膛屠宰率，公鹅 77.4%，母鹅 78.1%。

3. 产蛋与繁殖性能　性成熟为 140 天，一年产蛋 4 至 5 期，第一期在 7—8 月份，第二期 9—10 月份，第三期 11 月至翌年 1 月份，第四期在2—4 月份。年产蛋 29.6 枚，饲养条件好的达 34.6 枚。平均蛋重 144.5 g，蛋壳浅褐色。该鹅就巢性很强，每产一期蛋就巢一次，每期产 5～7 枚蛋，母鹅进行天然孵化。公鹅性欲很高，公母配比为 1∶8～10，在配种旺季，1 只公鹅每天可交配15～20 次之多，受精率 84%～95%，孵化率 92.5%。

（四）永康灰鹅

该鹅属中国鹅灰羽小型品变种。原产于浙江省永康县及部分毗邻地区，是成熟早、肥育快的小型灰鹅品种，肥肝性能优良。目前雏鹅、仔鹅销往浙江省内各地及江苏、上海等省市。

1. 体型外貌　该鹅种公鹅颈长而粗，肉瘤较大，前躯较发达；母鹅颈略细长，后躯较发达，肉瘤较小。羽毛的颜色如群众俗称的“乌云盖雪”，总的看，上部颜色较下部深，颈部正中至背部主翼羽颜色灰黑色，颈部两侧和前胸部为灰白色，腹部为白色，尾部上灰下白。喙、肉瘤均为黑色，胫、蹼均为橘红色，皮肤淡黄色。

2. 生长与产肉性能　当地群众把永康灰鹅的生长发育分为 4 期。第一期雏鹅至铜钱花，为 35～40 日龄；第二期铜钱花至漏齿，约 50 日龄；第三期漏齿至尾部斗翼，为 70～80 日龄；第四期斗翼至交翅，约 100 日龄。永康灰鹅早熟易肥，当地流传着“边吃边拉，60 天好卖”的说法。据测定，30 日龄平均体重为 1.43 kg，60 日龄体重为 2.52 kg。60～70 日龄仔鹅半净膛率为 82.36%，全净膛率为 61.81%。当地群众按雏鹅出壳的不同季节和仔鹅上市时间分为：过年鹅，寒露前入孵，清明上市；端午鹅，清明出壳，端午节上市。

3. 产蛋与繁殖性能　母鹅 4～4.5 月龄开始产蛋，多为隔日产蛋，每期产蛋8～15 枚，一年产蛋 4 期，大致在农历 1 月份、3 月份、8 月份及 10 月下旬至 11 月上旬，年产蛋量 40～60 枚。蛋重平均重为 145.4 g，最小的 100 g，最大的 200 g。种鹅每产蛋 1 枚，交配 1 次。每期产蛋结束即就巢，抱卵数以 10～15 枚为宜，平均 30 天孵出雏鹅。公鹅 90 日龄性成熟开始配种，在人工辅助配种的情况下，公、母配比可达 1∶20～30。

4. 产肥肝性能　近些年来，浙江省永康县开发了鹅肥肝生产，主要用于对外出口。据县农业局填饲试验，永康灰鹅肥肝重最大达 1 137 kg，平均重 487.26 g，料肝比 40.12∶1。由此可见，永康灰鹅是我国产鹅肥肝较好的鹅种之一。

二、中型鹅品种

（一）浙东白鹅

浙东白鹅是生长快、肉质好、体型较大的白色中型鹅种。主要产于浙江东部的象山、定海、奉化以及鄞县、绍兴、余姚、上虞、嵊县、新昌等县（市）。本品种在青年期作短期育肥后，加工成“宁波冻鹅”（商品牌号），销往香港和新加坡，深受欢迎，成为我国供港食品中的一个名牌，年销售量近千吨左右，年饲养量约 180 万羽。值得一提是，浙东养鹅历史悠久。早在晋朝，就有大书法家王羲之在会稽（今绍兴）养鹅的记述。现绍兴的兰亭至今还保存着当年王羲之养鹅的古迹——鹅池和鹅碑，还有鹅径、鹅湾等冠以鹅字的地名。这些都说明，在 1 600 年前，绍兴一带已经养鹅。晋以后，初唐著名文学家骆宾王在少年时曾作诗：“鹅！鹅！鹅！曲颈向天歌，白毛浮绿水，红掌拨清波”。骆宾王祖籍义乌县，这首诗把他家乡白鹅的外貌特征，描绘得栩栩如生。可见，早在晋唐时期（公元 350—800 年），浙江的中部和东部，养鹅业已经相当普遍了。

1. 体型外貌　成年鹅中等体型。体躯长方形，全身羽毛洁白，有 15%左右的个体在头部和背侧夹杂少量斑点状灰褐色羽毛。额上方肉瘤高突，呈半球形，随年龄增长突起明显。无咽袋，颈细长。喙、胫、蹼幼年时桔黄色，成年后变橘红色，爪玉白色，肉瘤颜色较喙色略浅。眼睑金黄色，虹彩灰蓝色。成年公鹅体型高大雄伟，肉瘤高突，耸立头顶，昂首挺胸，鸣声洪亮，好斗逐人。成年母鹅肉瘤较低，性情温顺，鸣声低沉，腹部宽大下垂。

2. 产肉与生长性能　在目前农家以放牧为主的条件下，生长期各阶段体重是：出生重 105 g，30 日龄重 1 315 g，60 日龄重 3 509 g，75 日龄重 3 773 g。一般都在 70 日龄左右（体重为 3.2～4.0 kg）上市，但此时主翼羽羽轴血浆未净，屠宰去毛时易脱皮，鹅肉也略带青草气，故加工成冻鹅外销，需用精料再经 10 多天肥育，以改善肉质，提高屠宰率。但市场上供应的内销鹅，一般随买随杀，不予肥育。经奉化、象山、定海、绍兴四县（市）测定：半净膛屠宰率为 81.1%，全净膛率为 72.0%。

3. 产蛋与繁殖性能　母鹅一般在 150 日龄左右开产，每年有 4 个产蛋期，每期产蛋 8～13 枚，一年可产 40 个左右。据奉化县对年产 4 期的母鹅调查统计，每只平均年产蛋 37.8 枚，平均蛋重 149.1 g。也有少数母鹅一年有 5 个产蛋期。蛋壳呈白色。新母鹅开产后，头两期产蛋力不稳，蛋重也轻，不宜留种。经产母鹅产蛋时，开始隔一天生 1 个，生三四个蛋后，间隔时间逐渐缩短，变成每天生 1 个，一直持续到产蛋期末，一个产蛋期需经历 70 天左右，其中产蛋时间 20 天，孵化时间 30 天，休产恢复时间 20 天。公鹅 4 月龄开始性成熟，初配控制在 160 日龄以后。公母配比一般是 1∶10。浙东一带都采用人工辅助交配，当母鹅生下蛋后，6 小时内放公鹅交配。有的地方公母配比达 1∶15。公鹅可利用 3～

5年，以第二和第三年为最佳时期。受精率90%以上。浙东白鹅一般都有就巢性，每年3～4次，通常在产完一期蛋后即开始就巢，产区群众历来用母鹅作天然孵化，每窝孵蛋10～13个，孵化率达90%左右。

（二）皖西白鹅

皖西白鹅是我国的优良鹅种之一，产于安徽西部丘陵山区、河南固始地区。主要分布在皖西霍邱、寿县、六安、肥西、舒城、长丰等县。具有早期生长快、耐粗饲、耗料少、肉质好、羽绒品质优良等特点。腌制加工的腊鹅是产区传统的肉食品，尤以羽绒为主要特色，是安徽省重要出口物资之一。皖西白鹅是中国鹅白羽类型的代表性品种。

1. 体型外貌　皖西白鹅体态高昂，细致紧凑，全身羽毛白色，颈长呈弓形。肉瘤橘黄色，圆而光滑无皱褶。喙桔黄色，喙端色较淡。虹彩灰蓝色。胫和蹼橘红色。约6%的鹅颌下带有咽袋，公鹅肉瘤大而突出，颈粗长有力；母鹅颈较细短，腹部轻微下垂。少数个体头顶后部生有球形羽束，称为“顶心毛”。成年公鹅体重5.5～6.5 kg，母鹅5～6 kg。

2. 生长与产肉性能　在粗放饲养条件下，30日龄体重1.5 kg以上，60日龄3～3.5 kg，90日龄4.5 kg左右。8月龄放牧不肥育的鹅，屠宰半净膛率79.0%，全净膛率72.8%。

3. 产蛋与繁殖性能　开产日龄180天，年产两期蛋，抱两次窝。年产蛋量25枚，如不抱窝可产30～50枚蛋。平均蛋重135.2 g，蛋壳白色。公母配比1∶4～5，配种季节多在3—5月份，孵化集中，季节性强，受精率88.7%，采用母鹅天然孵化，孵化率91.1%。雏鹅生活力和抗病力强，30日龄平均存活96.8%。母鹅就巢性很强，占92.1%。种鹅利用年限，公鹅为3～4年，母鹅为4～5年，优良者可利用7～8年。

4. 产绒性能　皖西白鹅的产绒性能极好，羽绒洁白，尤以绒毛的绒朵大而著名，平均每只产羽绒 349 g，其中纯绒 40～50 g，产区出口绒占全国出口量的 10%，为全国第一位，占世界羽绒贸易量的 3.3%。

（三）雁鹅

雁鹅是中国鹅灰羽类型中的中型品种，外形优美，生长较快，群体发育整齐，肉用性能较好，而且适应性强。耐粗饲，抗病，在繁殖方面也有潜力。雁鹅原产于安徽省六安市，以安徽六安地区、江苏西南部地区较为集中。东北三省特别是黑龙江各地也有很大的数量。

1. 体型外貌　雁鹅体型较大，体质结实，全身羽毛紧贴。头部圆形略方，大小适中，头上有黑色肉瘤，质地柔软，呈桃形或半球形向上方突出。眼球黑色，大而灵活，虹彩灰蓝色。喙扁阔，黑色。个别鹅颌下有小咽袋。颈细长，胸深广，背宽平，腹下有皱褶。腿粗短，胫、蹼多数为橘黄色，个别有黑斑，爪黑色。皮肤多数为黄白色。公鹅体型比母鹅高大粗壮，行走时昂首挺胸，叫声洪亮，头部肉瘤大而突出；母鹅性情温顺，叫声较低而清亮。成年鹅羽毛呈灰褐色或深褐色；颈的背侧有一条明显的灰褐色羽带；体躯的羽毛，从上往下由深渐浅，至腹部成为灰白色，除腹部白色羽毛外，背、翼肩及腿羽皆为镶边羽，即灰褐色羽镶白边，排列整齐；肉瘤的边缘和喙的基部大部分有半圈白羽。雏鹅全身羽绒呈墨绿色或棕褐色；喙、胫、蹼均呈灰黑色。

2. 生长与产肉性能　雁鹅出壳重 106.2～109.38 g，早期生长速度较快，在一般放牧条件下饲养，10 周龄体重可达 3.5～4 kg；在较好的舍饲条件下，10 周龄体重可达 4～5 kg。半净膛屠宰率为 84%左右，全净膛屠宰率为 72%左右。

3. 产蛋与繁殖性能　在饲养条件较好时，一般开产日龄为 8～9 个月。年产蛋 25～35 枚，一般可间隔产蛋三期，每产一期蛋后即就巢休产。江苏镇（江）宁（南京）地区也有产四期的，群众称之为“四季鹅”。平均蛋重 150 g，蛋壳白色，蛋黄膜厚而结实，蛋白黏稠。蛋壳厚，平均为 0.69 mm。蛋形指数 1.51。煮熟后的蛋白占全蛋的 52.9%、蛋壳 13.5%。公母鹅配比 1∶5，受精率 80%以上，孵化率 7%～80%，成活率 30 日龄 90%以上。公鹅性成熟后 1～2 年内性欲最旺盛，母鹅开产后每年产蛋增加 10%，2 岁以上的鹅蛋最大，壳厚，蛋形也好。母鹅就巢性强，每年就巢 2～3 次，就巢率占 83%。

（四）溆浦鹅

溆浦鹅属中型鹅种，有白、灰两种羽色，产于湖南省沅水支流的溆水两岸，中心产区在溆浦县城附近的新坪、马田坪、水车等地，分布遍及溆浦全县及怀化地区各县市。该品种生长较快，耗料少，觅食能力强，适应能力好。在中大型鹅种中，肥肝性能较好，经填饲试验测定，肥肝平均重可达 650 g。

1. 体型外貌　成年溆浦鹅体型高大，体躯稍长，呈圆柱形。公鹅头颈高昂，直立雄壮，叫声清脆洪亮，护群性强。母鹅体型稍小，性情温顺，觅食力强，产蛋期间后躯丰满，呈蛋圆形。腹部下垂，有腹褶。约 20%的个体头上有顶心毛。羽毛主要有白、灰两种颜色，白色居多。灰鹅背、尾颈部羽毛为灰褐色，腹部羽毛呈白色，皮肤浅黄色。眼睛明亮有神，眼睑黄色，虹彩灰蓝色。胫和蹼都呈橘红色，喙黑色。肉瘤突起，表面光滑，呈灰黑色。白鹅全身羽毛白色，喙、肉瘤、胫、蹼都呈橘黄色；皮肤浅黄色，虹彩灰蓝色。

2. 生长与产肉性能　出壳重 122 g，30 日龄 1 539 g，放牧条件下 60 日龄 3 152 g，90 日龄 4 421 g，180 日龄 5 330～5 890 g。一般 90 日龄上市。公鹅半净膛和全净膛屠宰率分别为 88.6%和 80.7%；母鹅分别为 87.3%和 79.9%。填肥产肝性能在我国鹅品种中名列前茅。

3. 产蛋与繁殖性能　母鹅开产日龄 210～280 天，年产蛋 30

枚左右，年产 2～3 期蛋，每期 8～12 枚，多集中在初春和秋末。初春蛋较大，平均重 280 g。蛋壳有白、青两种，白色居多。蛋形指数 1.28。壳厚度 0.62 mm，蛋清 53.2%，蛋黄 35.1%，蛋壳 11.9%，煮熟后失水率 2.3%。公母繁殖配比 1∶3～5，母鹅天然孵化，每窝 10～13 枚，孵化率 93.5%，30 日龄雏鹅成活率 85%。

4. 产肥肝性能　该鹅具有良好的产肥肝性能，肥肝品质好，经填肥后平均肝重 488.7 g，最大重量达 929 g。

（五）四川白鹅

产于四川省，广泛分布于温江、乐山、宜宾、永川和达县等地。该鹅无就巢性，产蛋较多，肉仔鹅生长速度快，农户饲养普遍。

1. 体型外貌　四川白鹅全身羽毛洁白、紧密；喙、胫、蹼橘红色，虹彩灰蓝色。公鹅体型稍大，头颈较粗，体躯稍长。额部有一呈半圆形的肉瘤。母鹅头清秀，颈细长，肉瘤不明显。

2. 生长与产肉性能　出壳重 71.1 g，在放牧条件下，60 日龄 2 476.5 g，平均日增重 40.1 g。90 日龄 3 518.89 g，平均日增重 40.1 g。90 日龄上市，制成“烫皮仔鹅”，是产地畅销的禽肉食品。90 日龄上市屠宰，屠宰率半净膛和全净膛，公鹅为 86.28%和 79.27%，母鹅为 80.69%和 73.1%。6 月龄胸肌和腿肌重，公 829.5 g，占胴体重的 29.71%；母 644.6 g，占 20.40%。

3. 产蛋与繁殖性能　开产日龄 200～240 天，因无就巢性，年产蛋 60～80 枚，蛋重 146.28 g，蛋壳白色。每年 1—6 月份为孵化季节，公母配比 1∶3～4，受精率 85%以上，孵化率 84%左右。种鹅利用年限为 3～4 年。

（六）伊犁鹅

伊犁鹅主要产于新疆维吾尔族自治区伊犁州各直属县市，分布于新疆伊犁州及博尔塔拉蒙古族自治州一带。该鹅抗寒耐热，适应性强，饲养粗放，生产性能不高。

1. 体型外貌 中等体型，中等平顶，无肉瘤突起，颌下无咽袋，颈较短，胸宽广而突起，体躯呈扁平椭圆形，腿粗短，颈尾较长，体型与灰雁非常相似。雏鹅上体黄褐色，两侧黄色，腹下淡黄色，眼灰黑色，喙黄褐色，胫、趾、蹼橘红色，喙豆乳白色。

成年鹅喙象牙色，胫、趾、蹼肉红色，虹彩蓝灰色。羽毛可分为灰、花、白三种颜色：

(1) 灰鹅。头、颈、背、腰等部灰褐色，胸、腹、尾下灰白色，并杂以深褐色小斑，喙基周围有一条狭窄的白色羽环。在体躯两侧及背部，深浅褐色相衔，形成状似复瓦的波状横带。尾羽褐色，羽端白色，最外侧两对尾羽白色。

(2) 花鹅。灰白相间，头、背、翼等部灰褐色，其他部位白色，常见在颈肩部出现白色羽环。

(3) 白鹅。全身羽毛白色。

2. 生产与产肉性能 出壳重 100 g 左右，放牧饲养条件下，30 日龄 1 231～1 375 g，60 日龄 2 767～3 034 g，90 日龄 2 967～3 412 g，120 日龄 3 444～3 687 g，接近体成熟即可上市，有的经 15 天肥育，体重增加 500 g 左右。农家多利用夏秋牧草和茬地放牧，到 10—11 月份已膘肥体壮。240 天的肥鹅屠宰半净膛率和全净膛率，公母平均为 83.6%和 75.5%。

3. 产蛋与繁殖性能 伊犁鹅一般每年只有一个产蛋期，出现在 3—4 月份间，也有个别分春秋两季产蛋的。全年可产 5～24 枚，平均年产 10.1 枚。产蛋量因年龄而异，第一年产 7～8 枚，第二年产 10～12 枚，第三年产 15～16 枚，此时已达产蛋高峰，稳定几年后，至第六年产蛋量逐渐下降，至第十年又降到到第一年的水平。母鹅一般养 6～7 年，个别好的可养 10～15 年。平均蛋重 153.9 g，蛋壳乳白色，壳厚 0.60 mm，蛋形指数 1.48。

蛋的组成比例是：蛋壳占 11.23%，蛋黄占 31.36%，蛋白占 57.41%。

母鹅的性成熟期受气候、季节的影响很大，一般当年孵化的鹅，到翌年春季母鹅开始产蛋，公鹅有交尾行为，需 10 个月左右。公母配比 1∶2～4，平均受精率 83.1%，受精蛋孵化率 81.9%，30 日龄雏鹅成活率 84.7%。伊犁鹅有就巢性，一般每年一次，发生在春季产蛋结束以后。

4. 产绒性能　鹅绒是当地群众养鹅的主要产品之一，平均每只鹅可产羽绒 240 g，其中纯绒 192.6 g。只需七八只鹅，就可制作一个民族式枕头。1992 年由辽宁昌图引进豁眼鹅母本与当地伊犁鹅杂交，提高了产蛋量和产绒量。

三、大型鹅品种——狮头鹅

大型鹅品种活重大，长势快，颈粗短，肥肝生产性能好，优级肥肝的比例较多，但是成熟迟，产蛋少，就巢性强，饲料消耗较多。亚洲只有 1 个大型鹅品种，这就是我国的狮头鹅。

狮头鹅是世界上少数大型鹅品种之一，也是我国体型最大的鹅种。该鹅体型大，生长快，饲料利用率高。因成鹅的头形如狮头，故名狮头鹅。狮头鹅原产于广东省饶平县溪楼村，主要产区在澄海县和汕头市郊。近年来已培育出澄海系狮头鹅种。

1. 体型外貌　狮头鹅体型硕大，是世界上三大重型鹅种之一。体躯呈方形，头大颈粗，前躯略高。公鹅昂首健步，姿态雄伟。头部前额肉瘤发达，向前突出，覆盖于喙上。两颊有左右对称的黑色肉瘤 1～2 对，公鹅和 2 岁以上母鹅的头部肉瘤特征更为显著。喙短，质坚实，黑色，与口腔交接处有角质锯齿。脸部皮肤松软，眼皮凸出，多呈黄色，外观眼球似下陷，虹彩褐色。颌下咽袋发达，一直延伸至颈部。胫粗蹼宽，胫、蹼都为橙红色，有黑斑。皮肤米黄色或乳白色。体内侧有假袋状的皮肤皱褶。全身背面羽毛、前胸羽毛及翼羽均为棕褐色，由头顶至颈部的背面形成如鬃状的深褐色羽毛带，全身腹面的羽毛白色或灰白色，褐色羽毛的边缘色较浅，呈镶边羽。

2. 生长与产肉性能　生长速度因生产季节不同而有差异，每年以 9—11 月份出壳的雏鹅生长最快，饲料报酬也高，随着季节的变化而有不同。一般的标准是：初生重，公鹅 134 g，母鹅 133 g；30 日龄重，公鹅 1 703 g，母鹅 1 605 g；60 日龄重，公鹅 4 615 g，母鹅 4 209 g。在较好的饲养条件下，30 日龄平均体重公鹅 2 249 g，母鹅 2 063 g；60 日龄平均体重公鹅 5 550 g，母鹅 5 115 g；70 日龄平均体重公鹅 6 415 g，母鹅 5 815 g。日增重 96 g。

70～90 日龄上市的未经肥育的肉鹅，平均体重为 5.843 kg（公鹅 6.181 kg，母鹅为 5.506 kg），半净膛屠宰率为 82.9%（公鹅为 81.9%，母鹅为 84.2%），全净膛屠宰率为 72.3%（公鹅为 71.9%，母鹅为 72.4%）。

3. 产蛋与繁殖性能　开产日龄 150～180 天，产蛋季节集中在 9 月份至翌年 4 月份，在此期间内有 3～4 个产蛋期，每期 6～10 枚蛋。第一个产蛋年 24 枚，蛋重 176.2 g，蛋壳白色，蛋形指数 1.48。第二个产蛋年 28 枚，蛋重 217.2 g，蛋形指数 1.53。以后逐年提高，母鹅可利用 5～6 年，盛产年为第二至第四年。繁殖公母配比 1∶5～6，放牧水中自然交配，两岁鹅受精率 79.2%，孵化率 90%，30 日龄成活率 95%。母鹅就巢性强，每产完一期蛋就巢一次。就巢性较弱的只占 5%左右。

4. 产肥肝性能　狮头鹅的产肥肝性能是我国鹅种中最好的。据对 672 只狮头鹅的测定，肥肝平均重为 538 g，最大肥肝重 1 400 g，料肝比 40∶1。肥肝平均重和最大重，在国内品种中均居第一。以狮头鹅作为父本，与我国 3 个产蛋较多的鹅种——太湖鹅、四川白鹅、豁眼鹅进行杂交，杂种的产肥肝性能大大优于母本品种。

5. 产羽绒性能 70日龄公鹅、母鹅烫煺毛产量平均为每只300 g。有的母鹅，70日龄烫煺毛产量达450 g。狮头鹅属灰羽品种，羽绒质量不及白羽鹅品种。

第八节 国外鹅的品种

一、小型或轻型装饰鹅品种

（一）埃及鹅

埃及鹅产于埃及，属非洲类鹅品种，体型很小，成年公鹅体重3.8 kg，母鹅体重3.0 kg。母鹅产蛋很少，平均年产蛋6～8个，蛋重145.8 g。大多数鹅为灰色、黑色，并点缀一些白色、微红褐和淡黄色羽毛。埃及鹅属于观赏用的品种。

（二）加拿大鹅

产于加拿大，是北美洲常见的野鹅，被列为保护动物品种之一，不准外运，只有观赏价值。该鹅体型较小，成年公鹅平均体重4.5 kg，母鹅3.8 kg。年产蛋4～8枚，平均蛋重145 g。配种习性“一夫一妻”制，晚熟，杂种鹅不育。

（三）罗曼鹅

是欧洲古老品种之一，羽毛有白、灰、杂色三种。多数为背、颈黑灰色，胸部灰蓝色，腹部白色。嘴端带黑褐色，成年鹅腹部有1～2个垂叶。腿短橘黄色，有的为红色。无头瘤，但头顶有球形的“顶心毛”。成年公鹅体重6～7 kg，母鹅4.5～5.5 kg。母鹅年产蛋15～25枚。

二、中型鹅品种

（一）美洲浅黄鹅

美洲浅黄鹅以其独特的色彩使其跻身于羽毛最华丽的鹅种之

一。在阳光普照的日子里，配以一群正在吃草的浅黄鹅实在是一幅令人赏心悦目的景象。此鹅颈部长度适中，身体矮胖，腹部有二个垂叶，尾端与背线齐平或略高于背线，羽毛颜色除了腹部几乎为白色外，全身的浅黄羽深浅程度亦有不同，背部及身体两侧边的羽毛边缘均呈乳白色。喙及脚蹼为橘红色，双眼为棕色。

选种时以中等程度的浅黄而无灰色者较受欢迎，背部毛色以不掺杂为理想，但是这样的个体较少，大多数个体背部多少有点杂色存在。身体窄小瘦弱，龙骨突出，有灰色羽毛或深暗者为不合格。

该鹅很适合农家饲养，屠体大小适中，屠体清洁如白羽鹅，肉质细嫩适于红烧和烤鹅用。公母配比 1∶3～5。

（二）比尔格里姆鹅

优雅的比尔格里姆鹅是唯一的不论成年鹅或者雏鹅均可以其羽毛颜色来区别公母性别的鹅种，它以文静温和著称。一日龄公鹅的羽毛是奶油（乳黄）色，喙的颜色较浅，而母鹅羽毛则为浅灰色，喙的颜色较深。成年公鹅身体上羽毛大部分为白色，臀部通常为灰色（但为双翼遮盖），蓝眼睛。成年母鹅体羽呈淡红带灰色，脸部则有不等量的白毛。公母鹅的喙、脚均为橘黄色。体型比美洲浅黄鹅略小，往往具有稍稍平坦的头冠，体躯肥胖丰满，胸部平滑龙骨不突出，腹垂有二褶叶者较佳。凡有头瘤者均为杂交种。颈、脚太长及胸部色浅的个体，以及公鹅有过多灰色羽毛和母鹅颈部有显著白色羽毛者不适合作种用。纯种比尔格里姆公鹅在年青羽毛脱换后往往呈现多种颜色，一般公母配种比例为 1∶3～5。

（三）巴墨鹅

曾一度在北美洲大部分地区极为稀少且罕见的多种颜色鞍背型巴墨鹅，近年来已逐渐为人们普遍饲养了。它的羽毛色彩华丽，体躯强壮，是一种引人注目而且实用的鹅品种。由于体躯肥胖，故呈现出背宽胸深，腹部中央只悬垂一个褶叶。带有巴墨鹅血统的母鹅，往往有二个腹垂褶叶。巴墨鹅在德国为人们饲养的有白色、灰色及鞍背型等，而在北美洲鞍背型巴墨鹅是惟一经常被饲养的品种，所谓鞍背型巴墨鹅是指身上以白羽为主，而头部、颈上部、肩部、背部及腹侧的羽毛为灰褐色。背部和腹侧的每一支有色羽毛几乎都有白色的镶边。还有另一种浅黄色鞍背型巴墨鹅，亦有人饲养并常作广告宣传。所有巴墨鹅的喙均为粉红色，脚为橘红色，眼睛为蓝色。

标准种鹅体格矮胖，羽毛上斑纹非常明显，从身体后上方看，它背部及肩部的有色羽毛部位应该呈现标准的心形。头部羽毛颜色一致，但大多数个体在喙基周围均有白色羽毛。凡是喙基部有头瘤迹象的个体属于杂种。一般公母配比为1∶3～4。

（四）塞巴斯多波鹅

它的特征是全身披长长的、柔软的卷毛，使之外貌很独特，再加上性情安详，往往作为温驯而令人愉快的伴侣来饲养。头部大而圆，双眼突出，颈稍呈弓形，胸部平滑，有二个腹垂褶叶。背部及身体下半部的羽毛为延长而非常卷曲的羽毛。背部、翅膀及尾部的柔软蓬松的羽毛均具有容易扭曲的羽轴，因此呈很别致的螺旋形。生长发育好的个体其卷羽几乎接触到地面。标准的塞巴斯多波鹅是白色羽毛，但幼年时，常有灰色羽出现。喙、脚为橘红色，眼睛为明亮的蓝色，偶尔也有灰色的及浅黄色的个体。

选种标准除了要求体格强壮外，还要求胸部羽毛非常卷曲，飞行羽毛易弯曲，而且背部及尾部羽毛长而宽并呈螺旋形。由于羽毛蓬松张开，虽很能抗寒，但是也极易玷污赃物。公鹅的背部、尾部及肛门周围的羽毛往往会影响受精率，故在配种季节最好剪短。一般公母配比为1∶4。

三、大型鹅品种

（一）非洲鹅

体型粗壮，体躯长、深而宽。站立时身体姿势与地面成 30°～40°角者为优秀。颈部厚壮，喙坚硬，成年个体前额有一向前突出的头瘤，下颚及颈上部有一光滑呈新月型的颈垂悬挂着，随着年龄增加颈垂逐渐伸长。双眼大而深陷，理想的体型其体躯底线平，龙骨不外凸，腹部丰满而不过分松垂。尾上翘且包褶紧凑。体型虽大但体脂肪是大型鹅中最少的。繁殖年限长。宣称非洲鹅但却很能耐寒。

北美地区有两种非洲鹅：一为灰羽，较普遍；一为白羽，数量较少。

1. 灰色非洲鹅　头浅褐色，头瘤及喙为黑色，眼睛呈深褐色，身体背部、翅膀为灰褐色，颈、胸和体下部为浅灰褐色，最显著的是从头冠直至颈背的一条深褐色纹彩线条，成年鹅的褐色头冠与黑色的喙及头瘤之间有一道窄的白色羽带将其分隔开，双腿与蹼的颜色呈深橘红色到浅橘红色。

2. 白色非洲鹅　全身披白羽，喙、头瘤呈橘红色，脚胫及蹼则为浅橘红色，目前正在进行改良研究工作，但因群体小，表型尚未完美一致，而且体型比灰色非洲鹅略小。

公母繁殖配比 1∶2～6。

（二）埃姆登鹅

埃姆登鹅原产于德国，是一古老的大型鹅种。有学者认为，这种鹅是由意大利白鹅与德国及荷兰北部的白鹅杂交而成，19 世纪初，该鹅在英国普遍饲养。在北美地区，商品化饲养场饲养埃姆登鹅的数量比所有其他品种鹅的总和还要多。体型大，生长快。成年鹅全身披白羽而紧贴，喙、胫、蹼呈橘红色，眼睛为蓝色。喙粗短，头大呈椭圆形，颈长略呈弓形，背宽阔，体长，胸部光滑看不到龙骨突出，腹部有一双皱褶下垂。尾部较背线稍高，站立时身体姿势与地面成 30°～40°角。凡是头小，颈下有重褶，颈短，落翅，步伐沉重，龙骨显露者为不合格。

埃姆登鹅的雏鹅，全身绒毛为黄色，但在背部及头部带有不等量的灰色绒毛。在换羽前，一般可根据羽的颜色来鉴别公母，公雏鹅绒毛上的灰色部分比母雏鹅的浅些。仔鹅像大部分欧洲白色鹅种一样，羽毛里常会出现有色羽毛，但到成年时自己会换成白色羽毛。成年鹅平均体重，公鹅 11.80 kg，母鹅 9.08 kg。母鹅平均年产蛋 35～40 枚，就巢性强。公母鹅配比一般为 1∶3～4。埃姆登鹅非常耐粗饲，成熟早，早期生长快，60 日龄活重可达 3.5 kg。肥育性能好，用于生产优质鹅油及鹅肉。

（三）土鲁斯鹅

又称茜蒙鹅，是世界上体重最大的鹅种，在大型鹅中曾以最能产蛋而出名，一年中可繁殖十几只后代，是法国生产鹅肥肝的传统专用品种。这种大型灰鹅的仔鹅经填饲后活重达 12～14 kg，肥肝重达 1～1.3 kg，最大可达 1.8 kg。虽然生长快易肥育，但肥肝质量较差，肥肝大而软，脂肪充满在肝细胞的间隙中，一经煮熟脂肪就流出来，肥肝也因之缩小，加上体格过于笨重，耗料多，受精率低，饲养成本很高，所以，现在已逐渐被朗德鹅取代。

1. 生产型土鲁斯鹅　这是在欧洲尤其是法国大多数农场或者农家普遍饲养的土鲁斯鹅及其杂交种，数量大，分布广。对很多人说，土鲁斯就是代表鹅，说到鹅就是土鲁斯，可见其普遍的程度。理想的生产型土鲁斯鹅具有大而椭圆形的头，颈粗壮，体宽厚，体重 8～12 kg。除了个别成年鹅喉部长有小颈垂，一般没有颈垂。颈部两侧像所有从其远祖灰色滞留鹅传下来的后裔一样，长有条状羽毛似深沟。全身羽毛呈深浅不同的灰褐色，但腹部掺有灰毛的白羽。身体两侧及背部为深灰褐色，且羽毛上有较浅的横斑纹，构成一种引人注意的蕾丝花边效果。橘色的喙及橘红色的双脚则使原本毛色阴暗的鹅体亮丽动人。

由于除腹部外全身皆是灰褐色羽毛，所以，任何其他部位有白羽者皆不受欢迎。公母繁殖性别比为 1∶3～4。

2. 颈垂型土鲁斯鹅 这是鹅品种中体型最大而结实的品种。肥育后的体重可达 13 kg 以上。由于羽毛蓬松，龙骨深长，外表看起来比它们的实际重量要大些。行动缓慢不会远离采食和饮水的地方。喙坚硬，颈大而广阔，且厚实而近乎垂直，悬挂在喙下部与上颈部之间是一个沉重的褶叠的皮肤皱褶，它随年龄而逐渐增大，故几年后才完全长大，整个体躯既长且宽又深，尾巴向后平展稍向上翘起，胸部浑圆，龙骨几乎碰触到地面，宽广的腹部下有两个腹垂褶叶，尤其是母鹅在躺卧时，常常会刷刮地面。所以，当颈垂型土鲁斯鹅在松弛休息状态时，姿态往往呈水平状。原始的灰色颈垂型土鲁斯鹅其毛色组成与生产型土鲁斯种相同。在法国的奥勒冈州中部的保罗·拉夫南还育成了一种新的浅黄色品种，其毛色与美洲浅黄鹅相似。

由于颈垂型土鲁斯鹅以体型硕大、龙骨和颈垂皱褶也特大为特征，使得它的繁殖性能变得复杂起来。因此，选种应以健壮程度，体躯大小，受精率、产蛋率高低，龙骨的深度，体底线平直以及颈垂比例为考虑重点。若体躯窄小而轻，背部过于拱起，龙骨突出，颈细小，颈垂小，尾部低于背线等常常是活力差的表现。

颈垂型土鲁斯鹅可能是家鹅中最难饲养成功的品种。可利用繁殖年龄在 2～3 岁后，每只母鹅在极为良好的饲管条件下也可生产 20 个后代，关键是不要让种母鹅在产蛋季节里体重过大，但又要供应含粗蛋白 18%～22%的精饲料，且需保证有充分的运动及柔嫩多汁的青料。繁殖公母配比以 1∶1～2 为合适。

现将国际确认的标准鹅品种简介列于表 1-1。

表 1-1 国际确认的标准鹅品种简介

分类	品种	来源	体重（千克）		繁殖年龄（岁）	年产蛋量（枚）	蛋壳性能	利用性	被鉴定年份
			公	母					
小型	中国鹅	亚洲	5.448	4.540	1	40～100	差至尚佳	绝佳	1874
	（簇毛）罗曼鹅	欧洲	5.448	4.540	1～2	25～35	良好	尚佳	
中型	美洲浅黄鹅	美国	8.172	7.264	1～2	25～35	良好	良好	1947
	比尔格里姆鹅	美国	6.356	5.902	1～2	25～40	良好	良好	1939
	巴默鹅	德国	7.718	6.810	1～2	25～35	良好	尚佳	
	塞巴斯多波鹅	欧洲	6.356	5.448	1～2	25～35	差至尚佳	尚佳	1938
大型	非洲鹅	亚洲	9.080	8.172	1～2	20～45	尚佳至良好	良好	1874
	埃姆登鹅	欧洲	11.804	9.080	1～2	35～40	尚佳至良好	绝佳	1874
	土鲁斯鹅：								
	颈垂型	法国	11.804	9.080	2～3	20～35	差至尚佳	差	
	生产型	法国	9.080	8.172	1～2	25～40	尚佳至良好	绝佳	
装饰型	加拿大鹅	加拿大	5.448	4.540	3～4	4～8	绝佳	良好	1874
	埃及鹅	非洲	2.497	2.043	2～3	5～8	绝佳	尚佳	1874

四、其他鹅品种

上述仅仅为世界上确认的有历史的鹅代表品种，还有一些优良的地方品种未罗列进去。此外，随着养鹅业的发展，由于选择的方法和目的不同，国外还出现了专供肥肝生产和仔鹅生产的专用品种，或是具有杂种优势的配套用优良品种。例如法国的朗德鹅、玛瑟布鹅、施特拉斯堡鹅、德国的莱茵鹅、匈牙利的玛加尔鹅、意大利的奥拉斯鹅、以色列的小亚西亚鹅以及俄罗斯的许多优良品种等。

（一）朗德鹅

原产于法国西南部的朗德地区，是由大型的土鲁斯鹅和体型较小的玛瑟布鹅经长期连续杂交后选育而成，也是法国当前生产鹅肥肝的主要品种。

朗德鹅体型中等，羽毛灰褐色，在颈部接近黑色，而在胸腹部毛色较浅呈银灰色，因此，其羽毛价格比白色羽绒低 20%～30%，但其羽绒产量很高，对人工拔毛的耐受性强，每年拔毛 2 次，可产羽绒 350～450 g。在法国通过杂交已获得白色朗德鹅。成年公鹅体重 7～8 kg，母鹅 6～7 kg。仔鹅生长快，8 周龄活重可达 4.5 kg，产蛋量年均 35～40 枚，蛋重 180～200 g。就巢性弱。该品种是当今世界是最适于生产鹅肥肝的鹅种，在适当的填饲条件下，肥肝重 700～800 g，但其缺点是肥肝太软，容易破碎。目前世界上有许多国家引入该鹅，除直接用于肥肝生产外，主要是作为父本品种与当地鹅杂交，提高后代的生长速度和产肥肝性能。该鹅在我国山东昌邑较为粗放的饲养条件下，6 周龄体重达 3.7 kg 以上，3～4 月龄达 6.5 kg 以上。在两年 1 188 只鹅的饲养试验中，经填饲 19～20 天，平均肝重为 895.63 g，最大为 1 780 g，料肝比为 23.8∶1，填成率 95.7%。由此可见，该鹅的产肥肝性能确实很好。

朗德鹅产蛋量低，种蛋受精率不高，在多数情况下，受精率只有50%～60%，但通过不断选育，可以改进肥肝质量，同时也可使产蛋量提高到50～60枚。

（二）莱茵鹅

德国莱茵州的一个地方鹅种，在20世纪40年代即以产蛋量高、繁殖力强而著称。在培育过程中，曾引入埃姆登鹅的血统改进其产肉性能。该品种在1961年引进匈牙利后，由于其繁殖力强，使匈牙利在短期内建立大型种鹅场获得成功，并使肉用仔鹅的价格很快降了下来。

莱茵鹅体型中等偏小，成年公鹅活重5～6 kg，母鹅4.5～5 kg。全身羽毛洁白，喙、跖、蹼呈橘黄色，年产蛋量在莱茵地区为50～60枚，蛋重150～190 g。受精率、孵化率都非常高，种鹅成熟期也较早。肉用仔鹅在适当的饲养条件下，8周龄体重达4.2～4.3 kg，料肉比为2.5～3∶1，适于大型鹅场大批生产肉用仔鹅。生产肥肝性能中等，一般填饲条件下肥肝重350～400 g，如用于肥肝生产，必须经过杂交。在匈牙利试验结果是，用朗德公鹅与莱茵鹅杂交，或用玛尔加公鹅与莱茵鹅杂交，所生的杂交后代，用于生产鹅肥肝是十分成功的。莱茵鹅成熟期较早，适于生产肉用仔鹅。在江苏省南京市畜牧兽医站种鹅场的试验结果是，雏鹅初生重公鹅102 g，母鹅96 g。8周龄时平均体重3.1 kg，料肉比2.73∶1，成活率99%，至12周龄时平均体重可达4 kg。

（三）奥拉斯鹅

奥拉斯鹅又名意大利鹅，原产于意大利北部，该鹅在改良育成过程中，为提高繁殖性能，曾引入中国鹅的血统，奥拉斯鹅在欧洲的饲养量已很大。

奥拉斯鹅体型中等，生长迅速，繁殖力强，全身羽毛洁白，成年公鹅体重6～7 kg，母鹅5～6 kg。8周龄仔鹅活重可达4.5～5 kg，料肉比2.8～3∶1。母鹅年产蛋量较高，可达55～60枚；公母配比为 1∶4，种蛋受精率为 85%，入孵蛋出雏率为 60%～65%，母鹅的繁殖盛期可保持到 6 岁。

奥拉斯鹅主要用于生产肉用仔鹅。用做母本与其他鹅（如朗德鹅等）杂交后也可用于生产肥肝，肥肝重量达 700 g 左右，填饲后的仔鹅活重可达 7～8 kg。

（四）玛瑟布鹅

是产于法国南部的一种灰鹅，又名格尔鹅，也是一种很好的生产肥肝用种鹅，填肥后活重达 9～10 kg，平均肥肝重 684 g 左右。活重与肝重都比朗德鹅轻，但产蛋量比朗德鹅高，年产蛋量可达 40～50 枚，正因这一优点，在法国往往把它用做与土鲁斯鹅、朗德鹅杂交的母本。

由于土鲁斯鹅、朗德鹅与玛瑟布鹅都是产于法国南部的灰鹅，在不断相互杂交的影响下，特别是在朗德省周围地区，由于和朗德鹅的连续杂交，土鲁斯鹅和玛瑟布鹅的本身特性渐渐消失，逐渐形成了所谓朗德鹅系统，现在这种鹅在法国统称西南灰鹅或朗德鹅。由于已经经过了多年的选育，其外形和生产性能已基本稳定一致，年产蛋量也已提高到了 50～60 枚的水平。

在法国，通过许多杂交工作，还分离出了一种白色朗德鹅，这种鹅在匈牙利目前也较多。鹅毛的颜色 80%～90%是白色的，只有少数灰毛可以通过分别拔毛来解决。由于白羽售价高，所以这种鹅越来越引起人们的兴趣。

（五）玛加尔鹅

亦称匈牙利鹅，它主要是由埃姆登鹅与巴墨鹅和意大利的奥拉斯鹅杂交育成的，生活力很强，为了提高本种的产蛋量，近几年又引入了莱茵鹅的血统。由于玛加尔鹅的饲养条件和所处理地理环境不同，它们的体型、毛色、生产性能等也出现了分化现象。平原地区的玛加尔鹅体型较大，成年体重公鹅达 7 kg，母鹅 5 kg；而多瑙河流域的玛加尔鹅体型较小，成年体重公鹅 6 kg，母鹅 5 kg。

玛加尔鹅羽毛一般为白色，喙、脚及蹼为橘黄色。在科学饲养条件下，产蛋量可达 35～50 枚，蛋重为 160～190 g，受精率、孵化率均较高。但部分母鹅有就巢性，影响产蛋量。

玛加尔鹅的产肥肝性能较好，一般肥肝重 500～600 g，肝色淡黄，肝的组织结构非常适合于现代化生产。鹅毛品质也很好，在适宜饲养管理条件下，每年可拔毛 3 次，可获得高质量的羽绒 400～450 g。

在匈牙利常用该鹅作母本与莱茵鹅或奥拉斯鹅杂交，以提高杂交一代的产肝性能。

（六）前苏联鹅

1. *霍尔莫戈尔鹅* 它是由中国鹅和前苏联本地鹅杂交育成的一种大型鹅种，亦是前苏联最有价值的优良品种。

霍尔莫戈尔鹅的外形像中国鹅，体形长而宽深，前额有肉瘤，喙颈下及腹部有皱皮，背宽、胸深。羽毛以白色为主，也有灰色的。成年体重公鹅约 7.8 kg，最大 11.0 kg；母鹅约 7.5 kg，最大 10.0 kg。年产蛋量为 25～30 枚，个别可高达 40～55 枚。蛋重平均约 180 g，有的达 200 g。开产日龄 284～313 天。在乌兰克北部和中部饲养的霍尔莫戈尔鹅，又可分为草原型和沼泽型两种，外形相似，仅体尺和活重有所不同。

2. *库班鹅* 库班鹅于 1961 年在库班农学院开始培育，为求获得产蛋率和孵化率皆高的品种，于 1962—1963 年用中国鹅和高尔基鹅杂交，再用杂种横交固定。10 年前已拥有 8 个品系和 100 个种族。

库班鹅属轻型鹅种，体质结实，外形优美，成年平均体重公鹅 5～6 kg，母鹅 4～5 kg，60 日龄仔鹅活重 3.4～3.7 kg，每千克增重耗料 3.2～3.8 kg。生活力强，60 日龄成活率 91%～98%。210～260 日龄达性成熟。一年中产蛋持续期为 220～280 天。平均年产蛋量 75～80 枚（最高为 148 枚）。平均蛋重 140～160 g。受精率高达 84%～90%，出雏率 75%～80%。

3. 阿尔查马斯鹅　为肉用型品种。阿尔查马斯鹅具有长、宽、紧凑而结实的身躯，背宽平，胸发达，发育良好，羽白色。平均成年体重公鹅为 5.8 kg，母鹅为 4.7 kg。年产蛋量 10～20 枚，最多 28 枚，受精率高达 90%，蛋重平均为 176 g。

4. 乌拉尔鹅　该品种早在 18 世纪中叶就已著名，具有良好的肉质。乌拉尔鹅躯体长，头较小，嘴直，颈短，胸深，腿短。羽毛有白色、灰色和斑纹 3 种，喙和腿呈橘红色。成年体重公鹅约 5.6 kg（4.5～6.7 kg），母鹅约 4.6 kg（3.6～5.9 kg）。平均产蛋量为 15～20 枚，有的高达 28 枚，平均开产期为 320 天。

5. 高尔基鹅　原系斗鹅品种，原产于高尔基省，1949 年在高尔基省的科泽尔区成立了国营的鹅育种场。

高尔基鹅身体紧凑，有发育良好的肌肉，强壮的体质。羽毛主要为灰色，在胸部、腹部及翼端呈白色，喙及脚橘黄色。平均成年体重公鹅 7～7.5 kg，母鹅 5.8～6 kg。年产蛋量 10～15 枚。受精率 85%～90%，孵化率也很高，达 90%。

6. 都拉鹅　都拉鹅也属斗鹅品种，分布在都拉、加路格和唐波夫等地区。羽毛主要为灰色，也有呈土褐色的。肉的品质不佳。年产蛋量 11～13 枚。平均成年体重公鹅 7.3 kg；母鹅 6～7 kg。

第二章　鹅的营养与饲料

饲料是发展养鹅业的物质基础。人们从事养鹅生产的目的，就是为了获得数量多、质量好的鹅肉、鹅蛋、肥肝及羽绒。为此，一方面要提高种鹅繁殖率，增加饲养量；另一方面要改良现有品种，培育新品种，提高其生产性能。而这两个方面都必须有适宜的外界条件来保证。对于鹅机体而言，饲料是极其重要的外部条件，饲料工业是现代化养鹅业的坚强支柱。运用现代营养科学的理论和技术，研制和生产鹅的配合饲料，做好各类饲料的加工调制工作，是现代化养鹅业发展的前提条件和物质基础。而配合饲料的拟订，又要以饲料的营养价值评定和鹅的营养需要的理论为基础。因此，了解鹅的营养需要和饲料特性，熟练地掌握和运用鹅的饲养标准和饲料营养价值表，结合具体的生产和经济条件加以科学应用，在现代养鹅生产中具有特别重要的意义。

第一节　鹅的营养需要

养鹅生产的目的，就是通过饲料给鹅提供平衡而充足的营养物质，使之转化为可供人类食用的鹅肉、鹅蛋、肥肝等。按照饲料的常规分析方法，可将饲料中的营养物质分为水分、蛋白质、碳水化合物、脂肪、矿物质和维生素等几个大类，见图 2-1。这些营养物质对于维持鹅的生命活动、生长发育、产蛋和产肉各有不同的重要作用。只有当这些营养物质在数量、质量及比例上均能满足鹅的需要时，才能保持鹅体的健康，发挥其最大的生产性能。

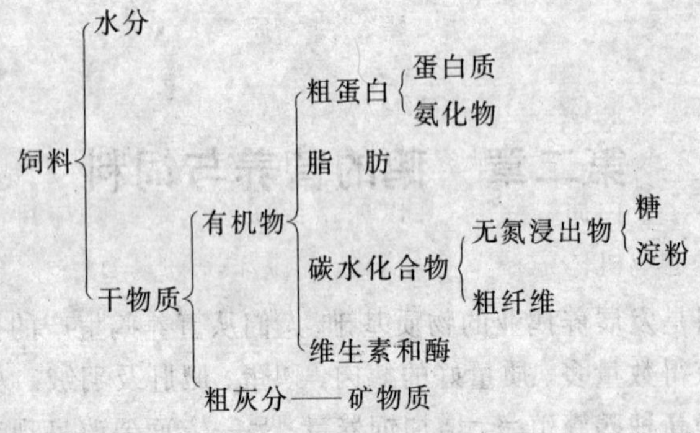

图 2-1 饲料中的营养物质构成

一、水 分

水是鹅体重要组成部分，也是鹅生理活动不可缺少的重要物质，鹅缺水比缺食危害更大。鹅体内含水约为70%，鹅肉中含水77%，鹅蛋中含水70.4%。鹅体内养分的吸收、运输、废物的排出、体温的调节等都要借助于水才能完成。此外，水还有维持鹅体的正常形态、润滑组织器官等重要功能。鹅如果饮水不足，会导致食欲下降、饲料的消化率和吸收率降低，仔鹅生长缓慢，鹅产蛋量减少，严重时可引起疾病甚至死亡。各种饲料都含有水分，青绿、多汁饲料含水已不少，但仍不能满足鹅体的需要。所以，在日常饲养管理中必须把水分作为重要的营养物质对待，经常供给清洁而充足的饮水。俗话说，“好草好水养肥鹅”，表明水对鹅的重要性。据测定，鹅吃1 g饲料要饮水3.7 g，在气温12～16℃时，鹅每天平均要饮1 000 ml水。由于鹅是水禽，一般都养在靠水的地方，在放牧中也常放水，故而不容易发生缺水现象。如果是集约化饲养，则要注意保证满足饮水需要。

二、蛋 白 质

蛋白质是鹅体组织的结构物质，鹅体内除水分外，蛋白质是含量最高的物质。蛋白质是鹅体组织的更新物质，机体在新陈代谢中有许多蛋白质被更新，并以尿素或尿酸的形式随尿排出体外。蛋白质还是鹅机体的调节物质，它提供了多种具有特殊生物学功能的物质，如催化和调节代谢的酶和激素，提高抗病力的免疫球蛋白和运输氧气的血红蛋白等等。蛋白质还是能量物质，它可以分解产生能量供体内的需要。蛋白质缺乏时，会造成雏鹅生长缓慢，种鹅体重逐渐下降、消瘦，产蛋率下降，蛋重降低或停止产蛋。同时，鹅的抗病力降低，影响鹅体的健康，会继发各种传染病，甚至引起死亡。同能量一样，饲料中的蛋白质要经过消化代谢后才能转化为鹅的产品，形成 1 kg 仔鹅肉和鹅蛋中的蛋白质，分别需要品质良好的饲料蛋白质 2～4 kg。

蛋白质是一种复杂的有机化合物，氨基酸是蛋白质的基本组成单位，蛋白质的品质是由氨基酸的数量和种类所决定的。目前，已知饲料中的氨基酸种类有 22 种。在众多的氨基酸中，有一部分氨基酸在鹅体内能互相转化，鹅需要量较少，不一定要由饲料直接供给，称为非必需氨基酸。另一部分氨基酸则不能由其他氨基酸转化产生，或虽能产生但数量很少、速度太慢，不能满足需要，必须由饲料直接提供，称为必需氨基酸。鹅的必需氨基酸约有 10 种，即赖氨酸、蛋氨酸、色氨酸、苏氨酸、异亮氨酸、亮氨酸、苯丙氨酸、缬氨酸、精氨酸、组氨酸。饲料中蛋白质不仅要在数量上满足鹅的需要，而且各种必需氨基酸的比例也应与鹅的需要相符。否则蛋白质的营养价值就低，利用效率就差。

如果饲料中某种必需氨基酸的比例特别低，与鹅的需要相差很大，它就会严重影响其他氨基酸的有效利用，这种氨基酸称为限制性氨基酸。通常按其在饲料中的缺乏程度，分别称为第一、第二限制性氨基酸，其余类推。常用鹅饲料中最容易成为限制性氨基酸的为蛋氨酸和赖氨酸，其中蛋氨酸为第一限制性氨基酸，赖氨酸为第二限制性氨基酸。配合饲料时，尤其应注意限制性氨基酸的供给和补充，以提高饲料蛋白质的营养价值。由于蛋氨酸在体内能转化为胱氨酸，饲料中如果含胱氨酸比较充足，便能以较少量的蛋氨酸满足鹅的需要，因此常用蛋氨酸＋胱氨酸的总量来表示对这类氨基酸的需要。

总的来看，鹅对蛋白质的要求没有鸡、鸭那么高，鹅对日粮蛋白质水平变化的反应也没有对能量水平变化的反应那么明显。甚至，有的学者认为，蛋白质不是大部分鹅营养的限制因素。一般认为，对于公鹅、种母鹅，特别是雏鹅，蛋白质含量水平还是重要的。在通常情况下，成年鹅日粮粗蛋白质含量宜在15%左右，能提高产蛋性能和配种能力；雏鹅要再高一些，能提高生长速度。美国的研究结果表明，雏鹅日粮中含有20%的粗蛋白质就足以保证最快的生长速度对蛋白质的需要。比较多的试验证明，提高日粮粗蛋白质水平，对在快速生长期（6周龄以前）的增重有促进作用，以后各阶段粗蛋白质水平的高低对增重没有明显影响。

此外，目前关于鹅对氨基酸需要量的研究报道比较少，看法不尽相同。国外对埃姆登鹅的试验表明，添加赖氨酸、蛋氨酸，在不同的蛋白质水平下，对体重、内脏、胸肌、腿肌重及化学成分，均无显著影响，认为鹅能将牧草中的养分充分利用起来。有的试验则认为，意大利鹅对蛋氨酸的需要量是0.44%～0.45%；在20%粗蛋白质的日粮中，赖氨酸的需要量0.90%，超过此水平并无多大益处。这些问题尚有待于进一步试验、研究。

三、碳水化合物

碳水化合物是鹅体最重要的能量来源。鹅的一切生理活动过程，都需要消耗能量。能量的单位为焦耳、千焦耳或兆焦耳。由于饲料中所含总能量不能全部被鹅所利用，必须经过消化、吸收和代谢才能释放出对鹅有效的能量。因此，实践中常用代谢能作为制定鹅的能量需要和饲养标准的指标，代谢能等于总能量减去排泄出的粪能、尿能。不同鹅品种及不同生产阶段对代谢能的需要量各不相同。

作为鹅的重要营养物质之一，碳水化合物在体内分解后，产生热量，以维持体温和供给生命活动所需要的能量，或者转变为糖元，贮存于肝脏和肌肉中，剩余的部分转化为脂肪贮积起来，使鹅长肥。当碳水化合物充足时，可以减少蛋白质的消耗，有利于鹅的正常生长和保持一定的生产性能。反之，鹅体就会分解蛋白质产生热量，以满足能量的需要，从而造成对蛋白质的浪费，影响鹅的生长和产蛋。当然，饲料中碳水化合物也不能过多，以免使鹅生长过肥，影响产蛋。

碳水化合物广泛存在于植物性饲料中，动物性饲料中含量很少。碳水化合物可以分为无氮浸出物和粗纤维两类。无氮浸出物又称可溶性碳水化合物，包括淀粉和糖分，在谷实、块根、块茎中含量丰富，比较容易被消化吸收，营养价值较高，是鹅的热能和肥育的主要营养来源。粗纤维又称难溶性碳水化合物，其主要成分是纤维素、半纤维素和木质素，通常在秸秆和秕壳中含量最多，纤维素通过消化最后被分解成单糖（葡萄糖）供鹅吸收利用。碳水化合物中的粗纤维是较难消化吸收的，如日粮中粗纤维含量过高，会加快食物通过消化道的速度，也严重影响对其他营养物质的消化吸收，所以日粮中粗纤维的含量应有限制。但适量的粗纤维可以改善日粮结构，增加日粮体积，使肠道内食糜有一定的空间，还可刺激胃肠蠕动，有利于酶的消化作用，并可防止发生啄癖。

一般认为，鹅消化粗纤维能力较强，消化率可达45%～50%，可供给鹅体内所需的一部分能量。最新资料表明，鹅对粗纤维组分中的半纤维素消化能力强，而对纤维素尤其是木质素的消化能力有限。一般情况下，鹅的日粮中纤维素含量以5%～8%为宜，不宜高于10%。如果日粮中纤维素含量过低，不仅会影响鹅的胃肠蠕动，而且会妨碍饲料中各种营养成分的消化吸收。因而在成鹅日粮中可适当配以粗糠、谷壳等含纤维较高的饲料。

鹅对碳水化合物的需要量，根据年龄、用途和生产性能而定。一般来说，肥育期鹅和淘汰老鹅应加喂碳水化合物饲料，以加速肥育。雏鹅和留作种用的青年鹅，不宜喂给过多的高碳水化合物，以免过早肥育，影响正常生长和产蛋。

四、脂　肪

脂肪是鹅体细胞和蛋的重要组成原料，肌肉、皮肤、内脏、血液等一切体组织中都含有脂肪，脂肪在蛋内约占11.2%。脂肪产热量为等量碳水化合物或蛋白质的2.25倍，因此它不仅是提供能量的原料，也是鹅体内贮存能量的最佳形式，鹅将剩余的脂肪和碳水化合物转化为体脂肪，贮存于皮下、肌肉、肠系膜间和肾的周围，能起保护内脏器官、防止体热散发的作用。在营养缺乏和产蛋时，脂肪分解产生热量，补充能量的需要。脂肪还是脂溶性维生素的溶剂，维生素A、维生素D、维生素E、维生素K都必须溶解于脂肪中，才能被鹅体吸收利用。当日粮中脂肪不足时，会影响脂溶性维生素的吸收，导致生长迟缓，性成熟推迟，产蛋率下降。但日粮中脂肪过多，也会引起食欲不振，消化不良和下痢。由于一般饲料中都有一定数量的粗脂肪，而且碳水化合物也有一部分在体内转化为脂肪，因此一般不会缺乏，不必专门给予补充，否则鹅过肥会影响产蛋。按生产鹅肥肝时，必须搭配适量的脂肪。

需要指出的是，碳水化合物和脂肪都能为鹅体提供大量的代谢能。而生产实践中往往有对鹅的能量需要量重视不够的现象，尤其是忽视能量与蛋白质的比例及能量与其他营养素之间的相互关系。国内外大量的试验证明，鹅同其他家禽一样，具有“择能而食”的本能，即在一定范围内，鹅能根据日粮的能量浓度高低，调节和控制其采食量。当饲喂高能日粮时，采食量相对减少；而饲喂低能日粮时，采食量相应增多，由此而影响了鹅对蛋白质及其他各种营养物质的摄入量。因此，配制鹅日粮时，必须注意能量和蛋白质及其他营养物质的适宜比例。否则不仅影响营养物质的利用效率，甚至发生营养障碍。当然也必须考虑到，鹅的这种调节采食量以满足自身能量需要的能力是有一定限度的。如有试验证明，在使用每千克配合饲料能量水平低于10.1 MJ时，鹅的活重和生产性能就会下降得很快；高于11.7 MJ时，又会使鹅过肥并停止产蛋。显然，饲料的能量水平亦要适度。

五、矿　物　质

关于鹅的矿物质营养问题，研究的资料甚少，国外许多国家鹅的营养需要量仍是借用鸡或火鸡的饲养标准，鹅体需要的矿物质有10多种，尽管其占机体的含量很少（3%～4%），且不是供能物质，但却是保证鹅体正常健康、生长、繁殖和生产所不可缺少的营养物质。其主要存在于鹅的骨骼、组织和器官中，有调节渗透压、保持酸碱平衡和激活酶系统等作用，又是骨骼、蛋壳、血红蛋白、甲状腺素等的重要成分。如供给量不当或利用过程紊乱，则易发生不足或过多现象，出现缺乏症或中毒症。通常把鹅体内含量在0.01%以上的矿物质元素称为常量元素，小于0.01%的称为微量元素。鹅需要的常量元素主要有钙、磷、氯、钠、钾、镁、硫；微量元素主要有铁、铜、锌、锰、碘、钴、硒等。这里摘要介绍如下。

（一）钙和磷

钙和磷是鹅骨骼和蛋壳的主要组成成分，也是鹅需要量最多的两种矿物元素。

钙主要存在于骨骼和蛋壳中，是形成骨骼和蛋壳所必需的，如缺钙会发生软骨症，成年母鹅产软壳蛋，产蛋量减少，甚至产无壳蛋。钙还有一小部分存在于血液和淋巴液中，对维持肌肉及神经的正常生理功能、促进血液凝固、维持正常的心脏活动和体内酸碱平衡都有重要作用。但钙过多也会影响雏鹅的生长和对锰、锌的吸收。雏鹅和青年鹅日粮中钙的需要量为0.6%～1.0%，种鹅2.5%～2.75%。日粮中钙的含量过多或过少，对鹅的健康、生长和产蛋都有不良影响。

磷除与钙结合存在于骨组织外，对碳水化合物和脂肪的代谢以及维持机体的酸碱平衡也是必要的。鹅缺磷时，食欲减退，生长缓慢；严重时关节硬化，骨脆易碎。产蛋鹅需要磷多些，因为蛋壳和蛋黄中的卵磷脂、蛋黄磷蛋白中都含有磷。鹅在日粮对有效磷的需要量，雏鹅为0.46%，产蛋鹅为0.5%。磷在饲料营养标准和日粮配方中有总磷和有效磷之分。禽类对饲料中磷的吸收利用率有很大出入，对于植物饲料来源的磷，吸收利用不好，大约只有30%可被利用；对于非植物来源的磷（动物磷、矿物磷）可视为100%有效。所以家禽的有效磷＝非植物磷＋植物磷×30%。

维生素D能促进鹅对钙、磷的吸收。维生素D缺乏时，钙和磷虽然有一定数量和适当比例，但是产蛋鹅也会产软壳蛋，生长鹅也会引起软骨症。此外，饲料中的钙和磷（有效磷）必须按适当比例配合才能被鹅吸收、利用。一般雏鹅的钙与磷（有效磷）比例应为1～2：1，产蛋鹅应为4～5：1。钙在骨粉、蛋壳、贝壳、石粉中含量丰富，磷在骨粉、磷酸氢钙及谷物、糠麸中含量较多。因此在放牧条件下，一般不会缺钙，但应注意补饲些骨粉或谷物、糠麸等，以满足对磷的需要。相反，在舍饲条件下，一般不会缺磷，应注意补钙。

（二）氯和钠

通常以食盐的方式供给。氯和钠存在于鹅的体液、软组织和蛋中。其主要作用是维持体内酸碱平衡；保持细胞与血液间渗透压的平衡；形成胃液和胃酸，促进消化酶的活动，帮助脂肪和蛋白质的消化；改进饲料的适口性，促进食欲，提高饲料利用率等。缺乏时，会引起鹅食欲不振，消化障碍，脂肪与蛋白质的合成受阻，雏鹅生长迟缓，发育不良，成鹅体重减轻，产蛋率和蛋重下降，有神经症状，死亡率高。

氯和钠在植物性饲料中含量少，动物性饲料中含量较多，但一般日粮中的含量不能满足鹅的需要，必须给予补充。鹅对食盐的需要量为日粮的0.3%～0.5%，喂多了会引起中毒。当雏鹅饮水中食盐含量达到0.7%时，就会出现生长停滞和死亡；产蛋鹅饮水中食盐的含量达1%时，会导致产蛋量下降。因此，在鹅的日粮中添加食盐时，用量必须准确。特别要注意的是，鱼粉等海产资源也含有食盐。如果饲粮中补了食盐，又用咸鱼粉，总盐量达6%～8%（按饲粮干物质计算），饮水又不足，即可发生食盐中毒。但在肥肝鹅日粮中，食盐的含量可较高，以1%～1.6%为宜。如浙江省农科院用浙东白鹅进行肥肝鹅的育肥试验表明，饲料中盐含量对增重有十分明显的作用，填喂较多的食盐（1.6%）能有效地提高肝重。

（三）镁

镁是骨骼的成分，酶的激活剂，有抑制神经兴奋性等功能。发生缺镁症的确切原因不明，有认为日粮中正负离子失调，喂过量施用氯、钾肥的青饲料易发缺镁症。此外日粮严重缺镁，含钙、磷过高也可发病。

镁缺乏症的主要症状是：肌肉痉挛，步态蹒跚，神经过敏，生长受阻，种鹅产蛋量下降。镁的主要来源有：氧化镁、硫酸镁和碳酸镁等，青饲料、糠麸、饼粕含镁量丰富，但青饲料含镁量变化大，棉饼、亚麻饼含镁特别丰富。常用饲料一般不缺镁，如过量食入钾会阻碍镁的吸收，过量钙、磷也会影响镁的利用。

（四）硫

动物体内含硫约占0.51%，大部分呈有机硫状态，以含硫氨基酸的形式存在于蛋白质中，以角蛋白的形式构成鹅的羽毛、爪、喙、跖、蹼的主要成分。鹅的羽毛中含硫量高达2.3%～2.4%。硫参与碳水化合物代谢。当日粮中含硫氨基酸不足时，易引起啄羽癖。因家禽能较好地利用含硫氨基酸中的有机硫，故在日粮中搭配1%～2.5%的羽毛粉对预防啄羽癖有良好效果。

此外，无机硫可合成含硫氨基酸，因此适当补饲无机硫即可满足需要。由于蛋氨酸是含硫氨基酸，并能在动物体内和胱氨酸进行互补，如果饲喂含硫蛋氨酸丰富的动物性蛋白质饲料，则无需补饲无机硫。

（五）铁

铁在动物体内仅占0.004%左右，但在生理上起着重要作用。它是血红蛋白的组成成分，能使血液运输氧，且是多种辅酶的成分。铁缺乏症的主要症状是：食欲不振，生长不良，雏禽发生细胞血红蛋白过少性贫血。缺铁鹅的羽毛生长不良。铁的主要来源有：硫酸亚铁、氯化铁、酒石酸铁、豆科植物、青饲料、肝粉、鱼粉等。但是，肝粉、鱼粉的铁利用率较低。过量的铁具有毒性，当每千克日粮中含铁达到5 g时，就会中毒。日粮中含铁量过多时，可引起营养障碍，降低磷的吸收率，体重下降，还可使鹅出现佝偻病。以放牧为主的鹅，能采食到含铁较多的青绿饲料，一般不会缺铁。但舍饲鹅，或不放牧青饲料季节的鹅，日粮中应补铁。

（六）铜

铜参加血红蛋白的合成及某些氧化酶的合成和激活。雏鹅缺铜时可发生贫血，生长缓慢，羽毛褪色，生长异常，胃肠机能障碍，骨骼发育异常，跛行，骨脆易断，骨端软组织粗大等等。但日粮中铜过多亦可引起雏鹅生长受阻，肌肉营养障碍，肌胃糜烂，甚至死亡。铜主要来源于硫酸铜、氯化铜、氧化铜等含铜化合物。

（七）锌

锌是许多酶不可缺少的成分。一般酶和激素的活动离不开锌。它能加速二氧化碳排出体外，促进胃酸、骨骼、蛋壳的形成，增强维生素的作用，提高机体对蛋白质、糖和脂肪的吸收，对鹅的生长发育、寿命的延长和繁殖性能有很大的影响。缺锌时，雏鹅生长缓慢，腿骨短粗，踝关节肿大，皮肤粗糙并起鳞片，羽毛生长受阻并易被磨损脱落，种鹅产蛋量和孵化率下降，胚胎发育不良，雏鹅残次率增加。锌的主要来源有：硫酸锌、氧化锌、碳酸锌，糠麸、饼粕、动物性饲料、酵母含锌量也很丰富。放牧青饲料的鹅一般不缺锌，但在不放牧青饲料的季节，日粮中须补锌。

（八）锰

锰是多种酶的激活剂，与碳水化合物和脂肪的代谢有关，锰是骨骼生长和繁殖所必需的。缺锰时，雏鹅的踝关节明显肿大、畸形，腿骨粗短，胫骨远端和跖骨的近端扭转、弯曲；母鹅产蛋量减少，孵化率降低，薄壳蛋和软壳蛋增加。锰的来源有：氧化锰、硫酸锰、氯化锰、碳酸锰，青粗饲料、糠麸含锰丰富，禾谷类籽实特别是玉米含锰低，动物性饲料含锰极微。鹅以植物性饲料为主，通常不需要补锰。

（九）钴

主要存在于肝、脾和肾中，肌肉、血液中含量很少。钴是合成维生素 B12 的主要元素，能促进血红素的形成，预防贫血病，提高饲料中氮的利用率，促进磷在骨骼中的蓄积；能加速雏鹅的生长发育，提高母鹅产蛋率、蛋的受精率及孵化率。

（十）碘

碘是甲状腺的组成成分。动物体内的碘大部分存在于甲状腺中。甲状腺素能提高蛋白质、糖和脂肪的利用率，促进雏鹅生长发育，对造血、循环、繁殖及抵抗传染病等都有显著影响。缺碘时，可引起甲状腺肿大，基础代谢和生活力下降，雏鹅生长受阻，羽毛生长不良，母鹅产蛋率、种蛋受精率和孵化率低，胚胎后期死亡多。碘的主要来源有：碘化钾、碘酸钾和含碘食盐。海洋饲料和鱼粉中富含碘。沿海地区不缺碘。在某些山区常常缺碘，日粮中补碘效果非常明显。

（十一）硒

硒过去被认为是有毒物质，近年来研究证明，土壤缺硒地区添加 0.1 mg/kg 硒可预防渗出性素质病和肌肉、肌胃、心肌的白肌病。硒与维生素 E 互相协调，是谷胱甘肽过氧化酶的组成成分。硒是最容易缺乏的微量元素之一，我国东北等一些地区土壤中缺硒，出产的饲料（玉米）中也缺硒。硒缺乏时，鹅表现的症状是血管通透性差，心肌损伤，心包积水，心脏扩大。硒的补充方法是在饲料中按 0.1 mg/kg 添加亚硒酸钠。由于亚硒酸钠毒性很强，必须严格控制添加量。当添加量超过 0.1 mg/kg 时，人食用鹅肉、蛋后会有不良影响。如添加量超过 5 mg/kg 时，鹅生长受阻，羽毛蓬松，神经过敏，性成熟延迟，种蛋孵化后出现畸形胚胎。因此，添加亚硒酸钠必须严格掌握剂量，并与饲料彻底拌匀。硒的主要来源包括：硒酸钠、亚硒酸钠、蛋氨酸硒和亚硒酸钠维生素 E 粉或注射液。

六、维 生 素

维生素的主要功能是调节机体内各种生理机能的正常进行，参与体内各种物质的代谢。鹅对维生素的需要虽少，但它们对维持生命机能的正常进行、生长发育、产蛋量、受精率和孵化率均有重大影响。鹅所需的维生素有 14 种，根据其特性，可分为脂溶性和水溶性两类。脂溶性维生素有维生素 A、维生素 D、维生素 E、维生素 K。水溶性维生素有维生素 B_1、维生素 B_2、泛酸、烟酸、维生素 B_6、胆碱、生物素、叶酸、维生素 B_{12}、维生素 C。鹅日粮中可不必提供维生素 C，因为鹅体内能自行合成。目前所用的各种饲料，除青饲料外，所含维生素不能满足鹅的需要，因此养鹅场要保证青绿饲料的供给，或使用维生素添加剂来补充维生素的不足。当维生素缺乏时，会引起相应的缺乏症，造成代谢紊乱，影响鹅的健康、生长、产蛋及种蛋的孵化率，严重的可导致鹅只死亡。维生素衡量单位多以毫克/千克表示，有几项是用国际单位（IU）表示的，换算如下：维生素 A：1IU＝0.34 mg 维生素醋酸盐＝0.3 μg 维生素 A 醇＝0.6 μg β-胡萝卜素；维生素 D_3：1IU＝0.25 mg 维生素 D_3＝30IU 维生素 D_2；维生素 E：1IU＝1 mg *DL*-α 生育酚醋酸盐＝1.49 mg 生育酚；维生素 B_{12}：1IU＝3.0 μg；维生素 B_2：1IU＝0.25 μg。此外，鹅在应激因素（转群、拥挤、预防接种、高温、潮湿、运输等）的刺激下，对某些维生素的需要量也成倍增长，因此在实践中要根据具体情况下来决定给予量。

（一）维生素 A

维生素 A 能保持黏膜的正常功能，促进鹅的生长发育，保持眼黏膜和视力健康，增强对疾病的抵抗能力，提高产蛋率、孵化率。如缺乏维生素 A，初生雏鹅出现眼炎或失明，2 周龄内生长发育迟缓，3 周龄时体质衰弱，运动机能失调，羽毛蓬松。母鹅产蛋少，孵化率低，抗病力弱，易发生各种疾病。维生素 A 是最重要而易缺乏的维生素之一。发现缺乏维生素 A 的症状后，可按常用剂量的 4 倍补给维生素制剂。对患蛔虫病的鹅只应先驱虫再补给。维生素 A 易被阳光、热、酸、氧化等因素破坏，要现配现用。硫酸锰可破坏维生素 A，需要注意。青饲料、苜蓿草、胡萝卜等含有丰富维生素、胡萝卜素，经常饲喂这些饲料和特制的青贮料，能满足鹅对维生素 A 的需要。

（二）维生素 D

维生素 D 与钙、磷代谢有关，是骨骼钙化和蛋壳形成所必需的营养素。雏鹅缺乏维生素 D，产生软骨症、软喙和腿骨弯曲。成年鹅缺乏维生素 D 时，蛋壳质量下降，产无壳蛋或软壳蛋。鹅体皮下、羽毛中的 7-脱氢胆固醇经紫外线照射后产生维生素 D_3，植物体中的麦角固醇经照射后产生维生素 D_2；长期舍饲的鹅缺少阳光照射时，有时会出现缺乏 D_3，在饲养中应根据情况进行补充。另外，维生素 D_3 的效力比维生素 D_2 高 40 倍，鱼肝油中含有丰富维生素 D_3，日晒的干草、青饲料中含有维生素 D_2。

（三）维生素 E

维生素 E 有助于维持生殖器官的正常机能和肌肉的正常代谢作用。维生素 E 是一种有效的体内抗氧化剂，对鹅的消化道及机体组织中的维生素 A 等具有保护作用。饲料中维生素 E 缺乏或不足时，往往导致公鹅精子少，母鹅受精力差，受精蛋孵化率低，产蛋下降。雏鹅患脑软化症、渗出性素质病和白肌病。维生素 E 在麦芽、麦胚油、棉籽油、花生油、大豆油中含量丰富，在青饲料、青干草中含量也多。添加维生素 E 可以促进雏鹅生长，提高种蛋孵化率。鹅处在逆境时对维生素 E 的需要量也增加。

（四）维生素 K

维生素 K 的主要生理功能为参与凝血作用。因此，缺乏维生素 K 时，鹅凝血时间延长，导致大量出血，引起贫血症。维生素 K 有 4 种：维生素 K_1 在青饲料、大豆和动物肝脏中含量丰富；维生素 K_2 可在鹅肠道内合成；维生素 K_3 和维生素 K_4 是人工合成，其活性比自然形成的大 1 倍，并可溶于水，常作为补充维生素的添加剂使用。当饲料中有磺胺类或抗生素时，易发生内出血，外伤时凝血时间延长或流血不止。在进行活拔鹅毛前 3～5 天，可在饲料或饮水中补加维生素 K，以防拔伤皮肤时流血不止。

（五）维生素 B_1（硫胺素）

维生素 B_1 是构成消化酶的主要成分，能防止神经失调和多发性神经炎。缺乏时，正常神经机能受到影响，食欲减退，羽毛松软无光泽，体重减轻；严重时腿、翅、颈发生痉挛，头向后背极度弯曲，呈“观星”姿势，瘫痪倒地不起。维生素 B_1 在糠麸、青饲料、胚芽、草粉、豆类、发酵饲料和酵母粉中含量丰富。它在酸性饲料中相当稳定，但遇热遇碱易被破坏。

（六）维生素 B_2（核黄素）

维生素 B_2 对体内氧化还原、调节细胞呼吸起重要作用，能提高饲料的利用率，是 B 族维生素中最为重要而易感不足的一种。不足时雏鹅生长不良，软腿，关节触地走路，趾向内侧蜷曲；成鹅产蛋少，蛋黄白，孵化率低。核黄素富含于青饲料、干草粉、酵母、鱼粉、小麦及糠麸中，禾谷类、豆类、块根茎饲料含量贫乏。平养鹅可从粪便中采食到一定数量的核黄素。

（七）泛酸（维生素 B_3）

泛酸是辅酶 A 的组成部分，与碳水化合物、脂肪和蛋白质代谢有关。缺乏时雏鹅生长受阻，羽毛粗糙，骨变短粗，随后出现皮炎、口角有局限性损伤。种蛋孵化率低。泛酸与核黄素的利用有关，一种缺乏时另一种需要量增加。维生素 B_3 很不稳定，与饲料混合时易受破坏，故常用泛酸钙作添加剂。糠麸、小麦、青饲料、花生饼、酵母中含泛酸较多，玉米中含量较低。

（八）烟酸（维生素 B_5、尼克酸、维生素 PP）

是抗癞皮病维生素。对碳水化合物、脂肪、蛋白质代谢起重要作用，同时为皮肤和消化道机能所必需，并有助于产生色氨酸。饲料中缺乏时，削弱机体新陈代谢；鹅发生黑舌病，特征性症状是舌头和口腔发炎，采食减少，雏鹅生长停滞，羽毛发育不良，生长不丰满，有时脚和皮肤呈现鳞状皮炎。成鹅缺乏烟酸时，产蛋量和孵化率下降。烟酸在酵母、豆类、糠麸、青料、鱼粉中含量丰富，玉米、高粱和禾谷类籽实中烟酸呈结合状态而很难利用。当出现可疑烟酸缺乏症时，每千克饲料中加 10 mg 烟酸，见效很快。

（九）维生素 B_6（吡哆醇）

维生素 B_6 有抗皮肤炎作用，与机体蛋白质代谢有关。日粮中缺乏时，鹅体内的多种生化反应遭受破坏，特别是氨基酸的代谢障碍，引起雏鹅食欲减退，生长不良，出现异常性兴奋，间接性痉挛等症状和皮炎、脱毛及毛囊出血；母鹅产蛋量与种蛋孵化率下降，体重减轻，生殖器官萎缩和第二性征衰退等病症。一般饲料原料如糠麸、苜蓿、干草粉和酵母等中含量丰富，且又可在体内合成，故很少有缺乏现象。

（十）胆碱

胆碱是构成卵磷脂的成分，它能帮助血液里脂肪的转移，有节约蛋氨酸、促进生长、减少脂肪在肝脏内沉积的作用。缺乏时，雏鹅生长缓慢，发生腿关节肿大症，且易形成脂肪肝。种鹅产蛋率下降。鱼粉、饲料酵母和豆饼等胆碱含量丰富，米糠、麸皮、小麦等胆碱的含量也较多。但在以玉米为主配合日粮时，由于玉米含胆碱少，应注意添加。

（十一）维生素 B_{12}（钴维生素）

维生素 B_{12}参与核酸合成、甲基合成、碳水化合物代谢、脂肪代谢以及维持血液中谷胱甘肽，有助于提高造血功能，能提高日粮中蛋白质的利用率，对鹅的生长有显著的促进作用。缺乏时，雏鹅生长迟缓，贫血，饲料利用率降低，食欲不振，甚至死亡。种鹅产蛋量下降，蛋重减轻，孵化率降低。维生素 B_{12}在肉骨粉、鱼粉、血粉、羽毛粉等动物性饲料中含量丰富。

（十二）叶酸（维生素 B_{11}）

叶酸对羽毛生长有促进作用，与维生素 B_{12}共同参与核酸代谢和核蛋白的形成。缺乏时，雏鹅生长缓慢，羽毛生长不良，贫血，骨短粗，腿骨弯曲。叶酸在动植物饲料中含量都较丰富，因此，鹅常用日粮中一般不缺乏叶酸。但是在长期服用磺胺类药物时，常使叶酸利用率降低，这种情况下应添加叶酸。对严重贫血的雏鹅，可肌肉注射 50～100 mg，1 周内可恢复正常。口服效果较差。

（十三）生物素（维生素 H）

也有称之为维生素 B_4，是抗蛋白毒性因子。参与脂肪和蛋白质代谢，是几种酶系统的组成成分。在肝脏和肾脏中较多。一般饲料中生物素的含量比较丰富，性质稳定，消化道内合成充足，不易缺乏。当日粮中缺乏时，会发生皮炎，雏鹅生长缓慢，羽毛生长不良，种蛋孵化率低。对活体拔羽绒的鹅，要补充生物素，以有利于羽绒再生。

（十四）维生素C（抗坏血酸）

维生素C可增强机体免疫力，有促进肠内铁的吸收作用。对预防传染病、中毒、出血等有着重要的作用。缺乏时，鹅发生坏血病，生长停滞，体重减轻，关节变软，身体各部出血，贫血。维生素C在青绿多汁饲料中含量丰富，且鹅体内具有合成维生素C的能力，一般情况下不会缺乏。但当鹅处于应激状态时，应增加日粮中维生素C的用量，以增强鹅的抵抗力。

第二节　鹅的常用饲料

品质优良、营养丰富的饲料是发展养鹅业的物质基础，解决饲料供应和合理利用饲料始终是养鹅业发展所面临的关键问题。鹅体如同一台活的机器，其原料就是各种饲料，经过机体的复杂转化，最后得到营养丰富的各类鹅产品。由于各种饲料所含营养物质的量和比例都有很大差别，且任何一种饲料所含养分均不能完全满足鹅体的需要，因此了解并掌握各类饲料的营养特性，合理配制和利用饲料，这是实现科学养鹅、提高饲养水平、缩短饲养周期、节约饲料、降低成本、增加鹅产品数量和质量的重要环节。

按照饲料的营养特性，可将鹅的常用饲料分为青绿饲料、青贮饲料、粗饲料、能量饲料、蛋白质饲料、矿物质饲料、维生素饲料及添加剂饲料等八大类。由于鹅具有食草和杂食的习性，所以能够利用的饲料种类较多，现按类分述如下。

一、青绿饲料

天然水分含量在60%以上的青绿饲料均属此类。青绿饲料具有养分比较全面，来源广泛，消化容易，成本低廉的优点，目前是鹅最主要、最优良、最经济的饲料，也是农村发展养鹅业最多见、用量最多的饲料。农村流传的“鹅吃百样草”、“青草换肥鹅”、“不喂鹅青草，下蛋必定少”、“吃鹅蛋，青草换”等谚语，都说明青绿饲料营养价值高，可以满足鹅只的营养需要。在养鹅生产中，通常的精料与青绿饲料的重量比例是，雏鹅1∶1，中鹅1∶1.5，成年鹅1∶2。

青绿饲料种类极多，且都是植物性饲料，富含叶绿素。主要包括天然牧草、栽培牧草、蔬菜类饲料、作物茎叶、水生饲料、青绿树叶、野生青绿饲料等。其特点是含水量高，能量低。一般水分含量在75%～90%，每千克仅含代谢能1 255.2～2 928.8 kJ；粗蛋白质含量高，一般占干物质重的10%～20%，而且粗蛋白质品质极好，含必需氨基酸比较全面，生物学价值高；维生素，尤其是胡萝卜素含量丰富，每千克可含50～60 mg，高于其他种饲料；钙、钾等碱性元素含量丰富，豆科牧草含钙元素更多；粗纤维含量少，幼嫩多汁，适口性好，消化率高，鹅极喜欢，是放牧季节鹅的良好饲料。但相对而言，鹅对禾本科牧草中的黑麦草、行仪芝等比豆科牧草中的三叶草和紫云英、苜蓿等更为喜欢。如舍饲时加喂青绿饲料，则可提高日粮的利用率，节省精料，并能防止因饲料单一而造成的营养不全。

实践证明，无论是放牧还是采集野生青绿饲料或是人工栽培的青绿饲料养鹅时，都应注意以下几点：①青绿饲料要现采现喂(包括打浆)，不可堆积或用喂剩的青草浆，以防产生亚硝酸盐中毒。②放牧或采集青绿饲料时，要了解青绿饲料的特性，有毒的和刚喷过农药的菜地、草地或牧草要严禁采集和放牧，以防中毒。

③含草酸多的青绿饲料，如菠菜、糖菜叶等不可多喂，以防引起雏鹅佝偻病或瘫痪及母鹅产薄壳蛋和软壳蛋。④某些含皂素多的亚科牧草喂量不宜过多。如有些苜蓿草品种皂素含量高达2%，过多的皂素会抑制雏鹅的生长。所以，不宜单纯放牧苜蓿草或以青苜蓿作为惟一的青绿饲料喂鹅，而应与禾本科的青草合理搭配进行饲喂。

二、青贮饲料

用新鲜的天然植物性饲料调制成的青贮饲料在鹅的饲料中使用不普遍，但在缺少青绿饲料的冬天可以使用青贮饲料，鹅用青贮饲料的原料有三叶草、苜蓿、玉米秸秆、禾本科杂草及胡萝卜茎叶。要求青贮时，pH值为4～4.2，粗纤维不超过3%，长度不超过0.5 cm。一般鹅每天可喂150～200 g。

三、粗饲料

粗饲料是指粗纤维在18%以上的饲料，主要包括干草类、稿秆类、秕壳类、树叶类等。粗饲料来源广泛，成本低廉，但粗纤维含量高，不容易消化，蛋白质、维生素含量低，营养价值低。且容积大，适口性差，家禽采食量有限，养鸡、养鸭一般不用。如经加工处理，养鹅还可利用一部分。尤其是其中的优质干草在粉碎以后，如豆科干草粉，仍是较好的饲料，是鹅冬季粗蛋白质、维生素以及钙的重要来源。由于粗纤维是难以消化的部分，因此其含量要适当控制，一般不易超过10%。干草粉在日粮中的添加比例，通常为20%左右，既能降低饲料成本，又不影响鹅对其他养分的消化吸收。粗饲料宜粉碎后饲喂，并注意与其他饲料搭配。粗饲料也要防止腐烂发霉、混入杂质。

四、能量饲料

所谓能量饲料，是指饲料中粗纤维含量低于18%、粗蛋白低于20%的饲料。主要包括谷类籽实及其加工副产品和根茎瓜类饲料两大类。这类饲料是养鹅生产中的主要精料，在日粮组成中占50%～70%，适口性好，易消化，能值高，是鹅能量的主要来源。

（一）籽实类

1. 玉米　是养鹅生产中最主要，也是应用最广泛的能量饲料。优点是含能量最高，代谢能达13.39 MJ/kg，粗纤维少，适口性强，消化率高，是鹅的优良饲料。缺点是含粗蛋白低，缺乏赖氨酸和色氨酸。黄色玉米和白色玉米在蛋白、能量价值上无多大差异，但黄玉米含胡萝卜素较多，可作为维生素A的部分来源，还含有较多的叶黄素，可加深鹅的皮肤、跖部和蛋黄的颜色，满足消费者的爱好。据报道，国内外近年来已培育出高赖氨酸玉米品种。一般情况下，玉米用量可占到鹅日粮的30%～65%。

2. 大麦　每千克饲料代谢能达11.09 MJ，粗蛋白含量12%～13%，维生素B族含量丰富。大麦的适口性也好，但它的皮壳粗硬，含粗纤维较高，达8%左右，不易消化，宜破碎或发芽后饲喂。用量一般占日粮的10%～30%。

3. 小麦　小麦营养价值高，适口性好，含粗蛋白10%～12%，氨基酸组成优于玉米和大米。缺点是缺乏维生素A、维生素D，黏性大，粉料中用量过大粘嘴降低适口性。目前在我国，小麦主要作为人类食品，用其喂鹅，不一定经济。如在鹅的配合饲料中使用小麦，一般用量为10%～30%。

4. 稻谷　稻谷的适口性好，但代谢能低，粗纤维较高，是我国水稻产区常用的养鹅饲料，在日粮中可占10%～50%。

5. 碎米　也称米糙，是稻谷加工大米筛选出来的碎粒，粗纤维含量低，易于消化，也是农村养鹅常用的饲料。用量可占日粮的 30%～50%。但应注意，用碎米作为主要能量饲料时，要相应补充胡萝卜素或黄色色素。

6. 高粱 含碳水化合物多，是高粱产区的主要能量饲料。其缺点是蛋白质含量少，品质低，含单宁多，适口性差。在鹅日粮配合时，夏季比例控制在 10%～15%，冬季在 15%～20%为宜。

（二）糠麸类

1. 米糠 是稻谷加工的副产品，分普通米糠和脱脂米糠。米糠的油脂含量高达 15%，且大多数为不饱和脂肪酸，易酸败，久贮容易变质，故应饲喂鲜米糠。也可在米糠中加入抗氧化剂或将米糠脱脂成糠饼使用。此外，米糠含纤维素较高，使用量不宜太多。一般在鹅日粮中的用量为 5%～10%。

2. 麸皮 是小麦加工的副产品，粗蛋白含量较高，适口性好，但能量低，粗纤维含量高，容积大，且有轻泻作用。用量不宜过大，一般可占日粮的 5%～15%。

3. 高粱糠 含碳水化合物及脂肪较多，能量较高。因含有单宁多，适口性差。蛋白质的含量和品质都低。因此，在鹅的日粮中应比高粱低 5%。

4. 次粉 又称四号粉，是面粉工业加工副产品。营养价值高，适口性好。但和小麦相同，多喂时也会产生粘嘴现象，制作颗粒料时则无此问题。一般可占日粮的 10%～20%。

（三）根茎瓜类

用做饲料的根茎瓜类饲料主要有马铃薯、甘薯、南瓜、胡萝卜、甜菜等。含有较多的碳水化合物和水分，适口性好，产量高，是养鹅的优良饲料。这类饲料的特点是水分含量高，可达 75%～90%，但按干物质计算，其能量高，而且含有较多的糖分，胡萝卜和甘薯等还含有丰富的胡萝卜素。由于这类饲料水分含量高，多喂会影响鹅对干物质的摄入量，从而影响生产力。此外，发芽的马铃薯含有毒物质，不可饲喂。

五、蛋白质饲料

指的是饲料中粗蛋白含量在20%以上、粗纤维小于18%的饲料。这类饲料营养丰富，特别是粗蛋白含量高，易于消化，能值较高。含钙磷多，B族维生素亦丰富。常言道："鸭吃荤，鹅吃素"，尽管对鹅来说，蛋白质营养不如对猪、鸡那么重要，但是也不能忽视，也有重要的作用。一般情况下，鹅有了植物性蛋白质就能满足生理需要，不需另加动物性蛋白，况且动物性蛋白成本高，所以生产中使用较少。但事实上，在有条件的地方，鹅的日粮中适当添加一些动物性蛋白质饲料，能明显地提高鹅的生产性能和饲料转化率。

按照蛋白质饲料的来源不同，分为植物性蛋白质饲料和动物性蛋白质饲料两大类。

（一）植物性蛋白质饲料

1. 豆饼（粕） 豆饼是大豆压榨提油后的副产品，而采用浸提法提油后的加工副产品则称为豆粕。豆饼（粕）含粗蛋白在42%～46%，含赖氨酸丰富，是我国养鹅业普遍应用的优良植物性蛋白质饲料。缺点是蛋氨酸和胱氨酸含量不足。试验证明，用豆饼（粕）添加一定量的合成蛋氨酸，可以代替部分动物性蛋白质饲料。此外应注意，豆饼（粕）中含有抗胰蛋白酶等有害物质，因此使用前最好应经适当的热处理。目前国内一般多用3分钟110℃热处理。其用量可占鹅日粮的10%～25%。

2. 菜籽饼（粕） 是菜籽榨油后的副产品，我国华中、华南、华东一带应用较多。作为重要的蛋白质饲料来源，菜籽饼（粕）粗蛋白含量达37%左右，但能值偏低，营养价值不如豆饼（粕）。菜籽饼（粕）含有芥子硫苷等毒素，过多饲喂会损害鹅的甲状腺、肝、肾，严重时中毒死亡。此外，菜籽饼（粕）有辛辣味，适口性不好，因此饲喂时最好应经过浸泡加热，或采用专门解毒剂（如浙江大学饲料研究所研制的6107菜籽饼解毒剂）进行脱毒处理。在鹅的日粮中其用量一般应控制在5%～8%之间。

3. 棉籽饼（粕）　棉籽饼（粕）有带壳与不带壳之分，其营养价值也有较大差异。含粗蛋白32%～37%，但注意棉籽饼（粕）含有棉酚等有毒物质，对鹅的体组织和代谢有破坏作用，过多饲喂易引起中毒。可采用长时间蒸煮或0.05% $FeSO_4$溶液浸泡去毒等方法，以减少棉酚对鹅的毒害作用。其用量一般可占鹅日粮的5%～8%。

4. 花生饼　是花生榨油后的副产品，也分去壳与不去壳两种，以去壳的较好。花生饼的成分与豆饼基本相同，略有甜味，适口性好，可代替豆饼（粕）饲喂。花生饼含脂肪高，在温暖而潮湿的地方容易腐败变质，产生剧毒的黄曲霉毒素，因此不宜久存。其用量占日粮的5%～10%。

5. 亚麻籽饼（胡麻籽饼）　亚麻籽饼蛋白质含量在29.1%～38.2%之间，高的可达40%以上，但赖氨酸仅为豆饼的1/3。含有丰富的维生素，尤以胆碱含量为多，而维生素D和维生素E很少。此外，它含有较多的果胶物质，为遇水膨胀而能滋润肠壁的黏性液体，是雏鹅、弱鹅、病鹅的良好饲料。亚麻籽饼虽含有毒素，但在日粮中搭配10%左右不会发生中毒，最好与含赖氨酸多的饲料搭配在一起喂鹅，以补充其赖氨酸低的缺陷。

（二）动物性蛋白质饲料

1. 鱼粉　是鹅的优良蛋白质饲料。优质鱼粉粗蛋白含量应在50%以上，含有鹅所需要的各种必需氨基酸，尤其是富含赖氨酸和蛋氨酸，且消化率高。鱼粉的代谢能值也高，达12.12 MJ/kg。此外，还含有各种维生素、矿物质和未知生长因子，是鹅生长、繁殖最理想的动物性蛋白质饲料。鱼粉有淡鱼粉和咸鱼粉之分，淡鱼粉质量好，食盐少（2.5%～4%）；咸鱼粉含盐量高，用量应视其食盐量而定，不能盲目使用，若用量过多，盐分超过鹅的饲养标准规定量，极易造成食盐中毒。鱼粉在鹅日粮中的用量一般为2%～8%。

2. 肉骨粉　是屠宰场的加工副产品。经高温高压消毒脱脂的肉骨粉含有50%以上的优质蛋白质，且富含钙、磷等矿物质及多种维生素，因此是鹅很好的蛋白质和矿物质补充饲料，用量可占日粮的5%～10%。但应注意如果处理不好或者存放时间过长，发黑、发臭，则不能作饲料用，以免引起鹅瘫痪、瞎眼、生长停滞甚至死亡。

3. 血粉　是屠宰场的另一种下脚料。蛋白质的含量很高，为80%～82%，但血粉加工所需的高温易使蛋白质的消化率降低，赖氨酸受到破坏。且血粉有特殊的臭味，适口性差，用量不宜过多，可占日粮的2%～5%。

4. 蚕蛹粉　是缫丝过程中剩留的蚕蛹经晒干或烘干加工制成的，蛋白含量高，用量可占日粮的5%～10%。

5. 羽毛粉　由禽类的羽毛经高压蒸煮、干燥粉碎而成，粗蛋白含量在85%～90%之间，与其他动物性蛋白质饲料共用时，可补充日粮中的蛋白质。用量可占日粮的3%～5%。

6. 酵母饲料　是在一些饲料中接种专门的菌株发酵而成，既含有较多的能量和蛋白质，又含有丰富的B族维生素和其他活性物质，且蛋白质消化率高，能提高饲料的适口性及营养价值，对雏鹅生长和种鹅产蛋均有较好作用。一般在日粮中可加入2%～4%。

7. 河蚌、螺蛳、蚯蚓、小鱼　这些均可作为鹅的动物性蛋白质饲料利用。但喂前应蒸煮消毒，防止腐败。有些软体动物如蚬肉中含有硫胺酶，能破坏维生素B_1。鹅吃大量的蚬，所产蛋中维生素B_1缺少，死胎多，孵化率低，雏鹅易患多发性神经炎，俗称“蚬瘟”，应予注意。这类饲料用量一般可占日粮的10%～20%。

六、矿物质饲料

鹅的生长发育、机体的新陈代谢需要钙、磷、钠、钾、硫等多种矿物元素，上述青绿饲料、能量饲料、蛋白质饲料中虽均含有矿物质，但含量远不能满足生长和产蛋的需要，因此在鹅日粮中常常需要专门加入石粉、贝壳粉、骨粉、食盐、砂砾等矿物质饲料。

1. *石粉*　是磨碎的石灰石，含钙达38%。有石灰石的地方，可以就地取材，经济实用。一般用量可占日粮的1%～7%。

2. *贝壳粉*　是蚌、蛤、螺蛳等外壳磨碎制成，含钙29%左右，是日粮中钙的主要来源。用量可占日粮的2%～7%。

3. *骨粉*　是动物骨头经加热去油脂磨碎而成，骨粉含钙29%、磷15%，是很好的矿物质饲料。用量可占日粮的1%～2%。

4. *磷酸氢钙、磷酸钙*　是补充磷和钙的矿物质饲料，磷矿石含氟量高，使用前应作脱氟处理。磷酸氢钙或磷酸钙在日粮中可占1%～2%。

5. *蛋壳粉*　蛋壳含钙24.4%～26.5%，粗蛋白12.42%。用蛋壳制粉喂鹅时要注意消毒，以免感染传染病。

6. *食盐*　是鹅必需的矿物质饲料，能同时补充钠和氯，一般用量占日粮的0.3%左右，最高不得超过0.5%。饲料中若有鱼粉，应将鱼粉中的含盐量计算在内。另外，生产鹅肥肝时，日粮中食盐含量以1.0%～1.6%为宜。

7. *砂砾*　砂砾并没有营养作用，但补充砂砾有助于鹅的肌胃磨碎饲料，提高消化率。放牧鹅群随时可以吃到砂砾，而舍饲的鹅则应加以补充。舍饲的鹅如长期缺乏砂砾，就容易造成积食或消化不良，采食量减少，影响生长和产蛋。因此，应定期在饲料中适当拌入一些砂砾，或者在鹅舍内放置砂砾盆，让鹅自由采食。一般在日粮中可添加0.5%～1%，粒度似绿豆大小为宜。

七、维生素饲料

在放牧条件下，青绿多汁饲料能满足鹅对维生素的需要。在舍饲时则必须补充维生素，其方法是补充维生素饲料添加剂，或饲喂富含维生素的饲料。如不使用专门的维生素饲料添加剂，则青绿饲料、块根茎类饲料和干草粉可作为主要的维生素来源。在目前的饲养条件下，如果能将含各种维生素较多的维生素饲料很好调剂和搭配使用，便可基本满足鹅对维生素的需要。

青菜、白菜、通心菜、甘蓝及其他各种菜叶、无毒的野菜等均为良好的维生素饲料。青嫩时期刈割的牧草、苣麻菜和树叶等维生素的含量也很丰富。用量可占精料的30%～50%。某些干草粉、松针粉、槐树叶粉等也可作为鹅的良好的维生素饲料。此外，常用的维生素饲料还有水草和青贮饲料。水草喂量可占精料的50%以上，适于喂青年鹅和种鹅。以去根、打浆后的水葫芦喂饲效果较好。另外水花生、水浮莲也可喂鹅。青贮饲料则可于每年秋季大量贮制，适口性好，为冬季良好的维生素饲料。

八、饲料添加剂

近年来，随着畜牧业的集约化发展，饲料添加剂工业发展很快，已成为配合饲料的核心部分。饲料添加剂是指加入配合饲料中的微量的附加物质（或成分），如各种氨基酸、微量元素、维生素、抗生素、激素、抗菌药物、抗氧化剂、防霉剂、着色剂、调味剂等。它们在配合饲料中的添加量仅为千分之几或万分之几，但作用很大。其主要作用包括：补充饲料的营养成分，完善日粮的全价性，提高饲料利用率，防止饲料质量下降，促进畜禽食欲和正常生长发育及生产，防治各种疾病，减少贮存期营养物质的损失，缓解毒性以及改进畜产品品质等。合理使用饲料添加剂，可以明显地提高鹅的生产性能，提高饲料的转化效率，改善鹅产品的品质，从而提高养鹅的经济效益。

按照目前的分类方法，饲料添加剂分为营养性物质添加剂和非营养性物质添加剂两大类。

（一）营养性物质添加剂

主要用于平衡鹅日粮养分，以增强和补充日粮的营养为目的，故又称强化剂。

1. 氨基酸添加剂　主要有赖氨酸添加剂和蛋氨酸添加剂。赖氨酸是限制性氨基酸之一，饲料中缺乏赖氨酸会导致鹅食欲减退，体重下降，生长停滞，产蛋率降低。蛋氨酸也是限制性氨基酸，适量添加可提高产蛋率，降低饲料消耗，提高饲料报酬，尤其是在饲料中蛋白质含量较低的条件下，效果更明显。

2. 微量元素添加剂　鹅除了补喂钙、磷等常量元素外，还需要补充一些微量元素，如铁、铜、锌、锰、钴、碘、硒等。在日常的配合饲料中添加一定量的矿物质微量元素添加剂，即可满足鹅对各种微量元素的需要。作为微量元素添加剂的各种试剂最好选择硫酸盐，因为硫酸盐可以促进蛋氨酸的利用，减少对蛋氨酸的需要量。

3. 维生素添加剂　维生素添加剂种类很多，有的只含有少数几种脂溶性维生素，如维生素A、维生素D、维生素E、维生素K，有的是含有多种维生素的复合维生素，可根据需要选择使用。一般用量是每100 kg日粮中添加10 g左右。

（二）非营养性物质添加剂

这类添加剂不是鹅必需的营养物质，但添加到饲料中可以产生各种良好的效果，可根据不同的用途选择使用。主要有以下几种。

1. 保健促生长剂　某些药物在用量适当时有预防疫病、促进生长的作用，主要是一些抗生素、高剂量铜和其他人工合成的化合物。常用的有土霉素、泰乐菌素、杆菌肽锌、硫酸粘杆菌素、硫酸铜、喹乙醇等。有些药物能抑制或杀灭球虫或其他体内寄生虫，因而也能促进健康和生长，如盐霉素、氯苯胍、潮霉素、越霉素等。还有一些含大量乳酸菌、双歧杆菌和其他有益细菌的产品，统称"益生素"，可以抑制肠道有害细菌的繁殖，预防泻痢，提高鹅的抗病能力。此外，某些激素也有促进生长的作用，但使用不当会产生副作用。很多中草药也有保健、杀虫和促进生长的作用。

2. 食欲增进剂、酶制剂　在饲料中添加某些香料或其他成分，可以提高食欲，促进采食。添加酶制剂可促进营养物质的消化，促进生长，提高饲料的转化效率。

3. 着色剂　有些添加剂，如柠檬黄、虾青素、辣椒红等，可使鹅的皮肤变深，蛋黄变红，在市场上深受消费者的喜爱。

4. 饲料保存剂　饲料在贮运过程中，容易氧化变质甚至发霉。在饲料中加入抗氧化剂和防霉剂可以延缓这类不良的变化。常用的抗氧化剂有乙氧喹、丁基化羟基甲苯和丁基化羟基甲氧基苯等；防霉剂有丙酸钙、山梨酸、苯甲酸等。

需要注意的是，各类饲料添加剂的用量极少，必须在日粮中混合均匀。否则易发生营养缺乏症，或因采食过量而中毒。此外，维生素、酶制剂、益生素等添加剂在光线、空气中很容易失效，如受潮受热则破坏更快。因此，添加剂预混料应存放在干燥、阴凉、避光处，且开包后尽快用完，贮存时间不能过长。

鹅常用饲料的营养成分见表2-1。

表 2-1　鹅常用饲料的营养成分　　%

饲料	干物质	代谢能(MJ/kg)	粗蛋白质	粗纤维	钙	磷	有效磷	赖氨酸	蛋+胱氨酸
青苜蓿	29.2	1.42	5.3	10.7	0.49	0.09	0.03	0.20	0.08
大白菜	6.4	0.67	1.4	0.5	0.03	0.04	0.02	0.04	0.04
小白菜	7.9	0.75	1.6	1.7	0.04	0.06	0.02	0.08	0.03
苦荬菜	15.0	1.51	4.0	1.5	0.28	0.05	0.02	0.16	0.06
甘薯藤	13.9	1.05	2.2	2.6	0.22	0.07	0.02	0.08	0.04

续表 2-1

饲料	干物质	代谢能（MJ/kg）	粗蛋白质	粗纤维	钙	磷	有效磷	赖氨酸	蛋＋胱氨酸
绿萍	6.0	0.67	1.6	0.9	0.06	0.02	0.01	0.07	0.07
槐叶粉	90.3	3.97	18.1	11.0	2.21	0.21	0.07	0.84	0.34
松针粉	86.6	4.39	7.4	24.1	0.59	0.04	0.02	0.43	0.17
苜蓿草粉	87.0	3.64	17.2	25.6	1.52	0.22	0.10	0.81	0.36
玉米	86.0	13.56	8.7	1.6	0.02	0.27	0.12	0.24	0.38
高粱	86.0	12.30	9.0	1.4	0.13	0.36	0.17	0.18	0.29
小麦	87.0	12.72	13.9	1.9	0.17	0.41	0.22	0.30	0.49
裸大麦	87.0	11.21	13.0	2.0	0.04	0.39	0.21	0.44	0.39
大麦	87.0	11.30	11.0	4.8	0.09	0.33	0.17	0.42	0.36
稻谷	86.0	11.00	7.8	8.2	0.03	0.36	0.20	0.29	0.35
糙米	87.0	14.06	8.8	0.7	0.03	0.35	0.15	0.32	0.34
碎米	88.0	14.23	10.4	1.1	0.06	0.35	0.15	0.42	0.39
粟	86.5	11.88	9.7	6.8	0.12	0.30	0.11	0.15	0.45
次粉	87.0	12.51	13.6	2.8	0.08	0.52	0.14	0.52	0.49
小麦麸	87.0	6.82	15.7	8.9	0.11	0.92	0.24	0.58	0.39
米糠	87.0	11.21	12.8	5.7	0.07	1.43	0.10	0.74	0.44
米糠饼	88.0	10.17	14.7	7.4	0.14	1.69	0.22	0.66	0.56
大豆	87.0	13.55	35.5	4.3	0.27	0.48	0.30	2.22	1.03
大豆饼	87.0	10.54	40.9	4.7	0.30	0.49	0.24	2.38	1.20
大豆粕	87.0	9.62	43.0	5.1	0.32	0.61	0.31	2.45	1.30
棉籽饼	92.0	8.16	33.0	12.5	0.36	0.81	0.23	1.34	0.70
棉籽粕	88.0	8.16	34.3	11.6	0.62	0.96	0.33	1.28	1.37
菜籽饼	88.0	8.16	34.3	11.6	0.62	0.96	0.33	1.28	1.37
菜籽粕	88.0	7.41	38.6	11.8	0.65	1.07	0.42	1.30	1.50
花生仁饼	88.0	11.63	44.7	5.9	0.25	0.53	0.31	1.32	0.77
花生仁粕	88.0	10.88	47.8	6.2	0.27	0.56	0.33	1.40	0.81
向日葵仁饼	88.0	6.65	29.0	20.4	0.24	0.87	0.13	0.96	1.02
向日葵仁粕	88.0	8.49	33.6	14.8	0.26	1.03	0.16	1.13	1.19
亚麻仁饼	88.0	9.79	32.2	7.8	0.39	0.88	0.38	0.73	0.94
亚麻仁粕	88.0	7.95	34.8	8.2	0.42	0.95	0.42	1.16	1.10
玉米胚芽饼	90.0	7.61	16.7	6.3	0.04	0.46	0.20	0.70	0.78
玉米胚芽粕	90.0	6.99	20.8	6.5	0.06	0.55	0.24	0.75	0.49

续表 2-1

饲料	干物质	代谢能(MJ/kg)	粗蛋白质	粗纤维	钙	磷	有效磷	赖氨酸	蛋+胱氨酸
玉米蛋白粉	90.1	16.23	63.5	1.0	0.07	0.44	0.17	0.97	2.38
	91.2	14.26	51.3	2.1	0.06	0.42	0.11	0.92	1.90
	89.9	13.30	44.3	1.6	0.05	0.40	0.10	0.71	1.69
玉米蛋白饲料	88.0	8.45	19.3	7.8	0.15	0.70	0.20	0.63	0.62
芝麻饼	92.0	8.95	39.2	7.2	2.24	1.19	0.32	0.82	0.82
麦芽根	89.7	5.90	28.3	12.5	0.22	0.73		1.30	0.63
国产鱼粉	88.0	11.46	52.5	0.4	5.74	3.12	3.12	3.41	1.00
秘鲁鱼粉	88.0	11.67	62.8	1.0	3.87	2.76	2.76	4.90	2.42
血粉（喷雾）	88.0	10.29	82.8	0	0.29	0.31	0.31	6.67	1.72
羽毛粉	88.0	11.42	77.9	0.7	0.20	0.68	0.68	1.65	3.52
皮革粉	88.0	6.19	77.6	1.7	4.40	0.15	0.15	2.27	0.96
肉骨粉	92.6	8.20	50.0	2.8	9.20	4.70	4.70	2.60	1.00
啤酒糟	88.0	9.92	24.3	13.4	0.32	0.42		0.72	0.87
啤酒酵母	91.7	10.54	52.4	0.6	0.16	1.02		3.38	1.33
玉米酒精糟	94.0	5.36	30.6	11.5	0.41	0.66		0.51	1.28

第三节 鹅的饲养标准

随着饲养科学的发展，根据生产实践中积累的经验，结合消化、代谢、饲养及其他试验，科学地规定了各种畜禽在不同体重、不同生理状态和不同生产水平下，每头每天应该给予的能量和各种营养物质的数量，这种规定的标准称“饲养标准”。饲养标准在组成上包括两个主要部分，即畜禽的营养需要量或供给量、畜禽常用饲料的营养价值表，多采用表格形式，便于生产实践中参考应用。

目前，现代畜牧业发达国家都制定有本国的各种畜禽的饲养标准，用于科学饲养，指导生产，提高畜禽产品率，降低饲料消耗，节省成本，取得最佳的经济效益。世界上较著名的畜禽饲养标准有美国 NRC 饲养标准、英国 ARC 饲养标准、新日本饲养标准等。前些年，我国已制定了鸡的饲养标准试行草案，以供养禽生产者参考应用。但对鹅的营养需要还在继续探索，尚未制定全国统一的符合我国鹅种特点的鹅的饲养标准。因而在养鹅实践中，往往引用和借鉴国外的饲养标准。总的来看，目前国内外有关鹅的营养需要的资料较少。现将美国 NRC“家禽营养需要”（1994年，第 9 版）中有关鹅的营养需要、前苏联鹅的饲养标准、法国的鹅营养推荐量、朗德鹅的参考饲养标准、我国辽宁省提出的昌图豁鹅饲养标准介绍如下（表 2-2 至表 2-7）。

表 2-2 美国 NRC 鹅的营养需要

饲养阶段	0～4 周龄	4 周龄以后	种鹅
能量水平（MJ/kg）	12.13	12.55	12.13
蛋白质（%）	20.00	15.00	15.00
赖氨酸（%）	1.00	0.85	0.60
蛋氨酸+胱氨酸（%）	0.60	0.50	0.50
钙（%）	0.65	0.60	2.25
有效磷（%）	0.30	0.30	0.30
维生素 A（IU）	1 500	1 500	4 000
维生素 D（IU）	200	200	200
胆碱（mg）	1 500	1 000	500
烟酸（mg）	65.0	35.0	20.0
泛酸（mg）	15.0	10.0	10.0
核黄素（mg）	3.8	2.5	4.0

表 2-3 前苏联鹅的饲养标准

饲养阶段	1～20 日龄	21～60 日龄	60～180 日龄	种鹅
代谢能（MJ/kg）	11.72	11.72	10.88	10.46
粗蛋白（%）	20.00	18.00	14.00	14.00
能量蛋白比	140	155	176	178
粗纤维（%）	5.0	7.0	8.0	10.0
钙（%）	1.6	1.6	2.0	1.6
磷（%）	0.8	0.8	0.8	0.8
盐（%）	0.4	0.4	0.4	0.4

续表 2-3

饲养阶段	1～20 日龄	21～60 日龄	60～180 日龄	种鹅
饲料量［g/（只·天）］				330
赖氨酸（%）	1.00	0.90	0.70	0.63
蛋氨酸（%）	0.50	0.45	0.35	0.35
胱氨酸（%）	0.28	0.25	0.20	0.20
色氨酸（%）	0.22	0.20	0.16	0.16
精氨酸（%）	1.00	0.90	0.70	0.82
组氨酸（%）	0.47	0.42	0.33	0.33
亮氨酸（%）	1.66	1.49	1.15	0.95
异亮氨酸（%）	0.67	0.60	0.47	0.47
苯丙氨酸（%）	0.83	0.74	0.57	0.49
酪氨酸（%）	0.37	0.33	0.26	0.32
苏氨酸（%）	0.61	0.55	0.43	0.46
缬氨酸（%）	1.05	0.94	0.73	0.67
甘氨酸（%）	1.10	0.99	0.77	0.77
维生素添加量				
维生素 A（mg/kg）	10.00	5.00	5.00	10.00
维生素 D_3（mg/kg）	1.50	1.00	1.00	1.50
维生素 E（g/t）	5.00			5.00
维生素 K_3（g/t）	2.00	1.00	1.00	2.00
维生素 B_1（g/t）				
维生素 B_2（g/t）	2.00	2.00	2.00	2.00
维生素 B_3（g/t）	10.00	10.00	10.00	10.00
维生素 B_4（g/t）	1 000.00	1 000.00	1 000.00	1 000.00
烟酸（g/t）	30.00	30.00	30.00	30.00
维生素 B_6（g/t）	2.00			
维生素 B_{12}（g/t）	25.00	25.00	25.00	25.00
维生素 C（g/t）				
微量元素添加量				
锰（g/t）		50.00		
锌（g/t）		50.00		
铁（g/t）		2.50		
铜（g/t）		2.50		
钴（g/t）		2.50		
碘（g/t）		1.00		

表 2-4　法国的鹅营养推荐量

饲养阶段	0～3 周龄		4～6 周龄		7～12 周龄		种鹅	
饲粮能量水平(MJ/kg)	10.868	11.704	11.286	12.122	11.286	12.122	9.196	10.450
粗蛋白质(%)	15.80	17.00	11.60	12.50	10.20	11.00	13.00	14.80
赖氨酸(%)	0.89	0.95	0.56	0.60	0.47	0.50	0.58	0.66
蛋氨酸(%)	0.40	0.42	0.29	0.31	0.25	0.27	0.23	0.26
含硫氨基酸(%)	0.79	0.85	0.56	0.60	0.48	0.52	0.42	0.47
色氨酸(%)	0.17	0.18	0.13	0.14	0.12	0.13	0.13	0.15
苏氨酸(%)	0.58	0.62	0.46	0.49	0.43	0.46	0.40	0.45
钙(%)	0.75	0.80	0.75	0.80	0.65	0.70	2.60	3.00
总磷(%)	0.67	0.70	0.62	0.65	0.57	0.60	0.56	0.60
有效磷(%)	0.42	0.45	0.37	0.40	0.32	0.35	0.32	0.36
钠(%)	0.14	0.15	0.14	0.15	0.14	0.15	0.12	0.14
氯(%)	0.13	0.14	0.13	0.14	0.13	0.14	0.12	0.14
日饲料采食量(g)								
产蛋初期							170	150
产蛋末期							350	300

表 2-5　朗德鹅的参考饲养标准

周龄	代谢能(MJ/kg)	粗蛋白质(%)	粗纤维(%)	赖氨酸(%)	蛋+胱氨酸(%)	钙(%)	有效磷(%)	食盐(%)
0～3	12.1	20.0	5.8	1.00	0.6	0.65	0.4	0.3
4～10	12.6	16.0	7.3	0.85	0.5	0.60	0.4	0.3
种鹅	11.7	15.5	6.2	0.60	0.5	2.25	0.4	0.3

表 2-6　辽宁昌图豁鹅的饲养标准

日龄	每千克干饲料含代谢能（MJ）	粗蛋白质(%)	粗纤维(%)	钙(%)	磷(%)	食盐(%)
1～30	11.72	20.0	7.0	1.6	0.8	0.35
31～90	11.72	18.0	7.0	1.6	0.8	0.35
91～180	10.88	14.0	10.0	2.2	1.2	0.35
成鹅	11.30	16.0	10.0	2.2	1.2	0.40

表 2-7 辽宁昌图豁鹅维生素、微量元素、氨基酸营养需要

日 龄	1～30	31～90	91～180	成 鹅	种 鹅
维生素 A（IU）	10 000	5 000	5 000	10 000	10 000
维生素 D_3（IU）	1 590	1 000	1 000	1 000	1 500
维生素 E（mg/kg）	5				5
维生素 K_3（mg/kg）	2	1	1	1	2
维生素 B_2（mg/kg）	2	2	2	2	3
维生素 B_3（mg/kg）	10	10	10	10	10
胆碱（mg/kg）	1 000	1 000	1 000	1 000	1 000
维生素 B_6（mg/kg）	30	30	30	20	20
维生素 B_{12}（mg/kg）	25	25	25	25	25
锰（mg/kg）	50	50	50	50	50
锌（mg/kg）	50	50	50	50	50
铁（mg/kg）	25	25	25	25	25
铜（mg/kg）	2.50	2.50	2.50	2.50	2.50
赖氨酸（%）	1.00	0.90	0.70	0.63	0.63
蛋氨酸（%）	0.50	0.45	0.35	0.35	0.35
色氨酸（%）	0.20	0.20	0.16	0.16	0.16

第四节 鹅的日粮配合

鹅的日粮配合又称日粮搭配，是按照鹅饲养标准的规定，选用适当的饲料配合成为日粮，使这种由多种饲料搭配成的日粮所含营养物质的数量，符合饲养标准的规定量，其目的是以最少的饲料消耗、最低的饲料成本，获得量多质好、经济效益最高的鹅产品。

一、日粮配合的意义

目前我国农村养鹅，在饲养上一般不是根据鹅各个阶段的生长发育、长肉和产蛋等方面对各种营养物质需要来组合各种日粮，而是仅饲喂单一饲料，结果不仅浪费饲料，影响正常生长发育，而且影响鹅只生产性能的发挥。如育雏阶段，由于雏鹅生长强度很大，需要较高水平的蛋白质日粮，但习惯上却采用小米、大米或

是小麦和玉米等肥育用的各类饲料而导致雏鹅生长发育受阻。又如产蛋鹅需要较高的蛋白质水平日粮，可是由于日粮单一，蛋白质含量太低，不能发挥产蛋性能。若在日粮中适当增加一部分蛋白质饲料，如豆饼、鱼粉等，并搭配一部分谷类饲料，提高日粮中蛋白质水平，即可使饲料配合多样化，使单一饲料可能缺乏的某些营养物质得到弥补。此外，还要补充矿物质饲料。青绿饲料缺乏时，还应增补多种维生素。在日粮营养全面的饲养条件下，雏鹅生长速度加快，使体重能及时达到上市标准。这样既缩短了饲养时间，又节省了饲料，降低了饲养成本。因此，科学配合日粮是提高养鹅生产效益的有效方法和根本保证。

二、日粮配合的基本原则

日粮配合是养鹅生产实践中的一个重要环节。日粮配合是否合理，直接影响到鹅生产性能的发挥，以及生产的经济效益。配合过程中应注意以下基本原则：

（一）参照并灵活应用饲养标准，制定各类鹅的最适宜营养需要量

饲养标准是实行科学养鹅的基本依据，但在实际应用时，仍应结合当地鹅的品种、性别、地区环境条件、饲料条件、生产性能等具体情况灵活调整，适当增减，制定出最适宜的营养需要量。最后再通过实际饲喂，根据饲喂效果进行调整。

（二）选用符合当地实际的鹅饲料营养成分表

正确地估测饲料的营养价值，对用量较大而又重要的饲料最好实测。

（三）选择饲料时，应考虑经济原则

尽量选用营养丰富、价格低廉、来源方便的饲料进行配合，注意因地制宜，因时制宜，尽可能发挥当地饲料资源优势。如在满足各主要营养物质需要的前提条件下，尽量采用价廉和来源可靠、易得的青绿饲料，以降低成本和保持配合饲料质量的稳定。也可用一部分甘薯、南瓜、马铃薯等代替一部分谷实类饲料，以降低饲养成本。

（四）注意日粮的品质和适口性

忌用有刺激性异味、霉变或含有其他有害物质的原料配制饲料。

影响饲料饲料的适口性有两个方面。一方面是饲料本身的原因，如高粱含有单宁，喂量过多会影响采食量。因此，以占日粮的5%～10%为宜。另一方面是加工造成的，如压制成颗粒料可提高适口性，而喂的粉料磨得太细，鹅吃起来发黏，会降低适口性。因此，粉料不可磨得太细，各种饲料的粒度应基本一致，以免鹅挑剔。种鹅一般不喂颗粒料，而采用青绿饲料和精料拌匀后饲喂，这样不仅可增加饲料的适口性，还可降低饲料成本。

（五）在可能的条件下，选用的饲料种类应尽量多样化

促使营养物质的互补和平衡，提高整个日粮的营养价值和利用率。饲料品种多还可改善饲料的适口性，增加鹅的采食量，能保证鹅群稳产增产。

（六）考虑鹅的消化生理特点合理配料

鹅是食草动物，能够利用一定量的粗饲料，要保持日粮中有一定的粗纤维。一般粗纤维在鹅日粮中应占5%～8%。粗纤维含量低时可引起鹅消化不良、啄羽等。当然，日粮的粗纤维含量也不能过高，一般不宜超过10%，否则会降低饲料的消化率和营养价值。

（七）日粮要保持相对稳定

如确需改变时，应逐渐更换，最好有1周的过渡期，以免影响食欲，降低生产性能。尤其是对产蛋期母鹅，更要注意饲料的相对稳定。

三、日粮配合的方法

按照饲养标准配制日粮时，由于目前我国供给鹅的饲料种类还不算太多，所以一般生产单位多采用简单易行的试差法。尽管目前饲养标准越来越精细，各种营养指标越来越多，但在未采用电子计算机配合日粮前，主要满足的营养指标是不多的，试差法是比较简便而实用的配合日粮方法之一。此外还有四方法、公式法等。这里着重介绍试差法的日粮配合方法。

所谓试差法，即根据饲养标准，结合鹅的品种、年龄、生产性能、当地气候及以往的生产经验，先粗放地配合，然后计算其中的各种养分，并与所制定的营养标准比较，对过多或不足的养分进行调整，直至符合要求为止。由于所规定的营养指标较多，为了便于配合，通常先计算平衡日粮的能量和粗蛋白两项指标，待上述两项指标平衡时，再依次考虑钙、磷、赖氨酸、蛋氨酸指标的平衡。食盐、微量元素及维生素可放在最后定量添加。

现以配制产蛋期种鹅日粮为例，说明试差法的具体运用。基本原料有玉米、豆饼、菜籽饼、进口鱼粉、麸皮、骨粉、石粉与食盐，其日粮配制的程序如下。

第一步：参照鹅的饲养标准，结合当地实际，拟订产蛋期种鹅的各种营养需要量，查出所用原料的营养成分（表 2-8）。

第二步：初步确定所用原料的比例。根据经验，设日粮中各原料分别占如下比例：鱼粉 5％、菜籽饼 5％、麸皮 10％、玉米 55％、豆饼 17％、食盐与矿物质 8％。

第三步：将 5％菜籽饼、5％鱼粉和 10％麸皮，分别用各自的百分比乘以各自饲料中的营养含量。如鱼粉的用量为 5％，每千克鱼粉中含代谢能 12.133 6MJ，则 5％鱼粉中含代谢能 0.606 68MJ（12.133 6×5％）。其余依次类推，计算结果见表 2-9。

表 2-8 产蛋期种鹅的营养需要量及饲料营养成分

饲料	代谢能（MJ/kg）	粗蛋白（%）	钙（%）	磷（%）	赖氨酸（%）	蛋+胱氨酸（%）
	11.385	16.5	3.5	0.6	0.66	0.55
玉米	14.060	8.6	0.04	0.21	0.27	0.31
豆粕	11.046	43.0	0.32	0.50	2.45	1.08
菜籽饼	8.452	36.4	0.73	0.95	1.23	1.22
进口鱼粉	12.134	62.0	3.91	2.90	4.35	2.21
麸皮	6.562	14.4	0.18	0.78	0.47	0.48
骨粉			36.40	16.40		
石粉	产蛋期种鹅营养需要		35.00			

第四步：计算豆饼和玉米的用量。上述三种饲料加上矿物质饲料共占28%，其中含蛋白质6.36%，代谢能1.686 MJ，不足部分用余下的72%玉米与豆饼补充。现在初步定玉米55%，豆饼17%，经计算这两种饲料中含代谢能为9.606 MJ，蛋白质12.04%。与前面三种饲料相加，得代谢能11.292 MJ，粗蛋白质18.4%。与营养需要对照后发现代谢能低0.213 MJ，而蛋白质高1.9%。从饲料营养成分表中看出，豆饼的蛋白质含量达43%，能量为11.045 MJ/kg；而玉米的蛋白质含量只有8.6%，豆饼的蛋白质相应减少0.344%。现在蛋白质比标准高1.9%，要达到要求，可用1.9/0.344≈5（%）的玉米代替豆饼。这时，玉米占60%，豆饼占12%，再经计算得：代谢能11.464 MJ/kg，粗蛋白16.68%，已基本符合营养需要。接着计算其他成分，列于表2-10。

表 2-9 三种饲料营养成分计算值

项目	比例（%）	代谢能（MJ）	蛋白质（%）	钙（%）	磷（%）	赖氨酸（%）	蛋+胱氨酸（%）
菜籽饼	5	0.4225	1.82	0.037	0.048	0.0615	0.0610
鱼粉	5	0.6066	3.10	0.196	0.145	0.2175	0.1105
麸皮	10	0.6568	1.44	0.018	0.078	0.0470	0.0480
合计	20	1.6861	6.36	0.251	0.271	0.3260	0.2195

表 2-10 日粮成分的计算

项目	比例(%)	代谢能(MJ)	蛋白质(%)	钙(%)	磷(%)	赖氨酸(%)	蛋+胱氨酸(%)
菜籽饼	5	0.423	1.82	0.037	0.048	0.0615	0.0610
鱼粉	5	0.607	3.10	0.196	0.145	0.2175	0.1105
麸皮	10	0.657	1.44	0.018	0.078	0.0470	0.0480
豆饼	12	1.326	5.16	0.038	0.060	0.1620	0.1860
玉米	60	8.435	5.16	0.024	0.126	0.2940	0.1300
合计	92	11.448	16.68	0.313	0.457	0.7800	0.5360
与标准比较	−8	−0.016	0.18	−3.187	−0.143	0.1200	−0.0140

第五步：加入矿物质饲料和食盐。根据上面计算可看出，除钙和磷外，其他营养成分已能基本满足需要。因此可加入钙和磷。现补加7%的石粉和1%的骨粉，另外再加入0.3%的食盐，如有条件，可加入0.03%的蛋氨酸。这样配得的日粮含代谢能11.464 MJ/kg，粗蛋白质16.68%，钙3.12%，磷0.612%，食盐0.3%，赖氨酸0.78%，蛋+胱氨酸0.566%，基本符合营养需要。

四、鹅的日粮配方实例

以下所举鹅的日粮配方，均经过实践应用，能取得较高的生产性能和良好的经济效益，供参考使用。

（一）太湖鹅日粮配方

1. 肉用仔鹅 玉米52%，四号粉2.0%，米糠12.43%，麸皮6.0%，豆粕14.0%，菜籽饼6.0%，鱼粉5.0%，骨粉2.0%，食盐0.4%，蛋氨酸0.17%。营养成分为代谢能12 008.08 kJ/kg，粗蛋白18.3%。

2. 种鹅 玉米65%，四号粉4.0%，麸皮4.0%，豆粕12.0%，菜籽粕6.0%，鱼粉2.0%，骨粉2.6%，贝壳粉4.0%，食盐0.4%。营养成分为代谢能12 037.37 kJ/kg，粗蛋白15.3%。

（二）昌图豁鹅日粮配方

1. 1～30日龄 玉米47%，麸皮10%，豆粕20%，稻糠12%，

鱼粉8%，骨粉1%，贝壳粉2%。营养成分为代谢能12 075.02 kJ/kg，粗蛋白20.29%，钙1.55%，磷0.74%。

2. 31～90日龄　玉米47%，麸皮15%，豆粕15%，稻糠13%，鱼粉7%，骨粉1%，贝壳粉2%。营养成分为代谢能11 999.71kJ/kg，粗蛋白18.38%，钙1.50%，磷0.76%。

3. 91～180日龄　玉米27%，麸皮33%，豆粕5%，稻糠30%，鱼粉2%，骨粉1%，贝壳粉2%。营养成分为代谢能11 100.15kJ/kg，粗蛋白14.39%，钙1.96%，磷1.05%。

4. 成年鹅　玉米33%，麸皮25%，豆粕11%，稻糠25%，鱼粉3%，骨粉1%，贝壳粉2%。营养成分为代谢能1 380.48kJ/kg，粗蛋白16.30%，钙2.35%，磷1.06%。

（三）肉鹅日粮配方

1. 雏鹅（0～3周龄）　玉米40.6%，高粱15.0%，豆饼22.5%，鱼粉7.5%，麸皮6.0%，米糠2.5%，玉米面筋1.5%，糖蜜1.5%，猪油0.5%，磷酸氢钙0.8%，石粉0.8%，食盐0.3%，预混料0.5%。

2. 生长鹅（4～10周龄）　玉米35.1%，高粱20.0%，豆饼14.0%，肉骨粉3.0，麸皮10.0%，米糠13.0%，糖蜜2.5%，磷酸氢钙0.8%，石粉0.8%，食盐0.3%，预混料0.5%。

3. 肥育鹅（11周龄至出售）　玉米43.0%，高粱25.0%，豆饼19.0%，麸皮6.0%，糖蜜3.0%，猪油0.6%，磷酸氢钙1.6%，石粉0.9%，食盐0.4%，预混料0.5%。

（四）国内通用型鹅日粮推荐配方

1. 3～10日龄　玉米、高粱、大麦61%，豆饼或其他饼类15%，糠麸10%，稗子、草籽、干草粉5%，动物性饲料5%，贝壳粉或石粉2%，食盐1%，沙粒1%。

2. 11～30日龄　玉米、高粱、大麦41%，豆饼或其他饼类15%，糠麸25%，稗子、草籽、干草粉5%，动物性饲料10%，贝壳粉或石粉2%，食盐1%，沙粒1%。

3. 31～60日龄 玉米、高粱、大麦11%，豆饼或其他饼类15%，糠麸40%，稗子、草籽、干草粉20%，动物性饲料10%，贝壳粉或石粉2%，食盐1%，沙粒1%。

4. 60日龄以上 玉米、高粱、大麦11%，豆饼或其他饼类15%，糠麸45%，稗子、草籽、干草粉25%，贝壳粉或石粉2%，食盐1%，沙粒1%。

（五）国外常用的鹅日粮配方

1. 0～3周龄 黄玉米48.75%，小麦粗粉5.0%，小麦次粉5.0%，碎大麦10.0%，脱水干燥青饲料3.0%，肉粉（50%粗蛋白）2.0%，鱼粉（60%粗蛋白）2.0%，干乳2.0%，豆粕（50%粗蛋白）20.0%，石粉0.5%，磷酸氢钙0.5%，碘化食盐0.5%，微量元素预混料0.25%，维生素预混料0.5%。

2. 3周龄至上市 黄玉米46.0%，小麦粗粉10.0%，小麦次粉10.0%，碎大麦20.0%，脱水干燥青饲料1.0%，肉粉（50%粗蛋白）2.0%，豆粕（50%粗蛋白）8.75%，石粉0.5%，磷酸氢钙0.5%，碘化食盐0.5%，微量元素预混料0.25%，维生素预混料0.5%。

3. 种鹅 黄玉米41.75%，小麦粗粉5.0%，小麦次粉10.0%，碎大麦20.0%，脱水干燥青饲料5.0%，肉粉（50%粗蛋白）2.0%，鱼粉（60%粗蛋白）2.0%，干乳1.5%，豆粕（50%粗蛋白）7.5%，石粉3.25%，磷酸氢钙0.75%，碘化食盐0.5%，微量元素预混料0.25%，维生素预混料0.5%。

第五节 饲料的加工调制

由于鹅既能利用精饲料，又能利用大量的青粗饲料，所以鹅可以利用的饲料种类很多，饲料面较广。一般来说，未加工的饲料适口性差，难以消化。有些饲料，如饼粕类，鹅采食后经体内水分浸泡膨胀，易引起食管膨大部损伤甚至胀裂，造成损失。因此，一般饲料在饲用前，必须经过加工调制。经过加工调制的饲料，便于鹅采食，改善适口性，增进食欲，提高饲料的营养价值。常用的饲料加工调制方法主要有以下几种。

一、粉碎或磨碎

油饼类和籽实类精饲料一般都须用粉碎的方法进行加工。因皮壳坚硬，整粒喂给不容易被消化吸收，尤其雏鹅消化能力差，只有粉碎坚硬外壳和表皮后，才能很好地消化吸收。因此，为了更有效地提高各种精饲料的利用价值，整粒饲料必须经过粉碎或磨细。但是也不能粉碎得太细，太细的饲料鹅不易采食和吞咽，适口性也不好。一般只要粉碎成小颗粒即可。因富含脂肪的饲料粉碎后容易酸败变质，不易长期保存，所以此类饲料不要一次粉碎太多。

此外，北方冬季鹅所需的大量青粗饲料一般由农副产物来供给，如豆秸、玉米秸、豆壳、稻壳等，可经粉碎后配合精料喂鹅。

二、浸　泡

油饼和谷实类饲料质地坚硬，如豆饼、小麦、玉米和小米等饲料，经浸泡后柔软、体积增大，鹅喜欢采食，也容易消化。如雏鹅开食用的小米或碎米，可先浸泡1小时左右再喂给，以利于雏鹅的开食和消化，但须注意浸泡的时间不能太长，以免引起饲料变质。

三、蒸　煮

谷粒、籽实以及块根、瓜类等，经蒸煮后可增加适口性和提高饲料的利用率。但经过蒸煮后会破坏饲料中的一些营养成分，因而最好采用粉碎或切碎的方法，而不用蒸煮。但用于鹅肥肝生产时的玉米，切不可粉碎，一定要通过蒸煮。

四、切　碎

青绿饲料如青菜、青草、苜蓿等，块根和瓜类饲料如甘薯、胡萝卜和南瓜等，均富含维生素，蒸煮易受到破坏，因而最好是先洗净后，切碎喂给。萝卜、南瓜类可切成丝条状喂给，这样便于鹅采食。切碎后的青绿多汁料，容易发霉变质，最好随切随喂。

五、拌　湿

经粉碎后的干粉料不能直接喂鹅，因干粉料适口性差，且损失浪费较多。一般都将混合干粉料加水拌湿后饲喂。拌时应湿干适度，太湿时粘鹅嘴不易吞咽；太干的粉料适口性差，也不便于吞咽。同时，鹅会一边吃料一边饮水，既浪费饲料，又污染饮水。干湿的适宜程度是，用手一抓可以攥成团，放开后又能疏松地散开。湿料也要现拌现喂，以防腐败变质。

六、制颗料饲料

粉状饲料的体积太大，运输和鹅摄食都不方便，且饲料损失多，饲料的制粒则可以避免，特别是混有干草粉的鹅饲料的颗粒化更具现实意义。可采用颗粒饲料机制成，一般是将混合粉料用蒸汽处理，经钢筛孔挤压出来后，冷却、烘干制成。这种饲料的营养全面，适口性好，便于采食，浪费少。国外多采用这种颗粒饲料，我国的饲料加工部门也已逐步采用颗粒饲料机生产鹅的颗粒饲料。如江苏等一些地方用颗粒饲料饲喂肉用仔鹅，效果良好。对鹅来说，适宜的颗粒规格一般在 4～8 mm

之间。

七、青 贮

青贮是以乳酸菌为主，有多种微生物参加的生物化学变化过程，是一种厌氧发酵。青贮能在长时间内保持青绿多汁饲料的营养价值，贮存过程中养分损失一般不超过10%，青贮还能改善适口性，受天气影响也较少。青贮饲料是鹅冬季青绿多汁饲料和维生素的重要来源。青贮时要选好原料，控制水分，及时青贮，严格密封。我国目前用青贮饲料喂鹅的很少，而前苏联则较多。他们的经验是以混合青料青贮，主要原料是腊熟期玉米果穗。饲料含水量必须控制在65%～75%之间。当然，调制青贮饲料要有一定的设备，如青贮塔、青贮窖、青贮壕、青贮塑料袋等，基本要求是不透气、不漏水。

八、膨 化

谷实类饲料或颗粒料在膨化机内经160～187℃的高温加热1～2分钟，让谷物内部水分加热到蒸发点，使谷物饲料膨胀，体积比原来增大30%～40%，然后再压碎饲喂。有试验报道，膨化饲料饲喂雏鹅可提高饲料利用率。

九、干 制

青草、青绿树叶等在干制后易贮藏，适口性好，能保存其营养成分，在冬、春季节可用来代替青饲料。调制干草时，禾本科类应在抽穗到扬花期收割，豆科类应在始花期到盛花期收割。不但干草的产量高，调制容易，而且能保证质量。收割应在晴朗天气进行，并应尽快调制。

调制干草的方法有自然干燥法和烘干法，最常用的是自然干燥法。将收割的青草薄层铺在地上，在阳光下曝晒4～5小时，当青草晒至用手拧紧可成绳状但不断裂且不出水滴时（水分含量为40%左右），把草堆成小堆（高1 m，直径1.5 m，重约50 kg）或小垄（高30 cm）继续晾晒，待水分降至14%～17%时（草贴在脸上时不觉凉爽也不觉湿热，在手中抖动时有清脆沙沙声，揉折不脆断，松手能很快自动散开）即可堆垛，用草、泥封顶后保存。用此法调制干草，在翻晒和运输中要轻拿轻放，这样可减少青草营养物质的损失。

在多雨地区或阴雨季节，可将青草放在木制、竹制或金属制成的20～30 cm高的架上，堆成多个70～80 cm高的蓬松的圆锥形，堆中留通气道，外层要平整以利排水，经1～3周即可凉干。把花生秧、甘薯蔓和青草放在墙头和树上，其效果和架上干燥法相似。架上的干制效果比在地面上晒制的效果要好。

在晒制干草时若遇阴雨连绵，可将青草平铺风干（使含水量在50%左右）后分层堆积3～5 m高。也可将青草堆成堆，逐层压实，每层撒0.5%～1%的食盐，经30～60天即制成褐色干草。

十、打 浆

在利用青草喂鹅时，一般应将采集的青草洗净、切碎后放入打浆机打成青草浆，然后与其他饲料（如麸皮、玉米等）拌在一起饲喂。这样鹅只易于采食、消化和吸收。最好是随打浆随喂。

采用何种调制方法，应视鹅的年龄和用途而定。如雏鹅多采用粒料（小米）或碎粒料，一般进行浸泡或蒸煮后喂；而肉鹅、种鹅多采用湿拌混合粉料进行饲喂；生产鹅肥肝的填肥饲料则以整粒玉米经浸泡和蒸煮后再加入适量的食盐、食油和维生素，仔细拌匀后填喂。

第六节 鹅的青绿饲料生产

"有水有草好养鹅"，牧草等青绿饲料是养鹅业最主要、最优良、最经济的饲料，在鹅的饲养中具有特别的作用，其生产就显得尤其重要。牧草是发展养鹅业的物质基础，没有充足的牧草，就不会有高产优质与稳定发展的畜牧业。牧草种类繁多，大部分都能为鹅采食利用，特别是天然草地上的豆科、禾本科、藜科、菊科、莎草科以及其他杂草类的牧草，其生长期的茎叶及成熟期株穗籽实，鹅都喜欢采食。但天然草地牧草生长季节性强、产草量低，为提高草地产量和质量，保证全年均衡供给青绿饲料，必须种植部分高产的人工草地和改良低产的天然草地。建立人工草地的栽培牧草种类也很多，根据各地的自然气候和土壤特点、养鹅的需要，必须选择适宜的牧草品种。下面就适宜于养鹅利用的、产量高、品质好的牧草，介绍几种主要的、常用的草种特点及栽培技术，供各地养鹅生产参考应用。

一、豆科牧草

豆科牧草根系有根瘤，能固定空气中的氮素，茎叶和籽实蛋白质含量高，适口性好，可以青喂也可制成干草粉，是最重要的栽培牧草。

（一）紫花苜蓿

为世界上栽培最早、分布最广的豆科牧草，一般亩产 3 000～5 000 kg，营养期干物质含粗蛋白 26.1%，花期降低为 18.2%～22.1%，维生素丰富，放牧一般与禾本科牧草混播。如果刈割青饲或制成草粉，在日粮中配合 25%左右，效果很好。

紫苜蓿最适合温暖半干旱气候，耐寒性强，对土壤要求不严格，但以排水良好、土层深厚、富含钙质的土壤生长最好。

栽培技术：除低洼积水土地之外，各种土壤均可种植。苜蓿种子细小，苗期生长缓慢，播种前必须精细整地以利苗齐苗全。为了提高发芽率和进行种子消毒，播种前用60℃热水浸种15分钟。北方各省宜在4—7月初播种，华北地区宜在3—9月份播种，长江流域宜在9—10月份播种。每亩播种量在0.75 kg左右，以条播为好，条距20～30 cm，播种深度1.5～2.0 cm。紫苜蓿与冬麦、春麦、油菜、糜谷或荞麦等伴种作物混播，既利于苜蓿出苗，又可收获一茬伴生作物，一举两得。苜蓿地返青后或每次刈割后，都应及时追施磷钾肥，干旱时最好能浇水，并及时中耕松土，寒冷地区封冻前应培土防寒，这样对翌年早春返青十分有利。

（二）红三叶

又名红车轴草。我国云贵高原及湖北、湖南有大面积栽培。最适宜在亚热带高山低温多雨地区栽培。红三叶营养丰富，蛋白质含量高，草质柔嫩，适口性好，各种畜禽均喜食。青饲喂牛、羊、猪、鹅、兔，可节省精料，饲养效果好。

栽培技术：红三叶种子细小，要求整地精细。播种期南方以9—10月份最为适宜，在北方可行春播。播种量每亩0.5～0.75 kg，采种田可略减少。条播较适宜，行距20～30 cm，播深1～2 cm。红三叶与黑麦草混播，效果很好，两者应同期隔行播种。与玉米间种，可获粮、草双丰收。第一次种红三叶的土地，播种时根瘤剂拌种，可提高固氮能力，增加产草量。施用磷、钾肥，可有较大的增产效果。尤其是磷肥，可提高饲草产量和质量。红三叶苗期生长缓慢，要注意中耕除草。

（三）白三叶

又名白车轴草。广泛分布于世界温带地区。目前我国南方已有大面积栽培，如湖南、湖北、贵州、江苏等省栽培较多。云南、贵州、四川、新疆、吉林等地都有野生。白三叶喜温暖湿润气候，耐热性比红三叶强，耐酸性土壤，较耐潮湿，耐寒性较差。具匍匐茎，竞争力强，再生性好，耐践踏、耐牧，在频繁刈割或放牧时，可保持草层不衰败，是一种放牧型牧草。白三叶草质柔嫩，适口性强，因主要利用叶片，故营养价值高，干物质含粗蛋白质24.7%。刈割青饲或放牧畜禽，均极喜欢采食。鹅日粮中添加50%白三叶草粉，日增重33.5 g，每饲喂20～25 kg鲜草可增重1 kg鹅的活重。白三叶是我国南方草地改良的重要的优良豆科牧草，同时也是水土保持、城市绿化的优良草种。

栽培技术：种子极细小，播前需精细整地，清除杂草，施足底肥，播种期春秋均可，南方以秋播为宜，但不应晚于10月中旬，否则越冬易受冻害。播种量每亩0.3～0.5kg。条播行距30 cm，也可撒播，播深1～1.5 cm。白三叶最适宜与多年生黑麦草等混播，以提高产量，也有利于放牧利用，防止牛羊过食而发生膨胀病。白三叶地中，每2 m左右种一行玉米，可增精饲料玉米100～200 kg。白三叶苗期生长非常缓慢，应注意中耕除草。一旦连植后，则不必中耕，匍匐茎再生，种子落地自生，可维持草地持久不衰，供经常刈割或放牧利用。初花期刈割，一般亩产3 000～4 000 kg，高者可达5 000 kg。

（四）红豆草

我国甘肃、宁夏、青海、内蒙古等地均有栽培。红豆草适应性广，耐旱能力超过紫苜蓿，栽培技术与苜蓿相近，也是干旱地区推广种植的一种优良牧草。

此外，小冠花、柱花草等都是优良的豆科牧草。

二、禾本科牧草

该类牧草也是重要的栽培牧草，分布范围广、适应性强、营养丰富、柔嫩多汁、适口性好，鹅喜欢采食，且耐牧，刈割或放牧后能迅速恢复生长。

（一）多年生黑麦草

多年生黑麦草是温带地区最重要的牧草。目前在我国长江上游各省的高海拔地区大面积种植，均表现出生长快，产量高，品质好，饲用价值高。多年生黑麦草喜温暖湿润气候，生长最适宜温度20℃，需肥沃土壤。我国南方夏季有高温伏旱的低海拔地区，越夏困难，往往枯死。但在适宜条件下，生长也可多年不衰。

我国南方播种黑麦草一般以9—11月份为宜，也可利用当年冬季和翌年早春早播，但在3月下旬春播但产量较低。条播行距15～30 cm，播深1.5～2 cm，播种量每亩1～1.5 kg。最适宜与白三叶、红三叶、紫花苜蓿混播，可建成高产优质的人工草地。多年生黑麦草分蘖力强，再生速度快，应注意适当施肥，以提高产量。据试验：施1 kg氮素，可增加干物质24.2～28.6 kg，增产粗蛋白质4 kg，在分蘖、拔节、抽穗期，适当灌水，增产效果显著。夏季炎热天气，灌水可降低地温，有利越夏。苗期应及时清除杂草。因多年生黑麦草种子易脱落，因而应及时采种。

（二）多花黑麦草

多花黑麦草又名意大利黑麦草。适宜我国南方种植，其形态特征、生长习性与多年生黑麦草基本相同，不同的是，多花黑麦草植株高大，叶片宽，种子有芒，分蘖较少，为一年生牧草。但条件适宜，管理好，也可利用2～3年。

栽培技术：与多年生黑麦草相同。但因多花黑麦草生长快。植株较高大，产量高，可在大田中与水稻进行轮作。秋季水稻收获前，把多花黑麦草撒入，或水稻收获后迅速播种，供作冬春的鹅青饲料。第二年初夏，刈割后耕翻栽植水稻。多花黑麦草可单播，亦可与红三叶、白三叶、苕子、紫云英等混播。还可与青刈作物玉米、高粱等轮作。常与苏丹草、杂交狼尾草、苦荬菜等轮作或套作，以解决全年均匀供应青饲料。多花黑麦草喜氮肥，产草量与施氮量呈直线相关，每千克氮素可增产干物质至少30 kg，使干草中粗蛋白质含量提高 1～2 kg。多花黑麦草可年刈 3～5 次，一般亩产 3 000～5 000 kg，在高水肥条件下可产 5 000～7 000 kg。

（三）无芒草

又名禾萱草、光雀麦。我国东北、华北、西北均有分布，青海、内蒙古、河北、山西等地有大面积栽培，南方高海拔草山以及农区低湿地亦可种植。营养价值高、适口性好、畜禽喜食。具根茎，耐践踏，适宜放牧，不仅是牛羊的好饲料，还可作为鹅的优良放牧草地。

栽培技术：喜冷凉干燥气候、耐旱、耐湿、耐碱，适应性强，各种土壤都能生长。北方寒冷地区宜春播或夏播，华北、黄土高原地区及长江流域则可秋播。条播、撒播均可，条播行距 30～40 cm。播种量 1～2 kg，播深 2～4 cm。放牧利用可与紫苜蓿、红三叶、白三叶混播。建植后的无芒草，可形成整齐的草地，利用 3～4 年后地下茎会形成坚硬的草皮，使产量下降，可用圆盘耙或其他耙切短根茎，疏松土壤，改善透气性，以恢复植被的旺盛生长。

（四）草地早熟禾

又名草原莓系、光茎蓝草。我国北方各地有野生分布，近来从国外引入栽培，主要作草坪用，可在沟渠堤坝、荒芜隙地栽培，亦是鹅、牛、羊放牧利用的优质牧草。

栽培技术：草地早熟禾喜在温暖、湿度较大地区生长，耐寒、耐旱、耐热。具短根茎，再生力强，生长年限较长。作永久草地，种子细小，苗期生长缓慢，播地要精心整理，土宜细，施足底肥。播种期以秋播为宜，一般 9—10 月份播种。宜条播，行距 30 cm，播种量每亩 0.3～0.5 kg，播深 1～2 cm。分蘖期应注意中耕锄草。亦可利用草皮分株移栽，每穴 2～3 株苗，行株距 15～20 cm，栽后浇水或在雨季进行移植，成活率高，很快即可覆盖地面。草地早熟禾生长多年后，长势衰退，可用圆盘耙切破草皮，并施用氮、磷、钾以刺激其恢复生长。可和紫苜蓿和百脉根混播，以提高草地的产量和品质。

（五）岸杂一号狗牙根

该草是我国于1976年从美国引进草种，南方等地生长良好，已在生产上推广应用。该草蛋白质含量高，干物质含蛋白质超过20%。质地柔软，宜作鹅放牧或刈割青饲。

栽培技术：选粗壮、节间短、生长好、无病虫的植株，每3～4节为一段，按行距20～25 cm开沟，每隔15～21 cm栽插一株，埋土深3～5 cm，土面留1～2节，栽后浇水即可成活。栽种时间3—10月份均可，但气温在10℃以上时较易成活。土壤肥沃，土层厚，底肥足，生长好，产量高。大面积栽种时，将种茎均匀地撒播于土面，然后再用圆盘耙，耙切覆土，保持土壤湿润，一般5～6天即可生根成活。栽培的第一个月，生长缓慢，不耐干旱，应注意及时除草浇水，待覆盖地面后，即可抑制杂草，旺盛生长。当草层高达40～50 cm时，即可刈用，留茬2～3 cm，一般30天左右刈一次，年可刈7～8次，亩产鲜草7 500～10 000 kg。

三、叶菜类青饲料作物

（一）苦荬菜

苦荬菜又称鹅老菜、山莴苣、苦麻菜。原为我国的野生植物，经长期驯化选育，现已成为广泛栽培的高产饲料作物。我国南、北各省都有较大面积的栽培。它是一种适应性强，产量高，营养好，适口性极好的优质青绿多汁饲料。

栽培技术：苦荬菜喜温暖湿润气候，既耐寒，又抗热，各种土壤都可种植。苦荬菜幼苗子叶出土力弱，因此播前土壤要整细。播种期为南方2月底至3月份，北方4月上旬至中旬。在华南也可秋播。播种方法一般采用条播或穴播，条播行距25～30 cm，北方垄作行距50～60 cm，采用撒播或双行条播。穴播行株距20 cm。播种量每亩0.5 kg，覆土2 cm。育苗移栽时，每亩大田只需用种0.1～0.15 kg，一亩苗圃地，可栽5亩大田。移栽行距25～30 cm，株距10～15 cm。幼苗具5～6片叶时移栽。

苦荬菜生长快，再生力强，刈割次数多，产量高，需肥量大，肥足才能高产。一般每亩需施猪牛粪或厩肥2 500～5 000 kg。每刈一次均要追施肥。春播5月上旬，株高40～50 cm时即可刈用，6—8月份生长特别旺盛，每隔20～25天即可刈一次。留茬5～8 cm，年刈5～8次。小面积栽培可剥大叶利用，留小叶继续生长。一般亩产5 000～7 500 kg，高者可达10 000 kg。

（二）苋菜

苋菜又名千穗谷、西粘谷、天星苋。苋菜在世界分布很广，在我国栽培有悠久的历史，全国各地都有种植，是一种产量高、适口性好的优良青饲料。它适应性广、管理方便、生长快、再生力强，是夏季很重要的饲料作物。

栽培技术：苋菜是喜温作物，不耐旱，根系发达，吸肥性强，供给充足肥料，才能高产。种子细小，播前必须精细整地。耕地前施入厩肥作底肥，播种前南方从3月下旬至8月份随时都可播种。北方春播为4月中旬至5月上旬，夏播种在6—7月份。播种量每亩0.25～0.4 kg。播种方式条播或撒播均可，条播行距30～40 cm，覆土1～2 cm。有的地方不覆土，只撒一层草木灰，上盖一层稻草。也可采用育苗移栽。因幼苗生长缓慢，易受杂草危害，因此要及时中耕除草。收获利用方法主要有间拔法、全拔法、刈割法三种。切碎喂鹅是非常优良的青饲料。

（三）牛皮菜

牛皮菜又名达菜、厚皮菜、叶用甜菜，是我国栽培历史长、种植范围广的牧草。其适应性强，对土壤要求不严，易于种植，病虫害少，产量高，叶柔嫩多汁，营养价值较高，适口性好，且利用期长，是鹅喜食的优质青饲料。

栽培技术：牛皮菜喜肥沃、湿润、排水良好的黏质壤土及沙质壤土，比较耐碱。南方多在瓜、豆或水稻之后种植。北方常在春季种植。不耐连作。一般育苗移栽。播种期南方多在8—10月份，而北方为3月上旬至4月中旬。苗床育苗多行撒播，亦可条播，播后覆土1.5～2 cm，苗高20～25 cm时移栽。定植株距20～30 cm，行距30～40 cm，如苗状根多，及时浇水，移植3～4天后即可恢复生长。直播多为条播或点播，行距20～30 cm，覆土2～3 cm，每亩播种子1～1.5 kg。牛皮菜在生长过程中要经常中耕除草，施追肥或浇水。当牛皮菜生长到封行时，即可采收外叶。采收时从叶柄基部折断，每株一次采叶3～4片，留下心叶继续生长。南方地区秋播的牛皮菜，当年即可采收1～2次外叶；次年3月份以后，生长迅速，每隔10天左右可采收1次。4月份以后逐渐抽苔开花，可全株刈割利用。北方春播牛皮菜，年可收4～5次，亩产鲜叶4 000～5 000 kg。牛皮菜切碎青饲，也可青贮。

四、野生草类

野生草类在鹅的饲养中具有特别的作用，其生产就显得尤其重要。我国的牧区有大面积的草原，已有少数地方用来发展养鹅。农区有丰富的野生草类，在发展养鹅中发挥了相当大的作用。野生草类不占耕地，自然生长，到处都有，全年大部分季节都能生产，往往是几种混在一起，营养上可相互补充，应给以充分利用。

野生草类利用的主要方式是放牧。一般1亩自然草地可养鹅1～3只。在耕地中，也会生长不少野生草类，包括十边草和田间草，1亩也能养鹅1或2只，这时鹅就成了“生物除草机”。

在放牧时，鹅对野生草类有一定的择食性，喜食柔软、细嫩、多汁的青饲料。在饥不择食的情况下，也能吃较粗的青绿饲料。野生的种子，一般来说，鹅均喜食。水中或水边的野生青绿饲料，鹅特别喜欢。

鹅喜欢采食的野生草类可见表2-11。

表 2-11 鹅喜欢采食的野生草类

陆生植物		水生植物	
学　名	俗　名	学　名	俗　名
看麦娘（禾本科）	牛茅草、齐齐草	金鱼藻（金鱼藻科）	竹节草
罔草（禾本科）	扁稗草	莎草（莎草科）	山藤根
狗尾草（禾本科）	毛哥哥草	荇（荇菜科）	浮香菜
酢浆草（酢浆草科）	野黄黄子	荆三棱（莎草科）	野荸荠草
蟋蟀草（禾本科）	屁股草、野驴棒	稗（禾本科）	稗子草、稗草
羊蹄（蓼科）	牛石头草	虾藻	菹草、抓藻
酸模（蓼科）	有根胡萝卜	野生茭白	野生白草
蓼（蓼科）	回回条	水花生	水花生
地肤（蓼科）	铁扫帚	紫萍	紫背浮萍
格拉姆草			水萍、多根浮萍
棕籽雀稗		青萍	稀脉萍、绿萍
		满江红	红萍

第三章　鹅的饲养管理

我国是世界上养鹅数量最多的国家，劳动人民在长期的生产实践中，创造和总结出了一系列行之有效的饲养管理技术。近年来，我国的养鹅生产发展很快，在品种选育、配合饲料、饲养方式、疾病防治、产品加工等方面都取得了长足的进展，养鹅生产正朝工厂化、集约化、产业化和现代化方向发展，对饲养管理提出了新的更高的要求。因此，继承、借鉴和吸收我国传统养鹅的宝贵经验，积极开展技术创新和技术推广，实行科学的饲养管理，对于充分发挥鹅的生产潜力，取得最佳的生态、社会和经济效益，保证养鹅生产的持续、快速、健康发展，无疑是一项十分重要而紧迫的工作。

鹅生长发育一般分为以下几个阶段：雏鹅、中鹅（生长鹅、青年鹅、育成鹅）、肥育仔鹅或后备种鹅、种鹅。对于肉用仔鹅来说，仅有雏鹅、中鹅、肥育仔鹅 3 个阶段。各阶段鹅的饲养管理分述如下。

第一节　雏鹅的培育

雏鹅是指孵化出壳后到 4 周龄或 1 月龄内的鹅，又叫小鹅。雏鹅的培育，是整个饲养管理的基础。雏鹅饲养管理的好坏，直接影响雏鹅的生长发育和成活率，继而影响到育成鹅的生长发育和鹅的生产性能。因此，在养鹅生产中，要高度重视雏鹅的培育工作，以培育出生长发育快、体质健壮、成活率高的雏鹅，为养鹅生产打下良好的基础。

一、雏鹅的特点

培育雏鹅，首先必须了解雏鹅的生理特点和生活要求，这样才能施以相应的合理的饲养管理措施。雏鹅的特点，概括讲有以下7个方面：

（一）生长发育极快

一般中、小型鹅种出壳重100 g左右，大型鹅种130 g左右。长到20日龄时，小型鹅种的体重比出壳时增长6～7倍，中型鹅种增长9～10倍，大型鹅种可增长11～12倍。为保证雏鹅快速生长发育的营养需要，在培育中要及时饮水、喂食和喂青，饲喂含有较高营养水平的日粮。

（二）体温调节能力差

雏鹅出壳后，全身仅被覆稀薄的绒毛，保温性能差，消化吸收能力又弱，因此对外界温度的变化缺乏自我调节能力，特别是对冷的适应性较差。随着日龄的增加，这种自我调节能力虽有所提高，但仍较薄弱，必须采用人工保温。在培育工作中，为雏鹅创造适宜的外界温度环境，能保证雏鹅的生长发育和成活。否则，会出现生长发育不良、成活率低甚至造成大批死亡。

（三）雏鹅消化道容积小，消化能力弱

30日龄以内的小鹅，特别是20日龄以内的雏鹅，不仅消化道容积小、消化力差，而且吃下的食物通过消化道的速度比雏鸡快得多（雏鹅平均保留1.3小时，雏鸡为4小时）。群众说的“边吃边拉，60天可杀（出栏）”就是这个意思。因此，在给饲时要少喂多餐，喂给易消化、全价的配合饲料，以满足其生长发育的营养需要。

（四）雏鹅新陈代谢旺盛

雏鹅体温高，呼吸快，体内新陈代谢旺盛，需水较多，育雏时水槽不可断水。

（五）雏鹅易扎堆，饲养密度要适当

当温度稍低时雏鹅易发生扎堆现象，特别是20日龄内的雏鹅，常出现受捂压伤，甚至大批死亡。受捂小鹅即使不死，生长发育也慢，易成“小老鹅”。故民间养鹅户常说“小鹅要睡单，就怕睡成山（扎堆）；小鹅受了捂，活象小老鼠（小老鹅）”。为防止上述现象的发生，在育雏时须精心管理，掌握好育雏的温度和密度。

（六）公母雏生长速度不同

公母雏鹅生长速度不同，同样饲养管理条件下，公雏比母雏增重高5%～25%，单位增重耗料也少。据国外试验报道，公母雏鹅分开饲养，60日龄时的成活率要比公母雏鹅混合饲养高1.8%，每千克增重少耗料0.26 kg，母鹅活重多251 g。所以，在条件许可的情况下，育雏时应尽可能做到公母雏鹅分群饲养，以便获得更高的经济效益。

（七）雏鹅个体小，抗病力差

雏鹅的抵抗力和抗病力较弱，容易感染各种疾病，加上密集饲养，一旦发病损失严重，因此放牧应适时，同时要认真做好卫生防疫工作。

二、育雏前的准备

（一）育雏季节的选择

育雏季节要根据种蛋的来源，当地的气候状况与饲料条件，人员的技术水平，市场的需要等因素综合确定，其中，市场需要尤为重要。一般来说，都是春季捉苗鹅，即“清明捉鹅”。这时，正是种鹅产蛋的旺季，可以大量孵化；气候由冷转暖，育雏较为有利；百草萌发，苦荬菜、莴苣已有，可作雏鹅开食吃青的饲料。当雏鹅长到20日龄左右时，青饲料已普遍生长，质地幼嫩，能全天放牧。到50日龄左右，仔鹅进入育肥期，刚好大麦收割，接着是小麦收割，可以放麦茬育肥，到育肥结束时，恰好赶上我国传统

节日——端午节上市。广东四季常青，一般是11月份前后捉雏鹅，这时饲养条件好，鹅儿长得快，仔鹅育肥结束刚好赶上春节市场需要。也有少数地方饲养夏鹅的，即在早稻收割前60天捉雏鹅，到早稻收割时利用放稻茬田育肥，开春产蛋也能赶上春孵。在四川省隆昌县一带历来有养冬鹅的习惯，即11月份开孵，12月份出雏，冬季饲养，快速育肥，春节上市。冬季养鹅，要解决好饲料供应问题，只要技术水平能适应、饲料供应能解决，可以养冬鹅，以充分利用栏舍、设备。吉林省冬季很冷，一向不宜养鹅，但该省的洮南市采用塑料薄膜扣压的暖棚，其内平均温度在5～7℃之间，也能养鹅。

（二）育雏室、育雏设备的准备、检修

接雏前要对育雏室进行全面检查，对有破损的墙壁和地板要及时修补，保证室内无“贼风”入侵，鼠洞要堵好；照明用线路、灯泡必须完好，灯泡个数及分布按每平方米3W的照度安排；安装好取暖设备。如利用牛舍、猪舍或其他旧房改建成鹅舍时，只要符合鹅舍的要求，均可以使用，但其中最重要的是要求干燥、清洁，通风良好和有充足的采光面积。地面最好为水泥地面，以便于冲洗消毒。如为了节约成本，采用土质地面时，则要求地面土质必须吸水性好，同时采用厚垫料式饲养。按雏鹅所需备好料盆、水盆。

（三）育雏室、育雏用具的消毒

育雏室内外在接雏前2～3天应进行彻底的清扫消毒。墙壁可用20%的石灰浆刷新，阴沟用20%的漂白粉溶液消毒；地面、天棚用10%硫酸——石炭酸溶液喷洒消毒，每平方米面积使用0.5～1 L消毒液。喷洒后，关闭门窗1小时，然后敞开门窗，让空气流动，吹干室内。

育雏用具如圈栏板、巢穴、食槽、水槽等皆可用5%的热烧碱溶液洗涤，然后再用清水冲洗干净，防止腐蚀雏鹅黏膜。圈栏垫铺或巢穴的褥草应用干燥、松软、清洁、无霉烂的稻草或其他秸秆。盖巢穴的棉絮、草棵或麻袋，使用前需用阳光曝晒1～2天。育雏室出入处应设有消毒池，进入育雏舍人员随时进行消毒，严防病毒进入使雏鹅遭受病害侵袭。尤其值得注意的是，育雏室的地面不宜用石灰乳消毒，更不宜用石灰粉消毒，其原因是随人员的走动，易扬起石灰粉末，落入到雏鹅眼内引起结膜炎或易使空气混浊，导致气管炎。

（四）饲料与药品的准备

要保持雏鹅一进入育雏舍就能吃到易消化、营养全面的饲料，且要保证整个育雏期稳定的饲料水平。农村家庭养鹅户和专业户的雏鹅饲料，一般多用小米和碎米，经过浸泡或稍蒸煮后喂给。为使爽口、不粘嘴，最好将蒸煮过的饲料用水淘过以后再喂。这种饲料较单一，最好是从一开始就喂给混合饲料。1～21日龄的雏鹅，日粮中粗蛋白质水平为20%～22%，代谢能为11.30～11.72 MJ/kg；28日龄起，粗蛋白水平为18%，代谢能约为11.72 MJ/kg。喂配合料时，应注意饲料的适口性，不能粘嘴，有条件时若能制成颗粒饲料，饲喂效果更好。颗粒饲料的适口性好，而且比喂粉料节约15%～30%的饲料。实践证明，喂给富含蛋白质日粮的雏鹅生长快、成活率高，比喂给单一饲料的雏鹅可提早10～15天达到上市出售的标准体重。另外，鹅是草食水禽，在培育雏鹅时要充分发挥其原有特性，补充日粮中维生素的不足时，最好用幼嫩菜叶切成细丝喂给。应满足雏鹅对青绿饲料的需要，占饲料的60%～70%。缺乏青料时，要在精料中补充0.01%的复合维生素。一般每只雏鹅4周龄育雏期需备精料3 kg左右，优质青绿饲料8～10 kg。同时要准备雏鹅常用的一些药品，如土霉素、痢特灵等。

（五）预温

雏鹅舍的温度应达到28～30℃，才能进鹅苗。地面或炕上育雏的，应铺上一层10 cm厚的清洁干燥的垫草。然后开始供暖，温度表应悬挂在高于雏鹅生活的地方5～8 cm处，并观测昼夜温度变化。

三、育雏需要的条件

育雏的时间各地不一，可根据当地气温、青草的生长情况，以节省精料，降低饲养成本，增加经济效益为原则。一般来说，我国南方地区从早春2月开始饲养雏鹅，北方农村多在3—6月份，华南地区则在春秋两季饲养雏鹅。

鹅雏的生长发育要求良好的环境条件，除具有健康的雏苗外，适宜的温度、湿度、密度、通风换气及光照等都是育雏期间必须具备的条件。

（一）合适的温度

刚出壳的雏鹅，绒毛稀少，体质比较娇嫩，身体又比其他雏禽大而呆笨，本身调节体温能力弱。为了防止它们之间扎堆压伤或受热"出汗"而成僵鹅，必须人为地创造一定的外界温度，即人工体温，需要有2～3周的时间，否则将影响雏鹅的生长发育和成活率。

温度的高低，保温期的长短，因品种、季节、日龄和雏鹅的强弱而不同。如弱雏，早春或夜晚可适当提高1℃。所谓育雏温度只是一种参考，在饲养过程中除看温度表和通过人的感官估测掌握育雏的温度外，还可根据雏鹅的表现观察温度的高低。温度适宜，雏鹅安静无声，彼此虽似靠，但无扎堆现象，吃饱后不久就睡觉；如果箱内或室内温度过低，雏鹅叫声频频而尖，并相互挤压，严重时发生堆集；如果温度过高，雏鹅向四周散开，叫声高而短，张口呼吸，背部羽毛潮湿，行动不安，放出吃料时表现口渴而大量饮水。发现上述情况，应及时调整。温度不能忽高忽低，温度过低，雏鹅受凉易感冒；温度过高，雏鹅体质将会变弱。

育雏期所需温度，可按日龄、季节及雏鹅体质情况进行调整（表 3-1）。

表 3-1 育雏温度及湿度

日 龄	温度（℃）	相对湿度（%）	室温（℃）
1～5	27～28	60～65	15～18
6～10	25～26	60～65	15～18
11～15	22～24	65～70	15
16～20	18～22	65～70	15
20 日龄以上	脱温		

注意：这里所指的育雏温度，是育雏箱内垫草上 5～10 cm 处的温度而不是室温。室温是指育雏室内两窗之间距地上 1.5～2 m 高处的温度。

（二）适宜的湿度

鹅虽然属于水禽，但怕圈舍潮湿，30 日龄以内的雏鹅更怕潮湿。俗话说："养鹅无巧，窝干食饱"。潮湿对雏鹅健康和生长影响很大，若湿度高温度低，体热散发而感寒冷，易引起感冒和下痢。若湿度高温度亦高，则体热散发受抑制，体热积累造成物质代谢与食欲下降，抵抗力减弱，发病率增加。因此，育雏室应选择在地势较高，排水良好的沙质土壤为佳。育雏室的门窗不宜密封，要注意通风透光。室内相对湿度的具体要求是：0～10 日龄时，相对湿度为 60%～65%；11～21 日龄时，为 65%～70%（参见表 3-1）。室内不宜放置湿物，喂水时切勿外溢，要注意保持地面干燥。尤其是育雏笼，每次喂料后要增添垫料一次。自温育雏在保温与防湿上存在一定矛盾，加覆盖物时温度便上升，湿度也增加，加上雏鹅日龄增大，采食与排粪量增加，湿度将更大，因此，在加覆盖物保温时不能密闭，应留一通气孔。此外，育雏室与育雏笼内温度、湿度相差较大，当揭开覆盖物喂饲时，甚易感冒，忽冷忽热，尤其寒冷季节更为严重。最好育雏室内应有保温设备，特别在大规模育雏中，不但管理方便而且可提高劳动效率和育雏成绩。

（三）注意通风换气

由于雏鹅生长发育较快，新陈代谢非常旺盛，排出大量的二氧化碳和水蒸气，加之粪便中分解出的氨，使室内的空气受到污染，影响鹅雏的生长发育。为此，育雏室必须有通风设备，经常进行通风换气，保持室内空气新鲜。所以，育雏室内要有通风设备，但不能有贼风。通风换气时，不能让进入室内的风直接吹到鹅雏身上，防止受凉而引起感冒。同时，自温育雏的覆盖物要留有气孔，不能盖严。

（四）适宜的密度

在正常的饲养管理下，雏鹅生长发育较快，要随日龄的增加，对密度进行不断的调整，保持适宜的密度，保证雏鹅正常生长发育。如果密度过大，鹅群拥挤，则生长发育缓慢，并出现相互啄羽、啄趾、啄肛等现象。密度过小，当然也不经济。通常每平方米养育 1～5 日龄的雏鹅 20～25 只，6～10 日龄 20 只，11～20 日龄 12 只。用火炕或地下烟道育雏时，不同日龄的饲养密度见表 3-2。

表 3-2　火炕育雏不同日龄雏鹅的饲养密度

日　龄	1～10	11～20	21～30	31～60	60 以上
密度（只/m^2）	15～20	10～15	5～10	4～5	2～3

（五）正确的光照

雏鹅的光照要制订制度，严格执行。光照不仅对生长速度有关，也对仔鹅培育期性成熟有影响。光照量过度，种鹅性成熟提前。种鹅开产早，蛋形小，产蛋持续性差。育雏期光照时间，育雏第一天可采用 24 小时光照，以后每 2 天减少 1 小时，至 4 周龄时采用自然光照。

四、育雏方式

雏鹅的培育，按照给温方式的不同，分为自温育雏和人工给温育雏两种方式；按照空间利用方式的不同，分为平面育雏和立体笼式育雏两种方式。其中平面育雏包括地面平育和网上平育两种方式。

（一）按给温方式分

1. 人工给温育雏 依据给温来源不同，常用的育雏热源有：

（1）电热保温伞给温 利用铝合金或木板、纤维板制成保温伞，以电热丝为热源，并接上自动控温装置。此法管理方便。如使用金属外罩，须接地线，以确保安全。

（2）红外线灯给温 用 250 W 红外线灯悬挂在育雏床上方，距床面 0.5～1 m；也可隔成小区，每小区 3～5 m^2 一个红外线灯，在灯下可造成局部小气候。此法适宜不停电地区使用。

（3）地下烟道式火炕给温 此法温度稳定，使雏鹅腹部受温，地面干燥，育雏效果好，而且结构简单、造价低，燃料可就地取材，煤、树叶、柴草、木炭均可。这种形式适用于家庭养鹅或专业户养鹅的育雏。

（4）煤炉给温 利用煤炉作热源向育雏室供暖，保持育雏舍适宜雏鹅生活的环境温度。

（5）煤气热源给温 室内敷设煤气管道，将排气孔设在室外，利用煤气热源提高室温。

人工给温形式适用于无电源的地方。不论采用何种给温形式，都必须根据不同日龄雏鹅所需要的温度参数加以掌握。

2. 自温育雏 在华东或华南一带气候较暖多采用自温育雏。即利用鹅体自身发出的热量，采取保温措施，获得较好的温度条件来育雏。一般是将鹅放在铺有干燥清洁垫草的箩筐、木桶、纸箱、草围内，加盖保温物品，通过增减覆盖物、垫草厚度或调整雏鹅密度等措施来调节温度。保温用具最好是圆形，因为有棱角的地方容易挤死雏鹅。这种育雏方法，设备简单、经济，但管理麻烦，卫生条件差，适于小群育雏和气候较暖和的地方。

（二）按空间利用方式分

1. 地面平育　即鹅舍地面上铺 5～10 cm 厚垫料，鹅雏在上面自由活动，经常松动和更换垫料，把湿脏垫料拿至室外晒干后再用。保温形式多用煤气热源、电热保温伞、地下烟道（或火炕）或自温育雏。此方式投资少但占地面积多，劳动强度大。

2. 网上或栅上平育　支起低床（距地面 50 cm）或高床（1 m 以上），上面铺塑料底网（网眼 1.25 cm×1.25 cm）或竹栅（条距 2 cm），鹅雏在上面活动。育雏的一边留有过道，便于喂料和加水。过道可用软网围起，防雏鹅外跑。保温形式可用电热保温伞或煤炉作为热源进行育雏室保温。此方式优点是管理方便，劳动强度相对小，鹅雏与粪便接触机会少，减少白痢和球虫病的发生。高床式清粪方便，上层温度高，省燃料。

3. 立体笼式育雏　可采用鸡的育雏笼，进行立体育雏，能充分利用空间，提高单位面积利用率，管理方便，劳动强度小，但投资大，成本高，普及率还不高。

五、雏鹅的饲养

（一）及早开水

当雏鹅从孵化场运来后，立即安排到事先准备好并消毒过的育雏室里（育雏保温设备在雏鹅到达前先预热升温），稍事休息，应随即喂水。如果是远距离运输，则宜首先喂给 5%～10%的葡萄糖水，其后就可改用普通清洁饮水，这对提高育雏成绩很有帮助。饮水训练是将雏鹅（逐只或一部分）的嘴在饮水器里轻轻按 1～2 次，使之与水接触，如果批量较大，就训练一部分小鹅先学会饮水，然后通过模仿行为使其他小鹅相互学习。但是饮水器放置位置要求固定，切忌随便移动。一经开水后，决不能停止，保证随时都可喝到水，天气寒冷时宜用温水。

初次饮水要在开料之前进行，有的地方称“潮口”，这是很重要的一关。之所以重要，是由于出壳时腹内带有一个几乎没有被利用的蛋黄，它可为出壳后的雏鹅维持超过90小时的生命。雏鹅从出壳运到育雏室直到喂料这一段时间里的生命活动，全靠体内卵黄供应能量和营养，而卵黄在吸收过程中，需消耗较多的水分，所以，进入育雏室的第一件事就是先饮水。生命活动少不了水，水非营养物质，但养分的吸收一定需要水参与才能完成，这是生命化学过程的常识。然而，有些地方对此极不重视，雏鹅只喂给一些浸湿的碎米和青饲料，因此，水分远远不能满足需要。在几天或几小时后，突然喂水时或放到水池里，立即引起“呛水”暴饮，造成生理上酸碱平衡失调的所谓“水中毒”，死亡率极高，这些事例常有发生。也有的地方采用把小鹅放在竹筐里，再把竹筐放在水盆里或者河水里，让小鹅隔筐站在水中（3～4 cm 深)，使之接触水、喝水，所谓点水，目的之一也是喝水，但这种方法易弄湿绒毛而受凉，必须谨慎从事。

如果雏鹅较长时间缺水，为防止因骤然供水引起暴饮造成的损失，宜在饮水中按0.9%的比例加入些食盐，调制成生理浓度，这样的饮水即使暴饮也不会影响血液中正负离子的浓度。故毋须担心暴饮造成的“水中毒”。

（二）适时开食

刚出壳的雏鹅，其腹内卵黄虽能满足3～4天的营养需要，但不能等到第四天才开始喂食，因为雏鹅从利用卵黄转为利用饲料需要一个过程。一般来说，第四天起，体内卵黄已基本被吸收利用完了，体重较原来为轻，俗称“收身”，这时食欲增强，消化能力也较强。如果不适时开食，能量和养分供应就会产生脱节现象，对生长发育不利。适时开食还能促进胎粪排出，刺激食欲。

开食必须在第一次饮水后，当雏鹅开始“起身”（站起来活动）并表现有啄食行为时进行。一般是在出壳后24～36小时内开食。

开食的精料多为细小的谷实类，常用的是碎米和小米，经清水浸泡2小时许，喂前沥干水。开食的青料要求新鲜、易消化，常用的是苦荬菜、莴苣叶、青菜等，以幼嫩、多汁的为好。青料喂前要剔除黄叶、烂叶和泥土，去除粗硬的叶脉茎秆，并切成1～2 mm宽的细丝状。饲喂时把加工好的青料放在手上晃动，并均匀地撒在草席或塑料布上，引诱雏鹅采食。个别反应迟钝、不会采食的鹅，可将青料送到其嘴边，或将其头轻轻拉入饲料盆中。开食可以先青后精，也可以先精后青，还可以青精混合。开食的时间约为0.5小时，开食时的喂量一般为每1 000只雏鹅1天5 kg青料、2.5 kg碎米，分6～10次（包括夜晚）饲喂。在华东、华南地区，也有用米饭代替浸泡碎米的，但饭粒不可太烂，以饭粒彼此能散开为宜。青料在切细时不可挤压。切碎的青料不可存放过久。雏鹅对脂肪的利用能力很差，饲料中应忌油，不要用带油腻的刀切青料，更不要加喂含脂肪较多的动物性饲料。1～3日龄内的雏鹅都要这样饲喂，但喂量渐增，到3日龄时每1 000只鹅每天用碎米5 kg、青料12.5 kg，同时满足其饮水要求。

4～10日龄的雏鹅，食欲和消化能力有所增强，喂量要逐步增加。7日龄时每天每1 000只鹅用碎米15 kg，青料37.5 kg；10日龄时提高到碎米21 kg，青料77.5 kg左右。碎米浸泡同前，如是米饭可逐步增加硬度。青料切碎的宽度可略增加，达2～3 mm。饲喂次数适当减少，可每天6～8次，其中夜间2～3次。此时可在饲料中加一些煮熟的蛋黄或含脂肪较少的植物性蛋白饲料。上述喂量是参考数，实际饲喂时以掌握8成饱为宜，因为这时雏鹅的消化能力还较差。从4日龄起，雏鹅的饲料中应添加沙粒，大小以能吃下去即可。

11～20 日龄雏鹅，精料可由熟喂逐步过渡为生喂，生喂的则渐转为少浸泡或不浸泡，也可渐转为用混合精料。青料宽度可增为 3～5 mm，并逐步增加青料的比重，使其比例增至 80%～90% 的水平。每天喂给的次数，可减少为 6 次，其中晚上 2 次。如天气晴暖，可以开始放牧，让鹅采食青草，放牧前不喂料。这一阶段内，青料中可包括切碎的较硬粗的叶柄、叶脉。

21～30 日龄雏鹅对外界环境的适应性增加，消化能力也加强。日粮中的精料可由米逐步转变为"开口谷"，即煮至外壳裂开的谷实，或用浸泡过的谷实，也可以用混合精料。青料的切碎宽度可再增到 5～10 mm，日粮中青料的比例可增加到 90%～92%。这时，也要逐步延长放牧时间。舍饲一般每天喂 5 次，其中晚上 1～2 次。

雏鹅生长很快，水盆、饮水器和食盆、食槽每隔 10 天就要更换。其食盆、水盆的规格如表 3-3 所示。食槽的规格：1～7 日龄鹅为 90 cm（长）×7 cm（宽）×5 cm（高），8～20 日龄为90 cm×18 cm×7 cm。雏鹅阶段如采用配合饲料进行饲养则效果更好。

表 3-3 狮头鹅、太湖鹅雏鹅食（水）盆规格

日龄	盆直径（cm）		盆 高（cm）		竹条间距（cm）		饲喂只数	
	狮头鹅	太湖鹅	狮头鹅	太湖鹅	狮头鹅	太湖鹅	狮头鹅	太湖鹅
1～10	17	15	5	5	2.5～3	3.0	13～15	14～16
11～20	24	22	7	7	3.5～4	3.5	13～15	13～14
21～40	30	28	9	9	4.5～5	4.5	12～14	13～14

（三）良好放牧

放牧就是让雏鹅到大自然中去，采食青草，饮水嬉水，运动与休息。通过放牧，可以促进雏鹅新陈代谢，增强体质，提高适应性和抵抗力。

雏鹅身上仅长有绒毛，对外界环境的适应性不强。雏鹅从舍饲转为放牧，是生活条件的一个重大改变，必须掌握好，循序渐

进。雏鹅初次放牧的时间，可根据气候而定，最好是在外界与育雏温度接近、风和日丽时进行，通常热天是在出壳后 3～7 天，冷天是在出壳后 10～20 天进行初次放牧。放牧前喂饲少量饲料后，将雏鹅缓慢赶到附近的草地上活动，让其采食青草约 30 分钟，然后赶到清洁的浅水池塘中，任其自由下水几分钟，再赶上岸让其梳理绒毛，待毛干后赶回育雏室。

初次放牧以后，只要天气好，就要坚持每天放牧，并随日龄的增加而逐渐延长放牧时间，加大放牧距离，相应减少喂青料次数。为了争取放牧良好，要掌握牧鹅技术，主要是：

1. *掌握指挥技巧* 要鹅听从指挥，必须从小训练，关键在于让鹅群熟悉指挥信号和“语言信号”，选择好“头鹅”（带头的鹅）。如果用小红旗或彩棒作指挥信号，在雏鹅出壳时就应让其看到，以后在日常饲养管理中都用小红旗或彩棒来指挥，旗行鹅动，旗停鹅止，并与喂食、放牧、收牧、下水行为等逐步形成固定的“语言信号”，形成条件反射。头鹅身上要涂上红色标志，便于寻找。放牧只要综合运用指挥信号和“语言信号”，充分发挥头鹅的作用，就能做到招之即来，挥之即去。

2. *选好放牧场地* 雏鹅的放牧场地，要求“近”（离育雏室距离近）、“平”（道路平坦）、“嫩”（青草鲜嫩）、“水”（有水源，可以喝水、洗澡）、“净”（水草洁净，没有疫情和农药、废水、废渣、废气或其他有害物质污染）。最好不要在公路两旁和噪音较大的地方放牧，以免鹅群受惊吓。

3. *合理组织鹅群* 放牧的鹅群以 300～500 只为宜，最多不要超过 600 只，由两位放牧员负责。同一鹅群的雏鹅，应该日龄相同，否则大的鹅跑得快，小的鹅走得慢，难于合群。鹅群太大不好控制，在小块放牧地上放牧常造成走在前面的鹅吃得饱，落在后面的鹅吃不饱，影响生长发育的均匀度。

4. *妥善安排放牧时间* 雏鹅的放牧应该“迟放早收”。上午第一次放鹅的时间要晚一些，以草上的露水干了以后放牧为好，下午收鹅的时间要早一些。如果露水未干就放牧，雏鹅的绒毛会被露水沾湿，尤其是腿部和腹下部的绒毛湿后不易干燥，早晨气温又偏低，易使鹅受凉，引起腹泻或感冒。初期放牧每天 2 次，每次约 30 分钟，上、下午各 1 次，以后逐渐增加次数，延长时间，到 20 日龄后，雏鹅已开始长大毛的毛管，即可全天放牧，只需夜晚补饲 1 次。

5. *加强放牧管理*　放牧员要固定，不宜随便更换。放牧前要仔细观察鹅群，把病、弱鹅和精神不振的鹅留下，出牧时点清鹅数。放牧雏鹅要缓赶慢行，禁止大声吆喝和紧追猛赶，防止惊鹅和跑场。阴雨天气应停止放牧。雨后要等泥地干到不粘脚时才能出牧。平时要注意听天气预报和看天气变化，避免鹅群受烈日曝晒和风吹雨淋。放牧时要观察鹅群动态，待大部分鹅吃饱后，让鹅下水活动，活动一段时间后赶上岸蹲地休息，休息到大部分雏鹅因饥饿而躁动时，再继续放牧，如此反复。所谓吃饱，是指鹅采食青草后，食道膨大部逐渐增大、突出，当发鼓发胀部位达到喉头下方时，即为一个饱。随着日龄的增长，先要让鹅逐步达到放牧能吃饱，再往后争取达到 1 天多吃几个饱。雏鹅蹲地休息时，要定时驱动鹅群，以免睡着受凉。收牧时要让鹅群洗好澡，并点清鹅数，再返回育雏室。对没有吃饱的雏鹅，要及时给予补饲。

（四）饲喂砂砾

雏鹅 3 天后料中可掺些砂石，以能吞食又不致随粪便排出的粒体大小为度。因鹅没有牙齿，主要完成机械消化的器官是肌胃，除肫皮可磨碎食物外，还必须有砂砾协助，可提高消化率，防止消化不良症。添加量应在 1%左右，10 日龄前砂砾直径为 1～1.5 mm，10 日龄后改为 2.5～3 mm。每周喂量 4～5 g。也可设砂砾槽，雏鹅可根据自己的需要觅食。放牧鹅可不喂砂砾。

六、雏鹅的管理

雏鹅的管理是育雏成败的关键之一，对提高雏鹅成活率和增重有直接影响。俗话说“育雏如育婴”、“四分饲料，六分管理”，可见管理之重要。雏鹅管理的主要内容有：

（一）注意适时脱温

一般雏鹅的保温期为 20～30 日龄，适时脱温可以增强鹅的体质。过早脱温时，雏鹅容易受凉，而影响发育；保温太长，则雏鹅体重弱，抗病力差，容易得病。雏鹅在 4～5 日龄时，体温调节能力逐渐增强。因此，当外界气温高时，雏鹅在 3～7 日龄可以结合放牧与放水的活动，逐步外出放牧，就可以开始逐步脱温。但在夜间，尤其在凌晨 2～3 时，气温较低，应注意适时加温，以免受凉。冷天在 10～20 日龄，可外出放牧活动。一般到 20 日龄左右时可以完全脱温，冬季育雏可在 30 日龄脱温。完全脱温时，要注意气温的变化，在脱温的头 2～3 天，若外界气温突然下降，也要适当保温，待气温回升后再完全脱温。

（二）及时分群防堆

由于种蛋、孵化技术等多种因素的影响，同期出壳的雏鹅强弱差异仍不小，以后又会因饲养等多种因素的影响造成强弱不均，必须定期按强弱、大小分群，并将病雏及时挑出隔离，对弱群加强饲养管理。否则，强鹅欺负弱鹅，会引起挤死、压死、饿死弱雏的事故，生长发育的均匀度将越来越差。

在自温育雏时，尤其要控制鹅群密度，一般在第 1 周，直径 35～40 cm 的筐或折圈中养 15 只左右，以后逐渐减为养 10 只左右。给温育雏时，也要注意饲养密度，每平方米面积养雏鹅数为，1～5 日龄 25 只，6～10 日龄 15～20 只，11～15 日龄 12～15 只，15 日龄后为 8～10 只，每群以 100～150 只为宜。合理的密度，既有利于雏鹅生长发育，又能提高育雏室的利用效率，还可以防止

“扎堆”时压伤压死雏鹅。

在整个育雏过程中，不论何种育雏方式，都要防止鹅群“扎堆”(即相互挤堆在一起)。雏鹅怕冷，休息时常相互挤在一起，严重时可能堆集3～4层之多，压在下面的鹅常常发生死伤。自开食以后，应每隔1小时“起身”1次，夜间和气温较低时，尤其要注意经常检查。起身时用手抄动，拨散挤在一起的雏鹅，使之活动，以调节温度，蒸发水汽。随着日龄的增长，起身间隔延长，次数减少，同时通过合理分群、控制饲养密度来避免扎堆及其伤害。防止挤堆，是提高育雏成活率的重要一环。

（三）疫病防治

购进的雏鹅，一定要确认种鹅是否进行过小鹅瘟疫苗免疫，若没有应尽快进行小鹅瘟疫苗接种，以免造成重大经济损失。雏鹅的抵抗力较低，一定要做好清洁卫生工作。青饲料要新鲜卫生，饮水要清洁，场地要勤扫，垫料要勤换勤晒，用具要经常清洗消毒。饲料中添加药物防病，一般用土霉素片，每片（50万IU）拌料500 g，日喂2次，可防治一般细菌性疾病。添加钙片可防止骨软症。发现少数雏鹅拉稀，使用硫酸庆大霉素片剂或针剂，口服或注射，每只1万～2万IU，每天2次。如发现鹅患流行性感冒应及时治疗，用青霉素3万～5万IU肌肉注射，每天2次，连用2～3天。磺胺嘧啶片首次口服1/2片（0.25 g），以后每隔8小时服1/4片，连用2～4天。总之要以预防为主，发现疾病立即隔离治疗，保证雏鹅健康生长。

（四）防止应激

在5日龄内的雏鹅，每次喂料后，除了给予10～15分钟在室内活动外，其余时间都应让其休息睡眠。所以，育雏室里环境应安静，严禁粗暴操作、大声喧哗引起惊群，光线不宜亮，灯泡功率不要超过40 W而且悬高，只要能让雏鹅看到饮水吃料就行，夜晚点灯以驱避老鼠、黄鼠狼等。电灯泡以有颜色的特别是蓝色比较好，它可减少雏鹅彼此间啄毛癖的发生，而且对雏鹅眼睛刺激较为温和。30 日龄后逐渐减少照明时间，直到停止照明使用自然光照为止。如果采用红外线灯泡作保温源时，悬挂高度必须离垫料不少于 30 cm，否则易引起火灾。在放牧过程中，不要让犬及其他兽类突然接近鹅群，注意避开火车、汽车的高声鸣叫。

第二节　中鹅的饲养管理

中鹅，又称生长鹅、青年鹅或育成鹅，是指从 4 周龄起到选入种用或转入肥育时为止的鹅。在我国对于一般品种来说，就是指 4 周龄至 70 日龄左右的鹅（品种之间有差异），俗称仔鹅。留作种用的中鹅称为后备种鹅，不能作种用的转入育肥群，经短期育肥供食用。中鹅阶段生长发育的好坏，与上市肉用仔鹅的体重、未来种鹅的质量有密切的关系。因此，中鹅的饲养管理也是重要的一环。

一、中鹅的特点

雏鹅经过舍饲育雏和放牧锻炼，进入了中鹅阶段。这个阶段的特点是，鹅的消化道容积增大，消化力和对外界环境的适应性及抵抗力增强了；鹅骨骼、肌肉和羽毛生长最快，并能大量利用青绿饲料饲喂。这时以多喂青料或进行放牧饲养最为适合，也最为经济。放牧饲养，鹅能得到充分的运动，增强体质，提高生活力。实践证明，放牧在草地和水面上的鹅群，由于经常处在新鲜空气环境中，不仅能采食到含维生素和蛋白质营养丰富的青绿饲料，而且还能得到充足阳光和足够的运动量，促进肌体新陈代谢、体质健壮，增强鹅对外界环境的适应性和抵抗力。正如饲养者所说："鹅要壮，需勤放；要鹅好，放青草"。这充分说明放牧对促进中鹅生长发育的重要作用。从这些特点出发，中鹅饲养管理的重点是采取以放牧为主，补饲为辅的饲养方式，充分利用放牧条件，加强锻炼，以培育出适应性强，耐粗饲，增重快的鹅群，为选留种鹅或转入育肥鹅打下良好基础。

二、中鹅的饲养

大体有 3 种形式，即放牧饲养、放牧与舍饲结合、关棚饲养(即舍饲)。我国大多数采用放牧饲养，因为这种形式所花饲料与工时最少，经济效益好。如果牧地不够或牧草数量与质量达不到要求，就采取放牧与舍饲相结合的形式。关棚饲养主要在集约化饲养时采用，另外在养“冬鹅”时，因天气冷，没有青饲料，也可采用关棚饲养。

中鹅饲养的关键是抓好放牧。放牧技术基本上与雏鹅相同，但也有不同之处。中鹅的放牧场地要有足够数量的青绿饲料，对草质要求可以比雏鹅的低些。一般来说，300 只规模的鹅群需自然草地 100 亩左右或人工草地 50 亩左右。农区耕地内的野草、杂草以及十边草地，每亩可养鹅 1～2 只。有条件的可实行分区轮牧制，每天放 1 块草地，放牧间隔在 15 天以上，把草地的利用和保护结合起来。放牧场地中要包括一部分茬口田或有野草种子的草地，使鹅在放牧中能吃到一定数量的谷物类精料，防止能量不足。群众的经验是“夏放麦场，秋放稻场，冬放湖塘，春放草塘”。放牧的时间要尽量延长，逐步做到以赶放方式全天放牧，早出晚归或早放晚宿。一般每天放牧 9 小时左右，有可能则尽量长一些，要吃 5～6 个饱，以适应鹅“多吃快拉”的特点。牧鹅常呈狭长方形队阵，出牧和回棚时赶鹅速度宜慢，特别是对吃饱以后的鹅群。牧地小、草料多时，鹅群要拢紧些，反之则要放散些，让其充分自由采食。归牧前一定要让鹅吃饱吃好，以防止夜间挨饿。中鹅的放水也要充足，除每次吃饱后放水以外，在天气较热时，如发现鹅烦躁不安，呼吸急促，应及时放水，也可每隔 30 分钟放水 1 次。

正如禽谚所说，“要鹅长得壮，一天要换三个塘”，“养鹅无巧，清水清草”，“有草有水好养鹅”。出牧与归牧仍要清点鹅数，通常利用牧鹅竿配合，每 3 只一数，很快就数清，这也是群众的实际经验。如放牧能吃饱喝足，可以不补饲；如吃得不饱，或者当日最后一个饱未达到十成饱，或者肩、腿、背、腹正在脱落旧毛、长出新羽时，应该给予补饲。补饲量应视草情、鹅情而定，以满足需要为佳。补饲时间通常安排在中午或傍晚。刚由雏鹅转为中鹅时，可继续适当补饲，但应随时间的延长，逐步减少补饲量。

如果采取关棚饲养，即全舍饲，则应用全价配合饲料，如豁眼鹅中鹅的日粮代谢能为 11.30 MJ/kg，粗蛋白质 18.1%，粗纤维 5%，钙 1.6%，磷 0.9%，赖氨酸 1%，蛋氨酸加胱氨酸 0.77%，食盐 0.4%。

40 日龄以后，随着鹅体的长大，食盆大小可改为：直径 45～60 cm，深 12～20 cm，槽边距地面 15～35 cm。

三、中鹅的管理

主要内容与雏鹅期相似，但不必像鹅雏时那么精细。为了使中鹅得到最快增重，在管理上应注意做好下列事项：

（一）做好放牧、补饲工作

在晴朗天气可整天放牧。白天补料可在牧地上进行，这可减少鹅群往返而避免劳累。为了使鹅群在牧地上多吃青草，白天补料时不喂青料，只给精料。喂料时，要认真观察中鹅的采食动作和食管的充容度，这能及时了解病鹅。凡健康、食欲旺盛者，表现为动作敏捷，抢着吃，不挑剔；一边采食，一边摆脖子下咽，食管迅速膨大增粗，并往右移，嘴呷不停地往下点，民间称之为“压食”。凡食欲不振者，表现为采食时抬头，东张西望，嘴呷含着料，不愿下咽，有的嘴呷角吊几片菜叶，头不停地甩，或动作迟钝，或站在旁边不动，有此情形者疑似有病，必须立即将其捉出来，进行检查并隔离饲养。

遇天气炎热，日光强烈时，放牧不宜过远。上午提早放牧中午收牧，下午3时或4时再放牧。中鹅放牧中不宜过快驱赶，放牧时要避免鹅群曝晒、雨淋。

（二）做好游泳、饮水工作

游泳在鹅的生活中，是一项不可缺少的重要组成部分。游泳能增强鹅的运动，促进新陈代谢，增强体质，提高羽毛的防水防湿能力，提高羽毛的光泽，并可防止生虱和皮肤病。

（三）做好收牧工作

收牧时要点清鹅数，并注意观察鹅的采食和健康状况。如发现有体弱或有病的鹅掉队，捉回后应立即隔离饲喂或治疗。

（四）做好卫生、防疫工作

放牧的鹅群，放牧前应注射小鹅瘟血清、禽霍乱疫苗。在放牧中，如发现邻区或上游放牧的鹅群或分散养鹅户发生传染病时，应立即转移鹅群到安全地点放牧，以防传染疫病。不要到工业排放污水的沟渠放水，对喷洒过农药、施过化肥的草地、果园、农田，应经过10～15天后再放牧，以防中毒。每天要清洗饲料槽、饮水盆，定期更换垫草，随时搞好舍内外、场区的清洁卫生。另外，中鹅还缺乏自卫能力，鹅棚舍要搞好防鼠、防兽害的设施。

（五）及时转群、出栏

在中鹅放牧饲养、管理中，根据仔鹅的日龄，结合有利的饲养季节，充分利用放牧草地和田间遗谷粒穗，在较少的补饲条件下，中鹅可以比较好的生长发育，一般长至70～80日龄时，就可以达到选留种鹅的体重要求。选留的合格种鹅可转入后备种鹅群，继续进行培育。不符合种用条件的仔鹅和体质瘦弱的仔鹅，可及时转入育肥群，进行肉用仔鹅育肥。达到出栏标准体重的仔鹅可及时上市出售。

第三节　肥育仔鹅的饲养管理

中鹅饲养到70日龄左右，虽然体重因品种不同而有差异，但都有一定的膘度，小型太湖鹅和豁眼鹅体重可达2 kg左右，皖西白鹅3 kg左右，埃姆登鹅3.7 kg左右，基本上都可上市。但从经济角度考虑，体重仍偏小，肥度还不够，肉质含有一定的草腥味。为了进一步提高产肉质量和屠宰体况，应采用投给丰富能量饲料，采取短时间快速育肥法，肥育的时间15～30天为宜。经过短期育肥后，仔鹅膘肥肉嫩，胸肌丰厚，味道鲜美，屠宰率高，可食部分比重增大。因而，经过肥育后的鹅更受消费者的欢迎，产品畅销，同时增加饲养户的经济收益。由于肥育仔鹅饲养管理的状况，直接影响上市肉用仔鹅的体重、膘度、屠宰率、饲料报酬以及养鹅的生产效率和经济效益，因此，对于肉用仔鹅来说，早期的育雏和后期的育肥，具有同样的重要作用。

一、育肥原理

鹅的育肥多采用限制活动来减少体内养分的消耗，喂给富含碳水化合物的饲料，养于安静且光线暗淡的环境中，使其长肉并促进脂肪沉积。育肥期间，鹅所需的是大量的碳水化合物。碳水化合物包括糖类和淀粉，是一种能量物质。这些物质进入体内经消化吸收后，产生大量的能量，供鹅活动之需要。过多的能量便大量转化为脂肪，在体内贮存起来，使鹅育肥。当然，在大量供应碳水化合物的同时，也要供应适量的蛋白质。蛋白质在体内充裕，可使肌纤维（肌肉细胞）尽量分裂繁殖，使鹅体内各方面的肌肉，特别是胸肌充盈丰满起来，整个鹅变得肥大而结实。

因此，对育肥的鹅，必须给予特殊的管理和饲料条件。

二、育肥前的准备

（一）肥育鹅选择及分群饲养

中龄鹅饲养期过后，首先从鹅群中选留种鹅，送至种鹅场或定为种鹅群定向培育。剩下的鹅为肥育鹅群。选择作肥育的鹅只不分品种、性别，要选精神活泼，羽毛光亮，两眼有神，叫声洪亮，机警敏捷，善于觅食，挣扎有力，肛门清洁，健壮无病的70日龄以上的中鹅作肥育鹅。新从市场买回的肉鹅，还需在清洁水源放养2～3天，喂500 mg/kg的高锰酸钾溶液进行肠胃消毒，确认其健康无病后再予育肥。为了使育肥鹅群生长齐整、同步增膘，需将大群分为若干小群。分群原则是，将体型大小相近和采食能力相似的公母混群，分成强群、中群和弱群三等，在饲养管理中根据各群实际情况，采取相应的技术措施，缩小群体之间的差异，使全群达到最高生产性能，一次性出栏。

（二）驱虫

鹅体内的寄生虫较多，如蛔虫、绦虫、泄殖吸虫等，育肥前要进行一次彻底驱虫，对提高饲料报酬和肥育效果极有好处。驱虫药应选择广谱、高效、低毒的药物。

三、育肥方法

肥育的鹅群确定后，移至新的鹅舍，这是一种新环境应激，鹅会感到不习惯，有不安表现，采食减少。肥育前应有肥育过渡期，或称预备期，逐渐适应即将开始的肥育饲养，一般为1周左右。采用的育肥方法有两种：放牧加补饲育肥法和圈养限制运动育肥法。

（一）放牧加补饲育肥法

实验证明放牧加补饲是最经济的育肥方法。放牧育肥俗称“蹓茬子”，根据肥育季节的不同，进行蹓野草籽、麦茬地、稻田地，采食收割时遗留在田里的粒穗，边放牧边休息，定时饮水。放牧蹓茬育肥是我国民间广泛采用的一种最经济的育肥方法，5月鹅9月肥，即可上市。如果白天吃的籽粒很饱，晚上或夜间可不必补饲精料。如果肥育的季节赶到秋前（籽粒没成熟）或秋后（蹓茬子季节已过），放牧时鹅只能吃青草或秋黄死的野草，那么晚上和夜间必须补饲精料，能吃多少喂多少，吃饱的鹅颈的右侧又出现一假颈（嗉囊膨起），吃饱的鹅有厌食动作，摆脖子下咽，嘴头不停地往下点。补饲必须用全价配合饲料，或压制成颗粒料，可减少饲料浪费。补饲的鹅必须饮足水。尤其是夜间不能停水。

（二）圈养限制运动育肥法

将鹅群用围栏圈起来，每平方米5～6只，要求栏舍干燥，通风良好，光线暗，环境安静，每天进食3～5次，从早5时到晚10时。育肥期20天左右，鹅迅速增重30%～40%。常用方法有两种：填饲育肥法和自由采食育肥法。

1. *填饲育肥法* 采用填鸭式肥育技术，俗称“填鹅”，即在短期内强制性地让鹅采食大量的富含碳水化合物的饲料，促进育肥。如可按玉米、碎米、甘薯面60%，米糠、麸皮30%，豆饼（粕）粉8%，生长素1%，食盐1%配成全价混合饲料，加水拌成糊状，用特制的填饲机填饲。具体操作方法是：由二人完成，一人抓鹅，一人握鹅头，左手撑开鹅嘴，右手将胶皮管插入鹅食道内，脚踏压食开关，一次性注满食道，一只一只慢慢进行。如没有填饲机，可将混合料制成1～1.5 cm粗、长6 cm左右的食条，待阴干后，用人工一次性填入食道中，效果也很好，但费人工，适于小批量肥育。其操作方法是，填饲人员坐在登子上，用膝关节和大腿夹住鹅身，背朝人，左手把嘴撑开，右手拿食条，先蘸一下水，用食指将食条填入食道内，每填一次用手顺着食道轻轻地向下推压，协助食条下移，每次填3～4条，以后增加直至填饱为限。开始3天内，不宜填得太饱，每天填3～4次。以后要填饱，每日填5次，从早6时到晚10时，平均每4小时填1次。填后供足饮水。每天傍晚应放水 1 次，时间约 30 分钟，将鹅群赶到水塘内，可促进新陈代谢，有利消化，清洁羽毛，防止生虱和其他皮肤病。

每天清理圈舍 1 次，如使用褥草垫栏，则每天要用干草兑换，湿垫料晒干、去污后仍可使用。若用土垫，每天须添加新干土，7 天要彻底清除 1 次，堆积起来发酵，不但可防止环境污染，还可提高肥效。

2. 自由采食育肥法　有栅上育肥和地平面加垫料育肥两种方式，均用竹杆或木条隔成小区，食槽和水槽设在围栏外，鹅伸出头来自由采食和饮水。我国广东和华南一带多用围栏栅上育肥，距地面 60～70 cm 高处搭起栅架，栅条距 3～4 cm，鹅粪可通过栅条间隙漏到地面上，鹅在栅面上可保持干燥，清洁的环境有利于鹅的肥育。育肥结束后一次性清粪。在东北地区，因没有竹条，多采用地面加垫料，用木条围成囚栏，鹅在囚内活动，囚外伸头采食和饮水，每天都要清理垫料或加新垫料，劳动强度相对大，卫生较差，但投资少，肥育效果也很好。采用自由采食育肥，可先喂青料 50%，后喂精料 50%，也可精青料混合饲喂。在饲养过程中要注意鹅粪的变化，当逐渐变黑，粪条变细而结实，说明肠管和肠系膜开始沉积脂肪，应改为先喂精料 80%，后喂青料 20%，逐渐减少青粗饲料的填加量，促进其增膘，缩短肥育时间，提高育肥效益。

四、肥育标准

经育肥的仔鹅，体躯呈方形，羽毛丰满，整齐光亮，后腹下垂，胸肌丰满，颈粗圆形，粪便发黑，细而结实。根据翼下体躯两侧的皮下脂肪，可把肥育膘情分为三个等级：①上等肥度鹅。皮下摸到较大结实富有弹性的脂肪块，遍体皮下脂肪增厚，尾椎部丰满，胸肌饱满突出胸骨嵴，羽根呈透明状。②中等肥度鹅。皮下摸到板栗大小的稀松小团块。③下等肥度鹅。皮下脂肪增厚，皮肤可以滑动。当育肥鹅达到上等肥度即可上市出售。肥度都达中等以上，体重和肥度整齐均匀，说明肥育成绩优秀。

第四节 后备种鹅的饲养管理

中鹅养到70天左右，对混群鹅要进行选择，按照各品种体型外貌，选出体躯匀称，体重相似的整齐鹅群，作为产蛋鹅的后备群，此即为后备种鹅，也就是70日龄或10周龄以后到产蛋或配种之前准备作种用的仔鹅。

选好后备种鹅，是提高种鹅质量的重要一环。选择的方法已在“鹅的繁育”一章内作了介绍。需要强调的是，选种除考虑育种要求外，还要考虑中鹅的生产季节和未来的种用季节。如江苏省通常在清明前，即6月上、中旬从中鹅中选留种鹅。这些鹅出壳后气候转暖，青料较多，到中鹅后期又赶上夏熟放麦茬，一般生长发育较好。到11月下旬即可见蛋，春节前可齐蛋，正赶上大量孵化的需要。此外，由于公鹅性成熟比母鹅早，故而选留公鹅的时间要迟2个月左右，多在夏鹅的中鹅当中于8月中旬选留。这样做，不仅在繁殖上比较有利，而且后备种鹅可以少养2个月左右，节省较多的饲料、工时。在广东省，多选10—11月份出壳、12月至翌年1月份中鹅阶段结束的优良仔鹅作种用，以便赶上9月份产蛋。

后备种鹅的特点大体上与肥育仔鹅相同，在生理上也处于生长发育期。不过，肥育仔鹅饲养管理的目的是育肥，时间较短，不等第二次换羽到来就上市或屠宰；而后备种鹅饲养管理的目的是提高种用价值，为产蛋或配种作准备。因此，两者的饲养管理有明显的不同。

从中鹅阶段后期饲养管理的基础出发，以适时配种或产蛋、多产蛋、产好种蛋为目的，依据后备种鹅生长发育的特点，通常将整个后备期分为前期、中期和后期三个阶段，分别采取不同的饲养管理措施。

一、前期调教合群，补饲稳长

70 日龄到 90 或 100 日龄为前期，晚熟品种还要长一些。后备种鹅是从中鹅群中挑选出来的优良个体，有的甚至是从上市的肉用仔鹅当中选留下来的，往往不是来自同一鹅群，把它们合并成后备种鹅的新群后，由于彼此不熟悉，常常不合群，甚至有“欺生”现象，必须先通过调教让它们合群。这是管理上的一个重点。在饲养上，继续保护中鹅阶段的吃饱喝足 30 天左右，一般除放牧外都要酌情补饲一些精料，以保证其迅速生长发育和第一次换羽的完成。如果是关棚饲养，则要求饲料足，喂料要定时、定料，每天喂 3 次。群众“半棚饲养”（半放牧半舍饲）太湖鹅在这时的实际耗料水平约为每天每只 150 g。

二、中期公母分开，限制饲养

中期从 90 日龄或 100 日龄开始，到 150 日龄左右结束，历时 2 个月左右。一般来说，从 100 日龄左右起，公、母鹅就应该分开管理、饲养，这样既可适应各自的不同饲养管理要求，还可防止早熟的鹅滥交乱配。这一阶段应实行限制饲养，即只给维持饲料。这样既可控制后备母鹅不致产蛋过早，使开产期比较一致，又可锻炼其耐粗饲能力，降低饲料成本。要加强放牧，如牧草数量较多，可以不补饲；若牧草数量较少，或者实行“半棚饲养”时，可将每天喂料 3 次改为只喂 2 次，且定时、定料、定量。假如不实行限制饲养，性成熟较早的少数个体在 5 月龄左右即开始产蛋，但此时后备种鹅在生理上尚未发育完全，过早产的蛋比较小。就群体来讲开产期不一致，在饲养管理上也不方便。限制饲养要做到控制母鹅在换羽结束以后开始产蛋。中期用料要紧。

三、后期防疫接种，加料促产

后期是从150日龄左右起到开产或配种，历时1个月左右。这一阶段在管理上的重要工作之一是进行防疫接种，注射小鹅瘟疫苗。这种疫苗适用于种鹅，一般都在产蛋前注射，如在产蛋时注射，势必因鹅对疫苗有反应而影响产蛋。注射时，对疫苗以1∶100稀释，肌肉或皮下注射1 ml。一次注射后，整个产蛋季节都有效。母鹅在注射疫苗15天后所产的蛋都可留着孵化，其内含有母源抗体，孵出的雏鹅已获得了被动免疫力。在饲养上要逐步放食，由粗变精，让鹅恢复体力，促进生殖器官的发育。这时的补饲，只定时，但不定料、不定量，做到饲料多样化，青饲料充足，增喂矿物质饲料，促进母鹅进入“小变”，即体态逐步丰满。然后再由精变粗，增加饲料的用量，让其自由采食，争取及早进入“大变”，即母鹅进入临产状态。临产母鹅全身羽毛紧贴，光泽鲜明，尤其颈羽显得光滑紧凑，尾羽与背羽平伸，后腹下垂，耻骨开张达3指以上，肛门平整呈菊花状，行动迟缓，食欲大增，喜食矿物质饲料，有求偶表现，想窝念巢。后备公鹅的精料补饲应提早进行，促进其提早换羽，以便在母鹅开产前已有充沛的体力、旺盛的食欲。后备种鹅后期的用料要精。

后备种鹅羽毛已经丰满，抗寒抗雨能力均较强。起初，仍要坚持充分放牧，即使下雨也不中断。一方面可利用天然饲料资源，降低饲料成本；另一方面进一步锻炼鹅群体质，防止过肥，保持种用体况。但此时鹅群已近产蛋，体大，行动迟缓，故而放牧时不可急赶久赶。放牧至半饱时，鹅群采食速度减慢，有的已停止采食，这时应把鹅群赶入池塘或河溪，让其饮水、游泳、洗浴。鹅群经过一阵激烈运动后，就会自由自在地在水中慢慢游来游去。至此，应尽快把鹅群赶回草地，继续放牧，吃饱后可让其适当休息。

以后逐步减少放牧时间，并由野营渐渐转为回鹅舍休息，相应增加补饲数量。

在补料时，要认真观察鹅的采食动作和食道的充容程度。凡健康、食欲旺盛的鹅，抢着吃，不挑食，一边采食，一边摆脖子往下咽，食道迅速膨大增粗，并往右歪移，嘴呷不停地往下点，俗语称为“压食”或“食满呷”。凡食欲不振者，采食时抬头东张西望，含料不愿下咽或头不停地甩，这些鹅应及时挑出，隔离观察。补料如用混合料，宜与切碎的青饲料混合并加水少许，拌匀后湿喂。当然，如用混合精料与干草粉压制成的颗粒饲料则更好。

在舍饲的条件下，最好给后备种鹅喂配合饲料。例如，豁眼鹅后备种鹅的饲养是分两期制定饲养标准的：前期，即 61～90 日龄时，是“促”。每千克饲料含代谢能 10 878.4 kJ，粗蛋白质 15.4%，粗纤维 7%，钙 1.6%，磷 0.9%，食盐 0.4%，赖氨酸 0.9%，蛋氨酸加胱氨酸 0.7%；后期，即 91～180 日龄时，是“控”。每千克饲料含代谢能 10 648.3 kJ，粗蛋白质 14.6%，粗纤维 9%，钙 2.0%，磷 1.0%，食盐 0.5%，赖氨酸 0.7%，蛋氨酸加胱氨酸 0.53%。到 180 日龄时，一般豁眼母鹅尚未开产，要用产蛋母鹅的饲料再促一下，每千克饲料含代谢能 11 296.8 kJ，粗蛋白质 16%～17%，粗纤维 6%～7%，钙 3.5%，磷 1.5%，食盐 0.5%，赖氨酸 0.9%，蛋氨酸加胱氨酸 0.77%。这与半舍饲饲养的“充足、限制、加料”大体相同。

第五节　种鹅的饲养管理

种鹅饲养管理的目的，在于不断提高种鹅的繁殖性能，繁殖高产健壮的后代，为养鹅业提供生产性能高、体质健壮的雏鹅。所谓种鹅，是指母鹅开始产蛋、公鹅开始配种，用以繁殖后代的鹅。为了提高产蛋量和受精率，在后备种鹅转为种鹅时，要再进行一次严格的挑选，剔除和淘汰少数发育不良、体质瘦弱和配种能力不强的个体，并按照一定的公母比例，留足种公鹅。挑选种公鹅时，除根据其祖先情况、本身的外貌体型、生长发育情况外，最主要的是检查其阴茎发育是否正常，性欲是否旺盛，精液品质是否优良。最好用人工采精的方法来鉴别后备公鹅，凡是优良的转入种公鹅群。种母鹅的选择，重点要放在与产蛋性能有关的特征和特性上。

种鹅的特点是，生长发育已经大体完成，对各种饲料的消化能力已很强，第二次换羽也已完成，生殖器官发育成熟并进行繁殖。这一阶段，能量和养分的消耗主要花在繁殖上，因此饲养管理必须与产蛋或配种相适应。

按产蛋情况一般将种鹅的饲养管理分 3 期，即产蛋准备期、产蛋期和休产期。实际上，后备种鹅的后期，就是种鹅的产蛋准备期，其饲养管理已在上面作了介绍，这里仅介绍产蛋期、休产期母鹅的饲养管理和公鹅的饲养管理。

一、产蛋期母鹅的饲养管理

（一）开产母鹅的识别

母鹅经过产蛋前期的饲养，换羽完毕，体重逐渐恢复，陆续转入产蛋期。临产前母鹅表现为羽毛紧凑有光泽，尾羽平直，肛门呈菊花状，腹部饱满，松软而有弹性，耻骨间距离增宽，采食量增大，喜食矿物质饲料，母鹅有经常点头寻求配种的姿态，母鹅之间互相爬踏。开产母鹅有衔草做窝现象，说明即将开始产蛋。

（二）产蛋期母鹅的饲养方式

以舍饲为主放牧为辅，实行科学饲养，提高母鹅的产蛋率。南方饲养的鹅种，一般每只母鹅产蛋 30～40 个，高产者达 50～80 个；而北方饲养的鹅种，一般每只母鹅产蛋 70～80 个，高产者达 100 个以上。为发挥母鹅的产蛋潜力，必须实行科学饲养，满足产蛋母鹅的营养需要。

（三）产蛋母鹅的营养需要及配合饲料

营养是决定母鹅产蛋率高低的重要因素。在产蛋鹅的日粮上，要充分考虑母鹅产蛋所需的营养，由于我国养鹅以粗放饲养为主，南方多以放牧为主，舍饲日粮仅仅是一种补充。所以我国鹅的饲养标准至今尚未制定。目前各地对产蛋鹅的日粮配合及喂量，主要是根据当地的饲料资源和鹅在各生长、生产阶段营养要求因地制宜自行拟定的，这也是养鹅业起步晚、发展慢的一个重要原因。

在以舍饲为主的条件下，建议产蛋母鹅日粮营养水平为：代谢能 10.88～12.13 MJ/kg，粗蛋白 14%～16%，粗纤维 5%～8%（不高于 10%），赖氨酸 0.8%，蛋氨酸 0.35%，胱氨酸 0.27%，钙 2.25%，磷 0.65%，食盐 0.5%。以下配方可供配制产蛋期母鹅日粮时参考应用。

配方一：玉米 52%，优质青干草粉 19%，豆饼 10%，花生饼 5%，棉仁饼 3%，芝麻粕 5%，骨粉 1.5%，贝壳粉 4.0%，食盐 0.5%。其营养成分为：代谢能 10.88 MJ/kg，粗蛋白 15.96%，钙 2.21%，磷 0.59%，赖氨酸 0.69%，蛋＋胱氨酸 0.56%。

配方二：玉米 33%，麸皮 25%，豆饼 11%，稻糠 24%，鱼粉 3%，骨粉 1%，贝壳粉 2%，食盐 0.3%，微量元素和维生素 0.7%。其营养成分为：代谢能 11.38 MJ/kg，粗蛋白 16%，钙 2%，有效磷 1%。

（四）饲养方法

舍饲的产蛋母鹅饲喂方法，在我国农村的大多数家庭养鹅和专业养鹅户，通常采用定时不定量的自由采食喂饲法。要求饲料多样化，谷实类与粗糠的比例为 2∶1，每天晚上要多加些精料。大型鹅每只每天喂精料（谷实类）0.2～0.25 kg，小型鹅为 0.15～0.2 kg。饲喂时，先喂青料，后喂精料，然后休息。第一次在早晨 5～7 时开始喂混合料，然后喂青饲料；第二次中午 10～11 时；第三次下午 5～6 时。在产蛋高峰时，要保证鹅吃好吃饱，供给充足、清洁的饮水。在产蛋后期，更要精心饲养，保证产蛋的营养需要，稍有疏忽，易造成产蛋停止而开始换羽。因此，可增加喂饲次数，加喂 1～2 次夜食，或任产蛋母鹅自由采食。

产蛋母鹅要喂饲适量的青绿多汁饲料。国内外的养鹅生产实践和试验都证明，母鹅饲喂青绿多汁饲料对提高母鹅的繁殖性能有良好影响。另外，产蛋母鹅日粮中搭配适量的优质干草粉，也可以提高母鹅的繁殖性能。

（五）产蛋鹅的放牧

鹅在产蛋期应有一定的放牧时间。在放牧中鹅能得到充分的阳光、水浴和交配，并觅食青绿饲料。对产蛋鹅的牧地，应着重考虑水源，选择清洁池塘或流动水面，水深 1 m 左右，便于鹅交配和洗澡。牧地应在水源附近，地势平坦，富有牧草，以便鹅只活动和采食。适当放牧和放水有利于提高产蛋量和受精率。

放牧时间，一般应放在产蛋基本结束后进行，在上午 7～8 时出牧，这时大部分鹅已产蛋，个别有蛋未产的鹅可暂留鹅舍，待产完蛋后再出牧。上午应在 11 时左右回牧，下午 4 时左右出牧，晚 8 时左右回牧，力争每天让鹅能吃 4～5 个饱。放牧要防阳光曝晒、中暑，也要防雷阵雨袭击或大雨淋。

放牧与放水要有机结合。因为鹅有一个习惯，每吃一个饱后，鹅群会自动停止采食，就需放水，使鹅游泳和休息。另外公母鹅交配习惯在水上进行，一般早上 7～9 时是鹅配种的最好时机，这时鹅只刚一出牧，就先进入水中游泳交配，交配后才上岸采食。采食一段时间，又进入水中，有的还要进行交配。在这段时间内，一只较好的公鹅能交配 6～9 次。下午 5～6 时，也是公母鹅交配时间，这时一只公鹅能交配 2～4 次。

（六）产蛋鹅的管理

为鹅群创造一个良好的生活环境，精心管理，是保证鹅群高产、稳产的基本条件。

1. 产蛋鹅的适宜温度　鹅的生理特点是：羽绒丰满，绒羽含量较多；皮下有脂肪而无皮脂腺，只有发达的尾脂腺，散热困难，所以耐寒而不耐热，对高温反应敏感。夏季天气温度高，鹅停产，公鹅精子无活力；春节过后气温比较寒冷，但鹅只陆续开产，公鹅精子活力较强，受精率也较高。母鹅产蛋的适宜温度是8～25℃，公鹅产壮精的适宜温度是10～25℃。在管理产蛋鹅的过程中，应注意环境温度。

2. 产蛋鹅的适宜光照时间　鹅对光照反应敏感，一定的光照时间对产蛋有影响。产蛋鹅的适宜光照时间一般为12～14小时。在适宜的环境温度条件下，给鹅增加光照可提高产蛋量。舍养产蛋鹅在日光不足时可补充电灯光源，光源强度2～3 W/m^2 较为适宜，20 m^2 面积安一只40～60 W灯泡较好，灯与地面距离1.75 m左右为宜。补充光照应在开产前一个月开始较好，由少到多，直至达到适宜光照时间。但不同品种在不同季节所需光照不同，如我国南方的四季鹅，每个季度都产蛋，所以在每季所需光照也不一样。

3. 鹅舍的通风换气　鹅舍封闭较严，鹅群长期生活在舍内，会使舍内空气污染，氧气减少，既影响鹅体健康，又使产蛋下降。为保持鹅舍内空气新鲜，除饲养密度（舍饲1.3～1.6只/m^2，放牧条件下2只/m^2）外，要使鹅舍通风换气，及时清除粪便、垫草。要经常打开门窗换气。冬季为了保温取暖，舍内要有换气孔，经常打开换气孔换气，始终保持舍内空气的新鲜。

4. 供给产蛋母鹅充足的饮水　鹅蛋含有大量水分，鹅体新陈代谢也需水分，所以对产蛋鹅应给足饮水，经常保持舍内有清洁的饮水。产蛋鹅夜间饮水与白天一样多，所以夜间也要给足饮水，满足鹅体对水分的需求。我国北方早春气候寒冷，饮水容易结冰，产蛋母鹅饮用冰水对产蛋有影响，应给予12℃的温水，并在夜间换一次温水，防止饮水结冰。

5. 训练母鹅在窝内产蛋并及时收集种蛋　地面饲养的母鹅，大约有60%习惯于在窝外地面产蛋，有少数母鹅产蛋后有用草埋蛋的习惯，往往踩坏种蛋，造成损失。因此，当母鹅临产前15天左右，应在舍内墙周围安放产蛋箱。产蛋箱的规格是：宽40 cm、长60 cm、高50 cm，门坎高8 cm，箱底铺垫柔软的垫草。每2～3只母鹅设一产蛋箱。母鹅一般是定窝产蛋，第一次在哪个窝里产蛋，以后就一直在哪个窝产蛋。母鹅在产蛋前，一般不爱活动，东张西望，不断鸣叫，这是将要产蛋的行为。发现这样的母鹅，要捉入产蛋箱内产蛋，以后鹅便会自动找窝产蛋。

母鹅产蛋大多在后半夜至次日早8时左右。有的品种在9～17时仍有20%～30%的母鹅在产蛋。因此，从凌晨2时以后，可隔1小时用蓝色灯光（因鹅的眼睛看不清蓝光）照明收集种蛋一次。这样既可防止种蛋被弄脏，而且在冬季还可防止种蛋受冻而降低孵化率。

6. 经常注意舍内外卫生，防止病害　舍内垫草需勤换，使饮水器和垫草隔开，以保持垫草有良好的卫生状况。垫草一定要洁净，不霉不烂，以防发生曲霉病。污染的垫草和粪便要经常清除。舍内要定期消毒，特别是春、秋两季结合预防注射，将饲槽、饮水器和积粪场围栏、墙壁等鹅经常接触的场内环境进行一次大消毒，以防疾病的发生。

产蛋期母鹅的疾病的主要有鹅副伤寒、小鹅瘟、软脚病等。

鹅副伤寒：是由鼠沙门氏菌及肠炎沙门氏菌所引起的急慢性传染病。主要发生于幼鹅，成年鹅也得此病，属地方性传染病。7～10日龄雏鹅最易感染，表现为不吃食、怕冷蜷缩、互相打挤、体质消瘦、羽毛蓬乱、两翼下垂、拉稀水粪便。防治方法是孵化室和用具每立方米空间用福尔马林1.5 ml，盛在干燥的瓷器里，再加高锰酸钾1 g，关闭门窗消毒20分钟；种蛋也同样用此法消毒；

痢特灵以0.02%的剂量拌入粉料或饮水里喂1周，以后减半再喂1周。

小鹅瘟：用小鹅瘟免疫血清每只注射0.8～1 ml治疗，有一定的疗效。最好的方法是在产蛋前4周用小鹅瘟疫苗注射产蛋母鹅，这样所产蛋孵出的雏鹅能抵抗小鹅瘟。注射方法是在每只母鹅的胸部肌肉处注射小鹅瘟疫苗，每年注射2次，以停产期预防为佳。由于此病易在孵化室传播发展，因此必须做好孵化室、种蛋消毒工作，用福尔马林熏蒸消毒。病鹅要隔离饲喂，缩小传播范围，对场地、饲槽可用2%～3%烧碱或来苏儿液消毒。

软脚病：该病是因饲料营养不全面、维生素欠缺、钙磷比例失调、光照不足和饲养场地不干燥等原因所造成的，不论大小鹅都会得此病。患病鹅两脚趾柔软无力，脚趾发凉，关节肿大，肌肉松弛，站立不稳，最终瘫痪。防治方法是改进饲养管理，保持场地干燥、卫生，增加放牧时间，延长日光照射，饲料中加鱼肝油或适量磷酸钙、骨粉和贝壳粉等。

7. *减少应激* 应激理论近年来已被普遍使用于养禽业。生活环境中存在着无数种致应激因素，如恐惧、惊吓、斗殴、临危、兴奋、拥挤、驱赶、气候变化、设备变换、停电、照明和饲料改变、大声吆喝、粗暴操作、随意捕捉等等。所有这些应激都会影响鹅的生长发育和产蛋量。有经验的养鹅生产者很忌养鹅环境的突然变化。饲料中添加维生素C和维生素E有缓应激的作用。

8. *科学组织生产鹅的比例* 鹅群的合理年龄结构，对保持每年有均衡而比较高的产蛋量具有重要的生产和经济意义。鹅的利用年限比较长，其产蛋高峰在2～3年，第四年开始下降。如据前苏联对8个品种的测定，以第一个产蛋年度为100%计，第二个产蛋年度为108%～155%，第三个产蛋年度为127%～168%，其中大灰鹅第四及第五个产蛋年度迅速下降到77%（表3-4）。

表 3-4 不同品种母鹅各年度产蛋量与第一年相比较 %

品种	产蛋年度				
	一	二	三	四	五
赫尔蒙高尔鹅	100	124	168		
土鲁斯鹅	100	143	124		
罗明鹅	100	125	102		
爱姆金斯鹅	100	121	161		
普斯科斯秃鹅	100	108	140		
大灰鹅	100	120	127	77	77
阿尔赞玛斯鹅	100	155			
咸施金捏斯鹅	100	134			

许多国家种鹅的利用年限，一般为 3～3.5 年。鹅群的组成，最理想的是从后备种鹅开始，就实行公、母混群饲养，这样可避免性成熟后重新组群，引起公鹅互斗致伤，或母鹅被遗弃。如果公、母鹅分群饲养，应在产蛋前两个月组群，使公、母鹅有较多时间相互熟悉和选择，以保证种蛋有较高的受精率和孵化率。

9. *产蛋鹅人工强制换羽* 产蛋鹅经过春季旺产之后，在夏季常出现停产换羽。鹅群自然停产换羽的起止时间不一，如不采取措施，不仅全年产蛋量减少，也影响孵化育雏。人工强制换羽可缩短自然休产期，加速换羽过程，使鹅群换羽整齐，提前恢复开产，提高年产蛋量，并可增加耐粗饲、耐寒的能力。

人工强制换羽的具体方法是在当年产蛋率明显下降时，将公、母鹅分群饲养或放牧，逐日将精料减少为 1 次或隔日 1 次，只给饮水，使鹅群缺乏营养，身体消瘦，体重下降，经过 10 余天，主翼羽与主尾羽出现干枯现象，羽毛则可自行脱换。

当羽毛蓬乱、脱落，主翼羽出现干枯，拔取容易并且无出血时，可将两翅主翼羽及尾羽一次或分批拔除。拔羽前应恢复喂料，日喂 2 次，连续喂 3～5 天。拔羽时多在温暖晴天的黄昏时进行，切忌在寒冷的雨天进行。对拔羽后的鹅，要加强饲养管理，将鹅群围养在干净的运动场内饲喂与休息，不让其下水，防止感染。喂量由少到多，质量由粗到精，逐步过渡到正常。5～7天后开始恢复放牧。

在整个强制换羽期内，公母鹅要分群饲养管理，以免公鹅骚扰母鹅和削弱公鹅的精力。公鹅比母鹅要早1个月拔羽，并应提早喂料，以适应新的繁殖季节。在换羽期内，应该加强饲养管理，注意观察，避免死亡。拔羽的母鹅可以比自然换羽的母鹅提早20～30天产蛋，而且恢复产蛋的时间较一致。

拔羽后除加强放牧外，必须根据公母鹅羽毛生长情况酌情补料，如果公鹅羽毛生长较慢，母鹅已产蛋，而公鹅尚未能配种，就会影响种蛋的受精率，这时应给公鹅增加精饲料的喂量。反之，若母鹅的羽毛生长慢，就要给母鹅适当增加精饲料的喂量，促使羽毛生长快些。否则，在母鹅尚未产蛋时，公鹅就开始配种；到产蛋后期，公鹅已精疲力尽，影响配种，降低种蛋的受精率。

二、停产期母鹅的饲养管理

母鹅每年的产蛋期，除品种之外，因各地区气候不同，产蛋期也不一样。我国南方多集中于冬春两季，北方多在2－6月份。当母鹅产蛋逐渐减少、蛋变小、畸形蛋增多、大部分羽毛干枯，公鹅配种能力差，种蛋受精率低时，母鹅就进入了停产期。

停产鹅的日粮由精改为粗，即转入以放牧为主的粗饲期，目的是使母鹅消耗体内的脂肪，促使羽毛干枯、脱落。此期喂料次数逐渐减少到每天1次或隔天1次，然后改为3～4天喂1次。在停喂精料期间，要保证鹅群有充足的饮水。经过12～13天，鹅体消瘦，体重减轻，主翼羽和主尾羽出现干枯现象时，则可恢复喂料。待体重逐渐回升，大约放牧饲养1个月之后，就可进行人工拔羽。公鹅需比母鹅早20～30天拔羽，目的是使公鹅在母鹅产蛋前，羽毛能全部换完，这样，在繁殖季节公鹅有充沛的精力进行交配。实践证明，拔羽的母鹅可比自然换羽的母鹅提早 20～30 天产蛋。

拔羽需选择在温暖的晴天，切忌在寒冷的雨天进行。拔羽后当天，鹅群圈养在运动场内喂料、饮水和休息，停止下水游泳，以防细菌污染引起毛孔炎症。拔羽 3～5 天后，可以放牧、放水，但要注意护理，避免烈日曝晒和雨淋。

三、种公鹅的饲养管理

种公鹅的营养水平和体质状况，直接影响着鹅群的种蛋受精率。在种鹅群的饲养过程中，始终应注意种公鹅的日粮营养水平和公鹅的体重与健康情况。在鹅群的繁殖期，公鹅由于多次与母鹅交配，排出大量精液，体力消耗很大，体重有时明显下降，从而影响种蛋的受精率和孵化率。为了保持种公鹅有良好的配种体况，种公鹅的饲养，除了和母鹅群一起采食外，从组群开始后，对种公鹅应进行补饲配合饲料。配合饲料中应含有动物性蛋白饲料，有利于提高公鹅的精液品质。补喂的方法，一般是在一个固定时间，将母鹅赶到运动场，把公鹅留在舍内，补喂饲料任其自由采食。这样，经过一定时间（12 天左右），公鹅就习惯于自行留在舍内，等候补喂饲料。开始补喂饲料时，为便于分别公母鹅，对公鹅可作标记，以便管理和分群。公鹅的补饲可持续到母鹅配种结束。

在人工授精的鹅场，在种用期开始前 45 天左右，对公鹅就要进行种用期标准饲养。种公鹅的日粮标准，每千克饲料中应含有粗蛋白质 140 g、代谢能 11.72 MJ、粗纤维 100 g、钙 16 g、磷8 g、食盐 4 g、蛋氨酸 3.5 g、胱氨酸 2 g、赖氨酸 6.3 g、色氨酸 1.6 g。每吨饲料中添加维生素 A 1 000 万 IU、维生素 D_3 150 万 IU、维生素 E 5 g、维生素 B_2 3 g、烟酸（维生素 B_5）20 g、泛酸（维生素 B_3）10 g、维生素 B_{12} 25 mg。微量元素添加量（g/t）：锰

50、锌50、铜2.5、铁25、钴2.5、碘10。每只公鹅平均每天补喂配合饲料300～330 g。

为提高种蛋受精率，公、母鹅在秋、冬、春季节两个产量周期,每只每天可喂谷物发芽饲料100 g,胡萝卜、甜菜各250～300 g,优质青干草粉35～50 g。在春夏季节供给足够的青绿饲料。

四、提高种鹅繁殖力的综合措施

上面已经介绍了种鹅饲养管理及种蛋孵化技术，由于目前种鹅场普遍存在着种鹅繁殖力较低的问题，即单位母鹅提供的仔鹅数量远远低于理论数值,因此有必要对这一问题进行专门探讨,采取综合措施加以改进和提高。

（一）选择优良种鹅

鹅品种较多，且各品种鹅的繁殖性能差异很大，所以选择什么样的鹅种是组织鹅场生产较为关键的一步。选择鹅种除了考虑到市场需求外，还要考虑繁殖性能和适应性。鹅对自然气候变化反应敏感，常常因为异地饲养其繁殖力下降幅度很大，如豁鹅在安徽、四川等地饲养年产蛋不过50枚左右。所以在不能完全施以人工环境的种鹅场必须考虑品种的适应性。在东北地区，目前市场上白羽鹅走俏，可选择豁鹅、莱茵鹅、四川白鹅等。

确定品种之后，还要做好鹅群选淘、留种工作。选留体质健康，发育正常，繁殖性状突出，符合本品种特征的个体。对留种的公鹅更要逐个检查，挑选体格健壮、性器官发达、精液品质好的公鹅留种。

（二）后备鹅培育

后备鹅的培育是提高种鹅质量的重要环节。后备鹅培育的好坏将关系到以后种鹅的繁殖成绩。后备鹅一般是指70日龄以后至产蛋配种之前准备作种用的仔鹅，应分两个阶段进行培育。

120日龄以前的后备鹅，要给足全价饲料，有放牧条件的，充分放牧之后也要酌情补喂精料，在舍饲条件下要定时不限量地喂全价饲料，一般每日喂饲 3～5 次。

120 日龄至产蛋配种之前的后备鹅，要实行限制饲养，增加粗料给量，精料酌减，尤其要加强放牧、运动，吃饱草后可少补或不补料。这样既可提高其耐粗饲能力，增强体质，又可控制母鹅过早产蛋，以免影响日后的产蛋量和种蛋合格率。将公母鹅分开饲养，防止早熟公鹅过早配种致使公鹅发育不良，日后配种能力降低。在开产配种前 15～20 天开始逐步增加精料喂量。

（三）优化鹅群结构

合理的鹅群结构不但是组织生产的需要，也是提高繁殖力的需要。在生产中要及时淘汰过老的公母鹅，补充新的鹅群。母鹅前 3 年的产蛋量最高，以后开始下降，所以一般母鹅利用年限不超过 3 年。公鹅利用年限也不宜超过 3 年。适宜的鹅群结构应为 1 岁鹅占 45%，2～3 岁鹅占 50%，4 岁鹅占 5%。

（四）繁殖季节

鹅的繁殖有明显的季节性，鹅 1 年只有一个繁殖季节，南方为 10 月份至翌年的 5 月份，北方一般在 3—7 月份。

（五）充分配种

在自然交配条件下，合理的性比例和繁殖小群能提高鹅的受精率。一般大型鹅种公母配比为 1∶3～4，中型 1∶4～6，小型 1∶6～7。繁殖配种群不宜过大，一般以 50～150 只为宜。鹅属水禽，喜欢在水中嬉戏配种，有条件的应该每天给予一定的放水时间，以多创造配种机会，提高种蛋受精率。

在大、小型品种间杂交时，公母鹅体格相差悬殊，自然配种困难，受精率低，可采用人工辅助配种方法。方法是先把公母鹅放在一起，使之相互熟悉，经过反复的配种训练建立条件反射，当把母鹅按在地上、尾部朝向公鹅时，公鹅即可跑过来配种。

人工授精是提高鹅受精率最有效的方法，还可大大缩小公母比例，提高优良公鹅利用率，减少经性途径传播的疾病。采用人工授精，1 只公鹅的精液可供 12 只以上母鹅输精。一般情况下，公鹅 1～3 天采精 1 次，母鹅每 5～6 天输精 1 次。

（六）补充光照

光照制度也是影响产蛋量的重要因素。一般每天光照时间 13～14 小时，光照强度 25 lx/m^2 就可以满足鹅产蛋、配种的需要。在我国北方地区，于早春延长光照至 13～14 小时，鹅可提前开产 50 天，产蛋率和种蛋受精率均不受影响。提早开产孵化可以提高全年种蛋的利用率。

（七）营养需要

种鹅要在产蛋配种前 20 天左右开始喂给产蛋饲料。产蛋期饲料要求代谢能 11.19 MJ/kg 左右，粗蛋白 15%，赖氨酸 0.6%，蛋氨酸＋胱氨酸 0.5%，钙 2.55%，有效磷 0.3%。维生素对鹅的繁殖有着非常重要的影响，维生素 E、维生素 A、维生素 D_3、维生素 B_1、维生素 B_2、维生素 B_6 必须满足。使用分装维生素时，考虑到效价等问题，须按说明书给量的 3～4 倍进行添加。

种鹅精料多以稻谷为主，营养单一，致使产蛋少，种蛋受精率低。为提高种鹅产蛋量和种蛋的受精率，以配合饲料饲喂种鹅效果较好。据试验，采用按玉米 40%、豆饼 12%、皮糠 25%、菜籽饼 5%、骨粉 1%、贝壳粉 7%的比例制成的配合饲料饲喂种鹅，平均产蛋量、受精蛋、种蛋受精率分别比饲喂单一稻谷提高 3.1 枚、3.5 枚和 2%。由于配合饲料营养较全，含有较高的蛋白质、钙、磷及微量元素，能够满足种鹅产蛋对营养的需要，所以产蛋多，种蛋受精率高。

喂种鹅青绿多汁饲料可大大提高产蛋率、种蛋受精率和孵化率，有条件的地方应于繁殖期多喂些青绿饲料。

（八）疫病防治

鹅群的健康是正常生产的前提。患病鹅群正常代谢紊乱，其产蛋量、配种能力及种蛋孵化率都会显著降低。有的病鹅虽不表现明显病症，却大量带菌，经种蛋传染给胚胎，致使孵化后期雏鹅死亡或成活率低。

对本地区经常发生的疾病要进行疫苗或接种预防，尤其要强化日常鹅群的保健工作。如每年春、秋两季用碱水等消毒药，对繁殖场进行全方位的喷雾消毒，每隔15天用百毒杀等对畜禽无害的消毒药对鹅舍及运动场进行一次带鹅喷雾消毒，对饮饲用具经常进行涮洗消毒，饲料中定期投放一些广谱抗菌药物。特别应该注意的是，绝不能喂发霉饲料。

（九）种蛋管理

母鹅产蛋以前要做好产蛋窝。蛋窝内垫草要经常更换，保持清洁卫生，种蛋要随下随拣，一定要避免污染种蛋。被污染蛋表面致病菌数量要比正常种蛋高出几十倍，它会导致孵化率、雏鹅成活率都非常低。

种蛋保存条件和时间对孵化率有很大影响，较适宜的保存温度为8～18℃，相对湿度为70%～80%，保存期一般以7天以内为好，不宜超过12天，超过7天应每天翻蛋1次。

种蛋入孵前要消毒，可用百毒杀、新洁尔灭等稀释液浸洗或用高锰酸钾、福尔马林熏蒸消毒。

（十）提高鹅孵化率

良好的种蛋品质最终要靠孵化来表现。在孵化过程中，除了需要给予适宜的温度、湿度等孵化条件外，还要着重考虑以下3点。

(1) 鹅蛋内脂肪含量高，孵化后期（15天之后）自身脂肪代谢散热量大，往往造成胚蛋温度过高，如果孵化器性能不好，调节不及时，易造成烧蛋。一般孵化至17天时开始凉蛋，日凉蛋1～2次。可采用抽出蛋车自然降温或于机内喷雾加湿的方法进行凉蛋。

（2）鹅胚发育到18～20日龄时，耗氧量急剧增加，所以应该将孵化机的通风孔尽量开大。鹅蛋孵至26天左右，胚胎开始由尿囊呼吸逐渐向肺呼吸转变，这时落盘对于胚胎实现这种转变非常有利，所以一般提倡26天落盘。

（3）在28天以后将孵化机内的湿度增加到75%左右，有利于小鹅啄壳出雏。如果孵化机自身调节能力有限，可采用压力喷雾器，辅助调节。

第四章　鹅肥肝生产技术

自20世纪80年代以来，水禽业出现了一种新型的畜产品，这就是当今国际食品市场上既珍贵又畅销的营养食品——鸭、鹅肥肝。

鹅肥肝是指对达到一定日龄、生长发育良好的肉用仔鹅，通过在短期内人工强制填饲大量的高能饲料——玉米，使其快速育肥，不仅在体内而且在肝脏中有大量沉积脂肪，从而形成一种比正常鹅肝大5～6倍甚至10倍以上的特大脂肪肝。一般正常的鹅肝脏重为60～100 g，而鹅肥肝可达到350～1 400 g，大者可达1 800g。

第一节　鹅肥肝生产原理及营养价值

一、鹅肥肝生产原理

鹅的肝脏与其他动物肝脏一样，是生命的重要器官，肩负着造血、解毒、除病等功能，维持着动物体的生命活动，保证肌体健康生长发育。在自然生态环境中，如果动物的肝脏沉积脂肪，会使肌体正常发育受阻，甚至影响肌体的健康和生命。这种脂肪肝是肌体的一种病态。因而，动物体在采食过程中，总是本能地采食多种食物，力求各种营养的平衡，从而防止这种病态发生，维持肌体的健康。

鹅的肥肝实际上就是脂肪肝，是由肝脏沉积脂肪而形成的。但是，鹅肥肝是人工填制的，与肌体病态的脂肪肝不同，它是人们利用动物体生命活动的生物学原理，人为地干预肌体各脏器的正常运行机制，通过采用高能饲料强制填饲的方法，改变鹅的采食习惯，使其所需要的各种营养失去平衡，迫使其将多余的脂肪沉积在肝脏内，形成肥肝。这种脂肪与猪的皮下脂肪相似，属于一种肥膘。当然，利用高能饲料强制填饲鹅肥肝，必须在短期内实施。如果时间拖长，鹅则会自然死亡，达不到生产肥肝的目的。

二、鹅肥肝的营养价值

鹅肥肝由于是人工利用高能饲料强制填肥的，因而与正常肝脏的化学成分有所不同，脂肪含量高，蛋白质含量低（表 4-1)。

表 4-1 鹅肥肝与正常肝的营养成分比较

名称	水分(%)	蛋白质(%)	脂肪(%)
正常肝	66.99～68.49	22.3～23.89	6.4～6.6
肥肝	35.7～47.49	6.9～12.56	37.5～56.53
名称	重量(g)	矿物质(%)	卵磷脂(%)
正常肝	60～100	1.46～1.68	1.0～205
肥肝	350～1400	0.8～0.94	4.26～6.9

从表 4-1 中可见，肥肝脂肪含量比正常肝高出数倍。肥肝中的脂肪主要由不饱和脂肪酸组成，占 65%～68%，比任何一种动物脂肪中所含不饱和脂肪酸都高。这种不饱和脂肪酸易于被人体消化吸收，有利于健康。肥肝中还有一种脂肪酸叫亚油酸，为人体所必需，且人体不能合成，只能从食物中摄取。此外，肥肝中还含有丰富的卵磷脂、脱氧核糖核酸等营养物质，都是人体生长发育所必需的营养物质。由于肥肝的含脂率比正常肝提高 7～9 倍，故肝质细嫩，味道鲜美，因而人们能够接受并喜欢这种高脂肪的肥肝，特别是成为怕吃动物性脂肪的欧美人餐桌上的美味佳肴。这是肥肝成为目前世界食品贸易中最畅销而又珍贵的高档营养品的原因。也正因为如此，肥肝在国际市场上的价格一直居高不下。一

般来说，鹅肥肝每千克的价格是，一级品 40 美元，二级品 30 美元，三级品 20 美元，且鹅肥肝的价格高出鸭肥肝 40%左右。

第二节 鹅肥肝生产概况

一、世界鹅肥肝生产的历史和现状

在国外，鹅肥肝生产已有很悠久的历史。据介绍，埃及是世界上最早填鹅的国家，目前仍保存有距今 4 000 多年前古埃及人填鹅的壁画，但当时填鹅主要为了育肥，当鹅填肥后，鹅肝亦相应肥大，成了统治阶级宴饮中的佳肴。

事实上真正的鹅肥肝生产起源于欧洲。在古罗马史上，有很多关于养鹅和填鹅技术的记载。他们用无花果干粉碎后和牛奶、糖蜜等混合，强制填鹅，以生产特别肥大的鹅肥肝。稍后法国人的祖先——高卢人继承了古罗马人填鹅产肥肝的传统，并不断加以改进，把这项专门技术流传下来。另一种因素是流亡在欧洲的犹太民族，因宗教的原因不吃猪肉，自古以来热衷于养鹅和填鹅肥肝。犹太人这种传统习惯，在一定程度上也影响了欧洲人。在 200 年前法国的西南部开始出现鹅肥肝生产的作坊，到 19 世纪初，他们在肥肝加工和保存技术方面取得突破，直到现在，法国一直垄断着世界肥肝制品的生产和销售。在中世纪德国及其占领的一些地方，也有产鹅肥肝的习惯，但从 1933 年后，填鹅肥肝被视为对鹅的虐待，且规定凡填鹅者要判处 3 年徒刑；在其他的欧洲国家，由于保护动物组织的发展，禁止填鹅。这样，在西欧除法国和卢森堡不禁止填鹅外，其余国家大都没有填鹅的习惯了。这种不合理的规定，无意中对中欧生产鹅肥肝的国家提供了出口鹅肥肝的机会。特别是匈牙利的农民，历来有利用草地和谷物收割后的茬地牧鹅和生产鹅肥肝的传统习惯，因而养鹅和鹅肥肝生产在这一时期得到了较快的发展。

自二次世界大战后，随着对肥肝的消费日益增长，国际上的肥肝生产发展极快。据不完全统计，1998 年全世界共生产肥肝 9 000 t以上。目前，法国已成为世界上肥肝生产量和销售量最大的国家，也是世界上最大的肥肝进口国。匈牙利是世界第二肥肝生产国，也是世界上最大的鹅肥肝输出国。生产的鹅肥肝质优价昂，主要用于出口换汇，他们称鹅肥肝为“匈牙利的美元”。以色列自古以来就热衷于养鹅生产鹅肥肝，他们的鹅肥肝生产，质量上一直是世界第一，数量上居世界第三。上述三个肥肝生产大国的年产量占世界肥肝总产量的 90%以上。其他如保加利亚、德国、比利时、卢森堡、瑞士、丹麦、美国、加拿大和日本等国，均有一定数量肥肝的产销。需注意的是，上述世界肥肝的产量包括珍贵的鹅肥肝和比较普遍的鸭肥肝。由于鸭的繁殖效率高，填饲操作简单，所以鸭肥肝的增长速度比较快，产量占目前肥肝总量的 2/3以上，但在国际市场中鹅肥肝更受欢迎。

总体上看，目前世界上鹅肥肝的贸易量离饱和点还很远，这不仅是像法国、瑞士等西欧国家消费量在增长，北美、亚太地区的消费量亦在逐步扩大；特别是日本，近 20 年来对鹅肥肝及其制品的消费量直线上升，据市场预测，有可能很快成为世界鹅肥肝的最大进口国。而另一方面，当今世界上能够商品化生产鹅肥肝的，只有 7～8 个欧洲国家，他们饲养的欧洲鹅繁殖率较低，大量发展有一定困难；加上鹅肥肝生产虽已使用填饲机，但还是一种辛苦的手工操作，工作时间长，花劳力多，这在工业发达、人工昂贵的欧洲国家很难做到。青年人很少愿意干这项又脏又累的工作。日本近年来虽在开拓这项产业，但劳动力太贵，成本过高；拉丁美洲和法语非洲的一些国家也想生产鹅肥肝，但这项操作比较精细，对多数第三世界国家也不太适应，特别是在气候炎热的国家，要着手商品化生产的可能性不大。

二、我国肥肝生产和科研情况

我国是世界上饲养水禽最多的国家，每年4亿～5亿只，为世界水禽饲养量的3倍多。据全国畜禽品种资源调查公布，我国拥有鹅、鸭品种37个，其中中国鹅和北京鸭被列为世界水禽标准品种，对一些国家育成水禽新品种发挥过积极作用，这些资源都是我国发展肥肝生产的物质基础。同时，肥肝生产是一项精细劳动，花费劳力较多，而我国劳动力充足，民间又积累了丰富的鹅、鸭填肥经验。因此，我国具备大规模生产肥肝的潜力。

从20世纪80年代开始，中国农业科学院畜牧研究所、四川省畜牧兽医研究所进行了鹅、鸭肥肝试验；上海外贸系统从法国引进了肥肝填饲设备和技术。在1980年11月第一次全国水禽科研生产协会座谈会上，中国农业科学院畜牧研究所和四川省畜牧兽医研究所宣读了有关鹅肥肝试验论文。近20年来相继有无锡市农科所、中国农业大学、浙江省农业科学院、北京市畜牧局等30多个科研、院校和生产单位，开展了鹅、鸭肥肝试验和试产工作，为组织肥肝生产提供了大量的科学资料。尤其是上海市青浦县等单位，生产鹅肥肝10余吨，首先投放法国等国际市场。浙江省永康县自1982年试产鹅肥肝以来，迄今坚持批量生产，一边摸索和完善填饲加工技术，一边疏通国内外销售渠道，已走上稳步发展的道路。其中，1990年与日商签订了8 t鲜肥肝合同，每吨价3.5万美元。这些都标志着我国已具备了肥肝生产和出口的能力。

三、大力发展我国鹅肥肝生产

根据生产肥肝的特殊条件及我国的国情和资源，我国应该是世界上生产肥肝最有条件的国家，应成为肥肝生产和出口的大国。但是，在目前国际市场上肥肝消费不断扩大、市场日益看好的情况下，我国肥肝生产规模还不大，质量欠佳，在国际市场上竞争力差，这是值得思考和研究的问题。

（一）生产鹅肥肝的特殊要求

鹅肥肝生产是一个特殊的产业，它的技术含量高，产品附加值大，经济效益好。这种特殊产业，相应地具有特殊的生产要求。

1. *鹅的品种及日龄*　生产鹅肥肝与鹅品种有关。各地试验表明，个体肥肝重与体重呈正相关，体重大的品种有利于肥肝生产。另外，培育和选择个体也是肥肝生产的必要条件。因为个体生产性能高低是决定肥肝等级质量的重要因素。选择填肥鹅日龄的主要依据是看个体发育程度。个体发育好，选择日龄可以短，反之则长。选择日龄短的个体填肥有利于降低饲养成本。我国生产肥肝目前在培育品种和个体方面都还有重视不够的地方，应积极加强和改进这方面的工作。

2. *需要大量高能饲料*　生产肥肝需要强制填饲单一的高能饲料。各地试验证明，一年以上陈黄玉米为最好，而且用量较大，一般情况下填肥期的肥肝与饲料之比是 1∶40 左右，即生产 1 kg 肥肝，需用玉米 40 kg，再加上其他饲养所需，要有大量的玉米。我国目前有玉米的地方不生产肥肝，生产肥肝的地方缺乏玉米，这是造成生产规模不大的主要原因之一。

3. *需要适宜的温度*　生产肥肝受气温影响较大，过冷过热均不利于肥肝生产。因为气温影响肝脏内脂肪的沉积。一般适宜温度在 10～22℃之间。

4. *需要大量的劳动力*　生产肥肝不适宜机械化生产。虽然在填肥时可使用填肥机，但填肥机还需人工作业，仍是手工操作，劳动强度大，工作时间长。此外，饲料调制，鹅只的管理、护理，以及屠宰取肝等均需大量的人工操作。所以，肥肝生产属于劳动密集型产业。

（二）我国生产鹅肥肝的有利条件

我国有丰富的鹅种资源，气候适宜，高能饲料充足，劳力多而廉价。这些有利条件都是其他一些国家难以比拟的。因此，只要我们做好工作，完全可以使我国成为世界上最大的肥肝生产和出口国。

1. *我国有丰富的品种资源* 我国是世界上鹅种最丰富的国家，有世界上最大的鹅种——狮头鹅，还有世界上产蛋最多的鹅种——豁鹅和伊犁白鹅，而且大中小体型鹅种齐全。近几年有的地区还引进了国外鹅种，进一步丰富了我国的鹅种资源。经10多年鹅肥肝生产试验，我国鹅的品种大都具有较好的产肥肝性能，个体产肥肝性能为350～1 400 g。这就为大力发展鹅肥肝生产打下了良好的基础。

当然我国目前在品种选育和利用生物工程提高生产效益等方面，与国外相比有很大差距。各地在发展鹅肥肝生产中，必须对选育优良品种和提高品种生产性能加以重视，大力开发生物工程技术，尽快改变产品次、效益低的局面。

2. *我国有成熟的生产技术* 我国养鹅历史悠久，广大农村均有养鹅习惯，众多的科技人员为发展养鹅业进行了许多试验研究，总结和积累了丰富的养殖技术和经验。在鹅的饲养管理、繁育、繁殖、饲料营养、疫病防治等方面的技术日趋成熟。如肥肝生产技术，自1980年以来，已有10多个省市进行试验并取得成功，有的还有小批量的肥肝产品出口，为大规模生产奠定了技术基础。

3. *我国有丰富的饲料资源* 我国各地水草资源充足，而且玉米是我国的主要粮食作物之一。随着科学技术的进步，将会大大提高玉米单产，这为大规模生产肥肝奠定了物质基础。

4. *我国劳动力资源充足* 我国人口众多，劳动力资源充足，尤其是广大农村，改革开放以来提高了劳动生产率，有更多的农业劳动力需要转移到其他产业。利用农村这部分劳力发展肥肝生产，是一项利国富民的好出路。

（三）加强管理，扩大规模，尽快占领国内外市场

1. *总结经验，树立信心* 从生产肥肝的特殊条件和我国生产

肥肝的有利条件来看，生产肥肝符合我国国情，我国完全有条件有能力把肥肝生产的规模搞上去。但是，十几年来我国肥肝生产没有得到应有的发展，在国际市场上至今所占份额不大。主要原因还在于全国缺乏统一领导和协调组织，各自为政。目前绝大多数省市生产肥肝还处于试验阶段，许多技术没有应用到生产实践中去。对国际销售市场及生产状况，缺乏深入了解和研究。生产肥肝成本费用较高，生产规模不大。由于缺乏统一组织和协调，生产单位与科研单位脱节，不能开发和利用生物工程技术提高产品质量。不能合理配置鹅种资源和饲料资源，使这两种优势资源脱节，增大了生产成本。这些问题的存在，使优势资源的作用不能发挥，资源和人才浪费，难以使资源优势转化成经济优势。对此，必须认真总结，提高认识，加强组织领导和协调，发挥我国的资源优势，把生产肥肝的规模和质量搞上去。

2.组建肥肝生产的产业集团　为加强对肥肝生产的组织和领导，可以在全国范围内组建肥肝生产的产业集团。其主要任务：一是依据生产肥肝的特殊条件和我国品种和饲料资源的分布，规划和确定生产肥肝的基地，合理配置资源。二是抓好国际市场信息的调研工作和出口贸易的洽谈工作，坚持按国际标准组织生产，坚持统一出口贸易。三是组织科技人员开发和研究生物工程技术，提高产品质量。建立育种体系，提高品种生产性能。四是做好其他协调工作。

3.肥肝生产要走集中屠宰、分散填饲的路子　肥肝生产离不开鹅的养殖。我国农村饲料、劳力资源丰富，而且多数农村有养鹅习惯，具备养鹅的得天独厚的条件。应将生产肥肝的鹅只放在农村饲养和填肥。因为这项生产技术难度不大，而且用劳力多，通过技术培训和技术指导，能解决生产中的技术问题。这样做可以大大减少投资，降低生产成本，提高经济效益。

至于屠宰取肝，不仅技术难度大，而且必须符合出口的卫生标准，因此不能在农村分散进行，必须集中起来屠宰取肝。为此，应在养鹅集中的产地建立屠宰加工厂，集中屠宰加工，既能保证屠宰质量又能符合出口的卫生标准。

上述这种工牧结合或产加销一体化的生产方式，有利于减少投资，降低成本，提高市场竞争力和效益，达到共同发展、共同富裕的目的，促进规模经济的发展。当然，这种联合生产方式的关键问题是组织社会化服务组织和合理分配收益。社会化服务组织的主要任务是将个体养殖户组织起来，并对他们进行技术指导和培训，做好产前、产中、产后的全程服务。合理分配收益主要是解决养殖户的收益分配问题，使他们有一个较稳定和不断提高的收入，保护他们发展养鹅的积极性和应得利益。具体在生产肥肝鹅中，可实行两次收购作价和结算方法。第一次是在填肥开始时，对选择的填肥鹅逐户逐只称重登记并编号，这时称取的活体重，应按商品鹅计价结算。第二次是在填肥结束、屠宰前称重，要逐户逐只对号称重，按增重的重量计价结算。因为一般规律是肥肝的重量与鹅体重呈正相关，填肥期增重多肝就大。这样增重越多，收入越大，越有利于肥肝生产的发展。

第三节　肥肝鹅的选择

一、肥肝鹅的品种

品种对肥肝生产的效果起决定性作用。生产鹅肥肝应选择体型大、生长快、易育肥、胸深宽、颈短粗、耐填食、体质壮的品种。国际上用于肥肝生产的品种，主要有法国土鲁斯鹅、朗德鹅、匈牙利白鹅、莱茵鹅、意大利鹅、以色列鹅、德国埃姆登鹅等。目前，我国应用于生产肥肝的最好品种有狮头鹅、溆浦鹅等。它们具备产肥肝的性能，而且还具有肝质好、繁殖力高等特点。另外，目前用纯种来生产肥肝已逐渐被经济杂交的杂种鹅所代替。即以生产肥肝较好的品种为父本，以产蛋性能较好的品种为母本进行杂交，选择最佳的组合，利用杂交仔鹅生产肥肝。

二、肥肝鹅的体重

体重在相当程度上反映着鹅机体的生长发育情况。一般来说，体重较小的鹅，发育年龄相对较短，机体生长发育要消耗的养分较多，养分能转为脂肪在肝脏中沉积的部分就较少。同时其胸腹腔容量、食道容积较小，能填饲料量少，且肝脏可增大的空间也小，生产的肥肝当然就较小。如湖南农学院用不同体重的溆浦鹅进行生产肥肝的试验，结果表明填前体重最大的试验组肥肝重最高，体重中等组次之，体重最小的则最低，而且高体重组的优质肥肝重的百分率高于低体重组，产肥肝的饲料转化率也是填前体重较大的鹅高。

应该说明的是，不同的种质，鹅的生长发育规律不一样，填前体重以多大为好要根据具体情况而定。一般认为，大、中型品种体重宜在 5 kg 左右，小型品种宜在 3 kg 以上。

三、肥肝鹅的性别

一般来说，鹅的性别对肝重的影响较小。如浙江省农业科学院用浙东白鹅做试验，公鹅的平均肥肝重 399.8 g，母鹅的为 377.93 g，公鹅比母鹅多 21.8 g，但两者差异不显著（$P<0.05$）。无锡市农科所用太湖鹅试验，公鹅肥肝重 216.4 g，母鹅肥肝重 222.8 g，母鹅比公鹅重 6.4 g，差异不显著。湖南农学院的试验则表明，溆浦鹅公鹅肥肝产量比母鹅高 12%。从实践情况看，母鹅比公鹅易肥育，这与其雌性激素分泌有关，同时母鹅又娇嫩一些，耐填性与抗病力差一些。看来，性别的影响还有待继续研究。

四、肥肝鹅的年龄

生产肥肝的鹅，以体成熟基本完成的为好。这时鹅消化、吸收的养分，除用于维持需要外，不再用于一般体组织的生长发育，可较多地用于转化成脂肪沉积。同时鹅的胸腹腔大，消化能力强，肝细胞数量较多，肝中脂肪合成酶的活力比较强，这些都有利于肥肝增大。就我国鹅种来看，大、中型品种宜在 4 月龄、小型品种宜在 3 月龄时开始填饲较好。

第四节　饲料的选择与加工调制

一、饲料的选择

根据生产肥肝的生物学原理，应选择高能量饲料进行填饲。据国内外试验和生产肥肝的实践证明，整玉米、稻谷、大麦、薯干及碎玉米等均可作为填饲的饲料，但以整玉米为最好。用其他的饲料来填饲，效果都没有玉米好。据浙江省农业科学院畜牧兽医研究所两次对比试验，玉米组的平均肥肝重比稻谷组高 20%，比大麦组高 31%，比薯干组高 45%，比碎米组高 27%。最好是选用一年以上无霉变、去杂质的陈黄玉米。因为陈玉米含水分较少，干物质较多，有利于增加填饲量。玉米的颜色对填饲效果影响不大，但对肥肝的颜色影响较大。黄玉米能使肥肝呈深黄色，白玉米能使肥肝颜色变浅，而颜色是衡量和检验肥肝质量等级的重要标准之一。所以，选用陈黄玉米填饲，有利于提高肥肝的质量等级。

二、饲料的加工调制

生产肥肝用的玉米不能直接用来填饲，需要进行加工处理。加工填饲玉米的方法主要有两种：

（一）炒玉米法

将玉米放在铁锅内用文火不停翻炒，至粒色深黄、八成熟为宜，切忌炒熟、炒煳。炒完后装袋备用，填饲前用温水浸泡1～1.5小时，至玉米粒表皮展开为度。炒玉米保存时间较长，不易变质，生产过程中浪费较少，但加工较费劳力，炒的火候较难掌握。

（二）煮玉米法

目前常用的一种方法。首先将选择好的玉米，用筛子、簸箕或其他工具清除玉米内的泥砂、石子等杂物。然后按照鹅只的饲喂量称取等量玉米，倒入锅内，使水面漫过玉米粒10～15 cm，再加火煮沸5～10分钟，使玉米粒达到八成熟即可。采用此方法，玉米保存时间较短，易变质，浪费较多，但加工较省事，好掌握。煮好后将玉米粒捞出放入盆内，趁热加入1%～2%的动植物油和0.3%～1%的食盐，搅拌均匀后就可填饲。有时为了减少鹅的应激反应，常常要投喂多维素合剂，一般每日每只鹅喂30 mg为宜。

第五节 肥肝鹅的饲养管理

肥肝鹅的饲养管理可分为培育期、预备期和填肥期3个时期。

一、培 育 期

培育期是指出雏至9～10周龄。在保温育雏阶段喂给优质配合饲料，促使幼鹅生长发育良好。从脱温开始逐渐过渡到放牧饲养，利用天然资源，充分采食大量青绿饲料，使鹅的消化系统特别是食道和食道膨大部尽量增大，以利于填肥时能多喂饲料，增强育肥效果。

二、预 备 期

预备期为填肥前2～3周，可由放牧饲养转为舍饲，采用混合料喂给。混合料配方可选用：玉米60%，豆饼20%，肉骨粉10%，麸皮10%，另加食盐0.5%和0.01%的多种维生素，让鹅自由采食。尽量减少鹅的运动量，在填肥前15天，每只鹅都要接种禽霍乱菌苗。还应用硫双二氯酚或吡喹酮驱除体内寄生虫，以利于提高肉和肝的增长速度。

三、填 肥 期

鹅的填肥期一般为3～5周，其长短可根据品种、年龄、体重、消化力以及日填料量和增重情况而定，最关键是日填料量和体增重。大部分地方日填3～4次。食道粗大的鹅（如狮头鹅），每次可填400～500 g饲料。颈部细小的鹅，每次只能填150～200 g。每日填喂次数少了，日填喂量就不足，影响肝重。

填饲方法有三种：手工填喂法、糊状玉米活塞式机器填喂法和颗粒玉米螺旋式机器填喂法。前两种方法效果不太理想，目前，国内外多采用螺旋式机器进行填肥。填肥时由两人操作，由助手固定鹅体，填肥人员的左手掰开鹅嘴，将鹅舌压向下颚，然后将鹅嘴移向机器，将事先涂上油的喂料管小心插入食道深部。填肥时应注意使鹅颈伸直，填肥人员左手轻轻地握住鹅嘴，右手握住颈部食道内小管的出口处，然后开动机器，右手将食道内的饲料捋住食道下部，如此反复，直至饲料填到比喉头低1～2 cm时，可关闭机器停喂。然后，填肥人员右手握住鹅颈部的上方和喉头，使鹅离开填肥机的小管。为了不让鹅在吸气时，将饲料掉进喉头，导致窒息，填肥人员的右手应将鹅嘴闭住，并将颈部垂直地向上拉，用右手的食指和拇指将饲料向下捋3～4次。填肥时，一定要填饱，但又不要填的太多，以免过分结实，填塞食道，引起食道破裂。

鹅要在5～7天才能适应机器填肥，因而，填肥开始前2～3天，每天可填喂2次，每次少些，待适应后，填肥的饲料可以逐步填足，而且每天改填3次。每次填喂前要先摸一下鹅的颈下部，检查其消化情况。如饲料没有被消化，要少填或停填一次；对体质好、消化快的鹅要多填。生长较快的鹅一次可填喂 500～700 g。

对填肥鹅可以采取网养、笼养或平养等饲养方式。

网养：填饲时不方便，但可节约饲料，卫生状况好。

笼养：每个笼关一只，笼的尺寸为 500 mm×280 mm×350 mm。填喂时，直接将填肥机推到笼前，拉出鹅颈，插入送料管，填进饲料。这种方法使鹅能减少活动，鹅肝质量好，但设备费用高。

平养：这是国内目前普遍采用的一种方法，比较经济。鹅舍地面为水泥地，天冷时铺设垫料，天热时不用垫料，每天定时清扫。每平方米可关养肥肝鹅 4～5 只，每栏以饲养 20 只左右为宜。

鹅的开填日龄，一般应在 12 周以上。填肥期的长短，主要与日填后体重增长有关。生产肥肝，采取多填多喂的方法，可以收到省时省料的效果，并显著提高饲料报酬。一般在填喂时，1～3 天填喂 2 次，每次 400 g 左右；4～6 天每天填喂 3 次，每次 500～600 g，7 天以后每天填喂 4 次，每次 500～600 g。填喂后要供给大量饮水，以促进玉米的消化。此外，要注意保持育肥鹅舍通风良好，湿度不能太高，保持环境安静，垫草干爽柔软。

第六节　肥肝鹅的屠宰、取肝与分级

肥肝鹅屠宰的直接条件和间接条件对产品的最终质量是十分重要的。屠宰和取肝是肥肝生产的最后一道工序，如果能符合技术操作要求，就可保证肥肝的质量和等级，否则会把已经填成的肥肝，因屠宰和取肝不当，人为地破坏肥肝的质量，降低肥肝的等级。因鹅填饲到最后阶段，无论在体质上还是精神上都很脆弱，生活力很弱，因此在屠宰和取肝过程中，无论是短途运输或屠宰操作，人的举动应轻快、准确，把人为的操作事故减小到最低程度。宰前不可挤压，脱毛前尸体不可堆放，以防肝部瘀血或破裂。根据卫生保健要求，屠宰和取肝用的器械要全部清洗干净，洗肥肝的水质要检查，不符合要求的水，必须根据具体情况做适当的处理。

一、肥肝鹅的运输

屠宰前的肥肝鹅要停食 12～18 小时，但要供给充分的饮水。肥鹅填饲到最后阶段，体质十分脆弱，经受不住长途运输，如在装鹅和运输方式上不加注意，往往在短短的几十公里路程或数十分钟时间的运输中，就会造成填鹅的大量伤亡和肥肝的严重瘀血。为此填鹅专业户应分布在家禽屠宰场附近，且水陆交通方便，以缩短肥鹅的运输路线，减少损失。有河道处最好采用船运，如用车辆运输，应将肥鹅放在运输笼中，每笼放鹅 4 只，笼里多铺垫草。绝对不准将肥鹅放在车斗中运输，否则车子启动后，肥鹅堆集一起，会造成大批伤亡。车辆的颠簸也会使鹅腹腔内的肥肝受损瘀血，所以无论装车或卸车，操作都要轻捉轻放，并有专人押运。一般运输都在清晨，填鹅经整夜停食后，早上运到屠宰场正好赶上集中屠宰。

二、屠 宰 程 序

（一）放血

放血前将鹅的双脚垂直倒挂在支架上，使头朝下对着污水沟。一般鹅采用割颈静脉放血，而鸭采用口腔内宰杀放血。

（二）控血

鹅宰杀后应倒挂在支架上，这样放血较快，待血流完后再控一定时间，让血控净为好。

（三）烫毛

烫毛用的水温要掌握适宜，一般为 65～70℃。因鹅尾脂腺发达，羽毛不易沾水。屠体必须在热水中反复搅动，使热水浸入羽毛里，此时要正确掌握好烫毛时间。

（四）脱毛

如果烫毛掌握得好，脱毛工序就比较省工。可用手工脱毛，也可用脱毛机具。

三、取肝方法

刚脱净毛的屠体不能立即取肝，因在热的内脏中取肝容易抓坏肥肝或胆囊，影响肥肝质量。必须将鹅屠体在4～10℃冷藏箱内存放10～18小时后再取肝。开膛取肝一般有两种方法，即剖腹取肝和开胸取肝。

（一）剖腹取肝法

用刀沿龙骨后缘横向从右向左割开腹部皮脂，用左手伸入腹腔，挑起腹腔，刀刃向上。自左向右割开腹腔，注意不要把肝脏割破。继而两侧刀口扩大至双翅基部，然后把鹅屠体移至桌边，背腰部紧贴在桌边棱角上，左手按住双腿和腹部，右手按住胸部，两手同时用力下压，屠体立即掰开，肥肝和其他脏器全部裸露。接着用左手握住肥肝，右手持刀或剪，轻轻将肥肝剥离，取出肥肝。摘除胆囊时注意不要将胆囊戳破。

（二）开胸取肝法

用刀从龙骨前端沿龙骨脊左侧向龙骨后端划破皮脂，再进一步割开胸骨，然后用刀从龙骨后端向肛门处沿腹中线割开皮脂和腹膜。从裸露胸骨处，用外科骨钳或大剪刀自龙骨后端沿龙骨脊向前剪开胸骨，打开胸腔，取出全部内脏。用左手握住肥肝，右手用刀或剪把肥肝和其他脏器剥离，除去胆囊，取下肥肝。

四、肥肝处理和包装

取出肥肝后应进行适当修正，去掉肝上的残留脂肪，用净水冲洗后放入1%的盐水中浸泡10分钟，取出后控水称重，粗略分级。如果是鲜肝出口，此时可包装并保存在0～5℃冷藏箱内，直接供出口。鲜肝在冷藏箱内保存的时间，不能超过1周。也可把肥肝放入温度为－18～－20℃的冷库里速冻，然后取出肥肝进行再次修正，刮掉肥肝表面上的血斑，分级后按不同等级进行包装和装箱，一般每箱重量为10 kg。根据肥肝大小，先用塑料袋（无毒）进行小包装。每个塑料袋装2～3个，再将小包装集中装箱，箱子再行捆扎后，存放在冷库中，按批集中出口。冷冻肥肝在－18～－20℃冷库中可保存2～3个月。

五、肥肝的等级评定

取出的肥肝质量和大小不一样，需要进行评定和分级，做到按质论价。鹅肥肝可分成特级（即优质级）、一级、二级、三级和等外级（瘦肝）肥肝。

（一）鹅肥肝的重量分级

目前匈牙利和以色列等国生产的鹅肥肝，一般重量均在500 g以上，基本上符合法国对优质级鹅肥肝的重量要求，因此重量分级的意义就不太大了；但是对一些新生产肥肝的国家，特别是我国面广量大的小型鹅，生产的肥肝重量相对较轻，按重量分级就意义重大了。一般的重量分级是：特级肥肝600 g以上，一级肥肝350～600 g，二级肥肝250～350 g，三级肥肝是150～250 g，等外级是指150 g以下的瘦肝。另一种分级法是：优质级肥肝600 g以上，一级肥肝500～600 g，二级肥肝350～500 g，三级肥肝是250～350 g，四级肥肝是150～250 g。以上按重量分级仅仅是一种参考，在制定购销合同时，应按照当地对肥肝重量的要求和产地的具体情况，决定肥肝的重量分级。

（二）鹅肥肝的感官评定

1. 感觉　鹅肥肝的等级不应单独用重量来评定，还要考虑到质量。而质量主要是根据肥肝的大小、结构、色泽、气味等方面，所给予肥肝分级员总的感觉来评定。例如，有些特别大的肥肝，重量达 1 000 g 以上，但颜色很浅，肝的结构几乎全部消失，质地很软，还有破损和瘀血，这种肝一经煮沸，就会因脂肪渗出而收缩，因此这种大肥肝就不能算作优质级肥肝；相反另一种肥肝重量不到 600 g，但结构光滑，质地柔软而结实，无血斑，色泽呈淡黄或粉红色，肥肝虽小，却可列为优质级肥肝。当然质量相同的肥肝，重量越大越好，比如一只重量只有 300 g 的鹅肥肝，是绝对不可能列为优质级肝的。而同等体积的两只肥肝，结构结实而无血斑的肥肝，当比松软而有瘀血的肥肝级别高。

2. 组织结构　肥肝的质量与组织结构有密切关系。肥肝应结构光滑、无斑点（血斑或瘀血）、无病变。肥肝的质地应柔软而结实，既不要太硬（脂肪太多），也不要太软（脂肪不足或肝变性）。不同组织结构的肥肝其成分亦不同，参见表 4-2。所以肥肝的质量还要按照肥肝的组织结构来评定。

表 4-2　不同组织结构的肥肝成分比较

肥肝结构	脂肪（%）	蛋白质（%）	碘价
正常肥肝	46.4	9.6	57.7
硬　肝	38.1	11.2	62.0
软　肝	33.8	10.8	80.6

3. 色泽和气味　肥肝的色泽与饲养有很大的关系，特别是与填饲所用的玉米质量有关。但国外对肥肝色泽的看法还不一致，高质量的肥肝可能是玫瑰色的，也可能是黄色的或粉红色的。在法国朗德省和热尔省生产的鹅肥肝，一般颜色较浅；而在法国佩里戈尔地区、匈牙利和以色列产的鹅肥肝，颜色则较深，呈浅赭色。在鹅肥肝的下部，往往有一条颜色较深的瘀血斑块，这主要是局部受压所致；但在肥肝中如出现较多的血斑，说明是在填饲、运输或屠宰过程中，鹅体受伤所致，血斑较多就会影响肥肝的质量

和售价。此外，肥肝应无异味，煮熟后有独特的芳香味。

（三）鹅肥肝的评定分级

为了便于掌握，生产中常常综合成表格（表 4-3），以对鹅肥肝的质量进行评定分级。

表 4-3 鹅肥肝的评定分级

肥肝等级	重量（g）	感官评定
特 级	600 以上	结构良好，无内外斑痕，呈浅黄色或粉红色
一 级	350～600	结构良好，无内外斑痕，呈浅黄或粉红色
二 级	250～350	允许略有斑痕，具脂肪感，柔软而结构清晰
三 级	150～250	允许略有斑痕，颜色较深

由于我国目前肥肝仍处于少量生产和出口阶段，收购评级只能分为两级，即 300 g 以上的一个等级；200～300 g 的一个等级。

第五章　活拔鹅毛绒技术

活拔鹅毛绒是一项以生产毛绒为主的新的养鹅生产技术。鹅的羽绒具有柔软、轻松、弹性好、吸水性小、可洗刷、耐磨、保温性好的特点，其用途十分广泛。经水洗消毒后的鹅羽绒，可充填制成各种羽绒制品或制作各种工艺品、装饰品等，羽绒还是我国传统的出口商品，占世界羽绒贸易量的1/3以上，至今已有100多年的历史，产品主要销往北欧、美国、日本等地。由于我国长期以来沿袭一次性宰杀的鹅羽绒集取方法，进行水烫取毛或蒸拔取毛，工艺落后，产量有限，质量较差，远不能满足国内外市场的需求。活拔鹅毛绒，是指利用人工技术拔取活体鹅的毛绒，而以生产毛绒为主要目的而饲养的鹅称为活拔毛绒鹅，简称绒鹅。活拔鹅毛绒改变了过去那种宰杀后才拔一次毛的旧习惯，是我国新兴起的毛绒生产技术，被称为“羽绒生产上的一项革命”。其优点是：①产量高。成年鹅每只每年可拔毛绒5～6次，计重0.8～1 kg，而采用宰杀烫煺一次性取毛，每只仅获取0.1～0.2 kg毛绒。②质量好。活体拔取的毛绒中“飞丝”(羽毛断碎后产生的单羽丝）少，不混其他杂毛，采集与收购时可分色存放，制成的羽绒服无“印花”现象。③蓬松度好。由于“活拔”不经热水浸烫，因而绒毛蓬松良好，在制作中既能简化工序，减少工时，又能节省原料。④有利于鹅的综合利用。肉食和生产肥肝的鹅平均饲养期为5～8个月，3个月龄的中龄鹅饲养到屠宰前1个月可以拔取毛绒3～6次。产蛋鹅可利用休产期拔毛绒1～3次。雄性鹅更是活拔毛绒的理想对象。由于活体拔取毛绒，能多次反复地进行。因此，即使在不增加鹅只饲养量的情况下，也可达到增产增收的效果。

活拔鹅毛绒技术，操作简单，不需添置设备、器械，只要多拔几次就可熟练掌握，便于在养鹅生产中推广作用。这对于充分利用我国丰富的鹅种资源，发展羽绒生产，提高养鹅业的经济效益，无疑是一条新的途径。

第一节　羽绒的形成和分类

一、羽绒的形成与生长发育

鹅与其他鸟类一样，除了喙、跖、蹼之外，整个表面覆盖有羽毛，是体温的绝缘体，也是肌体的重要组成部分。对鹅（鸭）的羽毛，人们为了区别于其他羽毛，习惯称之为“羽绒”。

鹅的羽毛形成于胚胎发育期。受精卵孵化 8 天以后，羽毛便开始形成，逐步形成雏羽（或称幼羽）。出壳前数天雏羽完全成熟，覆盖雏鹅全身。但鹅的表皮的毛囊和羽毛的迅速发育期是在 3～8 周龄期间。因为刚出壳的雏鹅其雏羽要经数次脱换，2 周龄后，雏羽逐渐脱换为青年羽，8～12 周龄期间，青年羽又逐步脱换为成年羽。从雏鹅初生至 12 周龄之间，不仅肌体要生长发育，还要频繁更换羽毛，所以应加强营养和管理。如果在这个期间内，环境条件和营养状况不好，更换羽毛的过程就会延长，并且会影响羽绒质量和肌体的健康。成年羽在一般情况下，一年更换一次，人们所利用的就是成年羽，也就是人们常说的“羽绒”。

二、影响羽绒数量和质量的因素

鹅羽绒的数量和质量，与许多因素有关。除了与其收取方法有关以外，还有下列一些主要因素：

（一）气候

羽绒主要起调节体温的作用，其数量与质量随季节的不同而不同，实质上就是因气候变化而变化。冬季鹅的羽绒，数量较多，绒层较厚，含绒量较高，质量好。如果把冬季羽绒中纯绒含量作为100，那么到夏季就减少到只有60～80了。

（二）品种

鹅的品种不同，羽绒的产量和质量也不同。一般来说，体型越大，产羽绒越多。白羽品种鹅羽绒的质量，好于灰鹅品种。从出售价值来看，白色羽绒比灰色羽绒高20%左右。

（三）饲养管理

在水、草、料丰盛时，鹅体生长发育正常，羽绒数量多、质量好，富有光泽；营养不足时，羽绒失去光泽，数量减少，质量降低；当营养缺乏时，甚至会大量掉毛。尤其当饲料中缺乏维生素A时，羽毛粗乱，易被水浸湿。棚舍不干净，草屑、灰沙、粪尿会污染羽绒，时间一长，羽毛顶端变成深黄色，这种毛叫深黄头，质量明显下降。

（四）生长部位

不同部位的羽绒，其数量与质量也不同。据对12月龄皖西白鹅春季羽毛测试分析，在羽绒总重量中，胸部的占18.07%，腹部的占10.56%，背部的占24.37%，腿部的占4.68%，颈部的占12.82%，翅尾大羽占29.50%。在鹅体全部羽绒中，绒含量占16.58%，各部位绒含量分别是胸部25.05%，腹部25.17%，背部21.99%，腿部25.54%，颈部16.50%。公、母鹅各部位绒朵直径的长径（mm），胸部为28.65、25.87，腹部为26.18、25.01，背部为24.24、23.82，腿部为25.08、20.75，颈部为24.60、26.70。可见胸、腹、背、腿部绒朵的长径，公鹅大于母鹅，颈部则反之，母鹅大于公鹅。公、母鹅各部位绒朵直径的短径（mm），胸部为21.13、22.35，腹部为19.73、21.56、，背部为18.53、19.20，腿部为 18.17、15.83，颈部为 18.56、21.70。可知胸、腹、背部、颈部绒朵短径母鹅大于公鹅，而腿部是公鹅大于母鹅。

三、羽绒的分类

羽毛是禽类皮肤上特有的衍生物，除了喙和脚面外，覆盖身体表面，是保持体温的绝缘体，对于飞翔极为重要。从外表看，鹅的周身全由一种羽毛覆盖，而实际上由多种羽毛构成。按照羽毛结构的不同，可分为正羽、绒羽、纤羽、粉羽、半绒羽等。它们共同构成肌体的表皮特有的构造，维护肌体的健康。

（一）正羽

覆盖体表的绝大部分，成熟后可分飞翔羽和体羽。它形成了禽体外形基础，构成了流线型轮廓，在防止机械伤害和体热散失方面起着主要作用。飞翔羽又分为附在掌骨上的主翼羽和前臂上的副翼羽。尾部的飞翔尾称为尾羽。正羽的主要特点，是由上行性羽小枝与下行性羽小枝，互相钩连而形成的膜状羽片。如果小钩脱开，就像拉链那样很容易恢复交织状态。

（二）绒羽（又称绒毛）

包括新生雏的初生羽及成鹅的绒羽。绒羽被正羽所覆盖，位于翼的基部，密生皮肤表面，外表见不到。绒羽只有短而细的羽基，柔软蓬松的羽枝直接从羽根发出，呈放射状，形如绒而得名。绒羽有羽小枝，但枝上缺小钩。绒羽起保温作用，它在胸、腹部分布最广。

（三）纤羽（又称毛羽）

分布于身体各部。长短不一，细小如毛发状，比绒羽还细小，羽基细长，只有羽基顶端才有少而短的羽枝。在拔去正羽和绒羽后，就可以见到纤羽。

（四）粉羽

能散发一种细小的由约 1 μm 直径角质颗粒组成的粉粒，或者似乎作为正羽的一种防水涂料，大多数具有绒羽的构造，但也有的是半绒羽和正羽。

（五）半绒羽

具有大的羽杆和蓬松的羽片，大多数处于正羽下面并起保温隔热作用。此外，还有各式各样的中间类型的羽毛。

按商业收购部门划分，羽毛分为毛片和绒子。①毛片：生长在鹅身体各部位，其羽干上部为羽面，下部为羽丝；②绒子：生长于鹅身体羽毛的内层，紧贴于皮肤，它没有羽干，有一绒核放射出绒丝呈朵状，又称为绒朵。

第二节　羽绒的收集方法

鹅的羽绒柔软轻松、弹性好、保暖性强，经加工后是一种天然的高级填充料，可制成各种轻暖的防寒服装，如羽绒服、羽绒背心、羽绒裤和羽绒大衣等；也可以加工成羽绒被、羽绒枕头、羽绒睡袋以及羽绒垫子等高档卧具。鹅毛还是制作羽毛球、羽毛扇和羽毛画的原料。鹅毛中的下脚料可加工羽毛粉，作为家禽的蛋白质补充料；或者粉碎后连灰沙杂质等一起作为农用的有机肥料。合理采集羽绒是提高羽绒产量、质量和利用价值、经济效益的关键。所谓合理采集羽绒就是按照羽绒结构分类及其用途分别采集，以使各类羽绒完整无损，不污染，不混杂，分别整理、包装，提高羽绒综合利用的价值。我国的鹅毛收集，历来沿袭宰杀后拔毛的方法，即宰杀后一次性把周身羽绒全部取下来的方法。就拔毛方式看，可分为干拔鹅毛、水烫鹅毛和蒸拔鹅毛等三种。

一、干拔鹅毛

在宰鹅后放血将尽而屠体还温热之际，手工将鹅的羽毛迅速拔下。这样干拔的鹅毛，质量较好，色泽光洁，杂质也少，但较费人工，大批集中宰杀时不易做到，目前仅在少数地区的农家采用。随着养鹅专业户和屠鹅专业户的兴起，专业户为了提高鹅毛质量和售价，采用一种改进的干拔鹅毛法，就是在大量鹅集中宰杀放血后，分批将屠体放在70℃的热水中稍泡一下，然后挂起沥去水分，擦干毛片，使屠体受热皮肤毛孔舒张，然后趁热拔去羽毛，再将内层较干的绒朵用手指推下，从而大大提高拔毛的工效。这和以往匈牙利农民宰鹅后用烫衣服用的电烫斗烫鹅体表面以利于拔鹅毛的原理是一致的。这种方法对提高鹅毛的质量是有效的，值得推广。

二、水烫鹅毛

这是我国绝大多数农家传统的拔毛方法。宰鹅放血后浸入70℃左右的热水中，水烫后再拔毛，这种方法羽毛容易拔下，但鹅毛经热水浸烫后，弹性降低，蓬松度减弱，色泽受到影响。加上白鹅毛、灰鹅毛混杂一起，鹅毛中最珍贵的部分——“绒朵”，混浮在浸烫的热水中常随水一起倒掉。至于一些家禽屠宰场，虽有屠宰流水线，屠体经浸烫后由脱毛机脱毛，但不少“绒朵”亦常随水一起流失；屠宰场往往又同时缺乏羽毛脱水烘干装置，依靠日光晒干。在湿毛晒干过程中，如遇到持续阴雨天气，鹅毛易结团、霉烂变质；即使天气晴朗，“绒朵”亦易随风飘失，同时又常混进灰沙杂质，再加上鹅毛在流通过程中有意识的掺杂，严重影响鹅毛的质量。

今以江苏和安徽一带收购的水烫鹅毛为例，把能够使用的“毛片”、珍贵的“绒朵”、使用价值很低的“翅梗毛”（其中部分可做羽毛球和羽毛扇原料）和灰沙杂质所占的比例，列于表5-1。

表 5-1　水烫鹅毛原毛中各种成分比例　%

名　称	夏秋季鹅毛	冬春季鹅毛
毛　片	40	41
绒　朵	7	11
翅梗毛	27	32
灰沙杂质	26	16
合　计	100	100

由表 5-1 可见，虽然冬春季产的鹅毛含绒量高于夏秋季产的鹅毛，质量要好些。但其可以利用部分亦只占 50%多点，其中含绒量也只有 11%。而外贸部门出口鹅毛原毛的最低要求是："毛片"占 70%，"绒朵"占 15%，其他杂次品总量不超过 15%（其中最高允许量为"薄片"5%，鸡毛 1%，灰沙杂质 9%）。对照出口要求，目前国内收购的水烫鹅毛，质量是很差的，必须经过加工处理，把占羽毛重量一半左右的翅梗毛和灰沙杂质去掉，才能作为出口的原料，供加工使用。

三、蒸拔鹅毛

蒸拔鹅毛法是近几年来人们为了提高羽绒的利用价值，按羽绒结构分类和用途采用的一种采集羽绒的新方法。这种方法采用的工艺原理是活体拔取羽绒方法和水烫法的有机结合，达到分类采集羽绒的目的，提高含绒比例，做到羽毛和羽绒分别出售，提高经济效益。具体做法是：在大铁锅内放水加温使水沸腾。在水面 10 cm 以上放上蒸笼或蒸篦，把宰杀沥血后的鹅体放在蒸笼或篦子上，盖上锅继续加温，蒸 1～2 分钟。拿出来先拔两翼大毛，再拔全身正羽，最后拔取羽绒，拔完后再按水烫法，清除体表的毛茬。使用这种方法应该注意的是：①往蒸笼内放鹅体时，不要重叠、挤压，要把鹅体放平，使蒸汽畅通无阻地到达每只鹅的每一个部位。②鹅体不能紧靠锅边，防止烤燃羽绒。③要严格掌握蒸汽的火候和时间，严防蒸熟肌体和皮肤。掌握蒸汽火候和时间的办法是：烧火人员和掌握熏蒸的人员要相互配合，特别是掌握熏蒸的人员要看蒸汽情况灵活掌握，蒸1分钟左右，应揭开锅盖将鹅体翻个儿，再蒸1分钟左右，拿出来试拔翅翼的大毛，如果顺利拔下，说明火候正好，可以拔取；如果费力大，拔不下来，就再蒸1分钟左右。④拔取羽绒顺序是先拔体羽，后拔绒羽。拔取的手法按活拔羽绒的手法进行（参看活拔羽绒的方法）。

这种方法能按羽绒结构分类及用途分别采集和整理，也能使不同颜色的羽绒分开，不混杂，更主要的是能够提高羽绒的利用率和价值。但该方法比较费工，需要多道工序，用劳力较多，尤其是拔完羽绒后，屠体表面的毛茬难以处理干净。有时拔取羽绒操作人员技术不熟练或者应用手法不当，会将绒子拔断，形成飞丝或半朵绒。

值得指出的是，采用我国传统的“杀鹅取毛”法，在鹅的一生中只能采一次鹅毛，大大限制了鹅毛的产量，是目前鹅毛供不应求的主要原因。因此，大力推广鹅的活体拔毛技术，势在必行。

第三节　活拔毛绒鹅的选择

与传统的羽绒收集方法相比，活拔鹅羽绒是一项极有推广价值的实用新技术，但并不是所有的鹅都可以用来活拔，不是什么时候都可以活拔，不是任何部位的羽绒都有必要拔。事实上，活体拔毛一定要和当地的气候、养鹅的季节相结合，尽可能做到不影响产蛋、配种、健康，尽可能不影响或少影响鹅的生长发育，这是一个基本的前提。

雏鹅、中鹅由于羽毛尚未长齐，不能活拔羽绒。在羽毛已经长齐的鹅中，也不是每只鹅都能活拔。体弱多病的鹅，营养不良，拔出的毛常会带有肌肉、皮肤微块，影响羽绒质量，加之其适应性差，抵抗力弱，拔毛的刺激会加重病情，容易引起感染，甚至造成死亡。处于产蛋季节的母鹅，已经消耗较多的营养，拔毛的刺激会降低其采食量，以后长毛又要消耗一部分营养，会使鹅营养不良，影响产蛋和种蛋的质量。据试验，拔毛后第一周，产蛋量显著下降，不论拔毛多少，均减少1/3～2/3，直到2～4周仍未恢复；种蛋受精率也显著下降，未拔毛的对照组为90%，拔毛的试验组仅为70%。正在换毛的鹅，活拔时极易拉破皮肤，血管毛也较多，含绒量少，无论是鹅绒质量还是胴体质量均较差。因拔毛可能损伤皮肤，在屠体上留下斑痕，影响外观品质，所以对需要整只出口的肉鹅，不宜进行活拔羽绒。饲养5年以上的鹅，新陈代谢能力弱，毛绒再生能力差，毛绒量也少，不适于活拔。

值得注意的是，近年来国内外市场对填充羽绒的质量要求越来越高。如果用优质的白色羽绒作为填充原料，不会产生“印花”现象，能保持时装颜色的美观。白色羽绒在市场上较为畅销，价格相对贵些，所以活拔鹅毛绒最好选择白毛鹅，体重小的杂色鹅不宜作为活拔毛绒的对象。根据各地的生产经验，对下列几种健康鹅进行活拔羽绒，能取得较好的效果。

一、休产、休配期白色种鹅

南方鹅种5月份左右陆续停产休配，到10月初才开始产蛋。在这段休产、休配期间，当地的饲草饲料条件仍然较好，可以进行活拔羽绒4～5次。北方鹅种停产休配期正值秋末冬初枯草期，如能做好防寒供料工作，也可以适当拔毛。最后1次活拔的时间与开产、开配时间的间隔至少要有2个月，以便恢复体力，不影响繁殖。

二、后备白色种鹅

早春孵出的雏鹅，到5—6月份毛已长齐，留作后备要到10月初新毛再长齐方开始产蛋，可以在换毛前开始拔毛，约可拔 4 次毛。

三、生产肥肝的白色鹅

肉用仔鹅放牧饲养到 80～90 日龄时，羽毛虽已长齐，但鹅体还未长足，还不能立即用于填肥生产肥肝，要再养 1 个多月，恰好可以活拔 1 次鹅毛，等新毛长齐后再填饲，如果这时恰值高温季节，不宜生产肥肝，也可以再连拔 1～2 次羽绒，等到秋凉以后新毛长齐再进行填肥。

四、肉用白色仔鹅

肉用仔鹅养到 80～90 日龄，羽齐肉足，已可上市，一般不进行活拔羽绒。因为这时产毛量少，含绒率低，绒朵较小，而且活拔羽绒会影响上市仔鹅外观品质。前苏联扎尔科娃对 11 个品种鹅进行活体拔毛试验，发现所有品种在 10 周龄时没有成熟的绒毛和羽毛的比例较高，没有成熟的绒毛多数在 5%以上，最高为 13%；没有成熟的羽毛多数在 10%以上，最高达 24.1%，因此认为 10 周龄鹅活拔毛是不适的。但是，如果当地饲料条件丰盛，仔鹅上市集中，价格不高，就可以拔 1 次或几次羽绒，让仔鹅继续长肉增膘，延迟到价格较高时再出售，这样既有活拔羽绒的收入，又有价格升高的增收额，总体上可能超过延长饲养时间增加的投入。

寒冬腊月时，天气太冷，拔毛会显著降低鹅体调节体温的能力，同时外界水冷草枯，饲草饲料的量与质一般都不理想，一般不进行活拔羽绒。阴雨连绵、卫生状况不好时，也不宜拔毛。

活拔羽绒需要的是绒子和长度在 6 cm 以下的毛片，因为它们具有较高的经济价值。这两种羽绒主要集中在胸部、腹部、腿部、肩部、背部、尾根部、两肋，故而拔毛也就在这些部位。颈子的下部、翅膀的下面，也有一定的数量的羽绒，也可以拔。其他部位的羽绒，含绒子、绒片较少或很少，一般不拔。鹅活拔毛的经济效益与拔毛量、含绒率有关。据四川省营山县畜牧局李明全分析，拔毛量与含绒率之间呈极显著负相关，故而拔毛时不能只求拔毛面积，应该在绒毛多的腹、侧面多拔，绒毛少的肩、背、颈处少拔，绒毛极少的腿脚与翅膀处不拔。另外，鹅翅膀上的羽毛和尾部的尾羽，主要是羽轴粗壮、羽毛硬直的“翅梗毛”（大羽），不能作高级填充料，只能作为羽毛球、羽毛扇的原料，价值不高，原则上不拔，但种鹅的休产换毛期强制拔羽除外。

第四节　活拔羽绒操作技术

活拔羽绒均是手工操作，因此操作人员必须熟练掌握活拔羽绒的操作技术，以便减轻鹅的应激反应，提高活拔羽绒的质量。

一、拔毛前的准备

为了保证活拔鸭绒的顺利进行，提高工作效益和羽绒质量，在拔取之前要做好有关的准备工作，主要有 3 个方面：

（一）人员准备

活拔鹅毛虽是一项简单的手工操作，但对鹅来讲确是一种刺激因素，须有一定的技术和要求。在拔毛前，应对初次参加操作人员进行技术培训，同时给他们讲清科学道理，解除顾虑。初次参加这一操作的人员，往往认为从活生生的鹅身上拔毛，太残忍，看到拔毛后的鹅光秃秃、红点点、摇晃晃，就不愿动手或下手不力。实际上，活体拔毛是根据禽类自然换羽习性和羽毛再生能力的生物学特性，从实践中总结出来的实用技术，这正是人们利用自然规律为自己服务的具体表现。只要掌握正确的操作技术，是不会因为拔毛而出事故的。

（二）鹅体准备

初次拔毛的鹅在拔毛前几天，要进行抽样检查。用手在鹅的胸部将羽毛翻起来，看毛根是否已经干枯，看有无未成熟的血管毛。如果羽毛根部已干枯，皮肤中的一些血管毛刚刚显露，说明此鹅羽毛成熟，并将开始换毛，正是活拔羽绒的适宜时候。如果大部分毛根已干枯，一部分血管毛已经长出皮肤，说明这只鹅正在换毛，此时虽可拔毛，但产毛量与含绒率将有所下降。如果大部分羽毛为血管毛，说明旧毛已大部分脱落，新毛尚未长齐与成熟，不能拔毛。另外，在拔毛的前一天要停止喂食，只供给饮水。在拔毛的当天饮水也停止，以免在拔毛时鹅因受机械刺激，不时排出粪便污染拔下的毛绒及操作者的衣服。对羽毛不洁的鹅，在拔毛的前一天要让其在水内洗澡，或人工刷洗羽毛，去掉泥沙及污物，以获得更为干净、漂亮、高质的毛绒。检查时，将体弱有病、发育不良的鹅剔出来。拔毛前 10 分钟给每只初次进行人工拔毛的鹅灌 10 ml 白酒(不能用酒精)，能使毛囊扩张，皮肤松弛，既能使拔毛容易，又能减轻鹅的痛苦。

凡生长 3 个月以上，体质比较健壮的鹅，无论公母，都可以进行活体拔毛。但最好是饲养 1 年以后的成年鹅，这样的鹅所拔取的毛绒量多、质好，拔毛后体质恢复快。

（三）环境准备

拔毛要选择天气晴朗、温度适中的日子。地点要避风向阳，应在不通风的房间内进行，防止羽绒中绒子随风飘失。地面应打扫干净，铺上一层干净的塑料薄膜或者旧报纸，避免羽绒被尘土污染。室外要准备好围鹅用的栏，把鹅群集中在一起，便于捉鹅。室内要准备好放毛绒的容器，可用清洁的木桶、木箱，也可用硬板纸箱或塑料桶、盆等。容器最好深一些，既可多放毛绒，又可避免毛绒飘散到外面来。还要准备一些塑料袋、细绳，以便集中装毛。操作人员坐的凳子、秤要酌情配备。消毒用的红药水、药棉应准备好，万一拔毛带破皮肤时，可及时涂上消毒。有条件的，能备工作衣裤和口罩最好。拔毛环境内的有关器物，要求光滑细腻、清洁卫生，不勾毛带毛，不污染羽绒。

二、拔毛方法

拔毛时，操作者坐在一个 15～25 cm 高的小凳子上，两腿夹住鹅的身体，一只手握住鹅的双翅和头，另一只手拔取毛绒。拔毛的部位很广泛，颈、胸、腹、两肋及肩、背等皆可，也就是说除头、双翅及尾以外的其他部位都能拔取。以拇指、食指和中指捏住毛绒，用力要均匀、迅猛、快速。所捏毛绒宁少勿多，一把一把有节奏地进行，以防撕破皮肤，手指要紧贴皮肤，捏住毛的基部，这样能拔出完整的毛片或毛绒，不致将毛拔断。

拔毛的方向一般来说顺毛及逆毛拔均可，但背部和颈部最好是顺毛拔。因为鹅的毛绝大部位是倾斜生长的，如果顺毛方向拔不会损伤毛囊组织，有利于毛的再生。拔的顺序最好是先腹部，再转拔两肋、胸、肩、背颈等部位，切不可东拔一把，西拔一把，尽量把全身应拔部位的羽毛拔干净。随手拔，随手将毛放在容具里。

第一次拔毛时，鹅的毛孔较紧，比较费劲，需要的时间就多些，但以后再拔毛孔就松弛了，拔起来也容易了。一般说来，初学者拔完一只鹅大约需要十几分钟的时间。拔一只鹅约需 10 分钟，技术熟练者几分钟即可拔完。拔下的毛绒应放在一个干净的盆内，然后装入塑料袋中，装袋时要注意保持羽绒的自然状态和弹性，不要强压或揉擦，以免影响毛的质量，降低售价。

在操作过程中，如果不小心把皮肤拔破，用紫药水或碘酊涂擦一下即可。当拔破的部位较大、伤口较深时，为防止感染，涂完药后，应单独在室内饲养一段时间再放牧。但只要认真操作，拔破皮肤的现象完全可以避免。鹅的抗病能力和羽毛的再生能力都比较强，在皮肤有点破损时对其正常生长无不良影响。

三、活拔羽绒时间与次数

（一）活拔羽绒时间

毛绒开拔的时间应在鹅体各器官发育成熟时进行。雏鹅3月龄之后才能进行拔毛，此时翅膀羽毛全部长齐拼拢，全身绒毛丰满密被。

鹅的寿命较长，有的可以存活十几年。5～6年内是活拔毛的黄金时期。6年以后，由于机体逐渐老化，新陈代谢能力降低，毛绒再生能力差，毛绒减少，毛质也降低，即使拔取，经济效益也不高。鹅一年四季均可拔毛，但夏季最好，气候适宜，鹅又停产。春、秋季节正是产蛋期，影响产蛋量。冬季寒冷，没有保温条件的不能拔毛。但实验证明，在0℃左右，无保温条件情况下，拔后35天鹅照常长出完满的羽毛。低于－10℃，对羽毛生长不利。若加保温设施，如大棚、火炉等，冬季也可拔毛。

（二）活拔羽绒次数

一般拔毛后7天就开始长出小毛绒，35～40天就能生长完全，50～60天羽毛生长完毕，全身布满丰厚的羽毛，所以大约50天为一个拔毛周期。一只种用鹅利用换羽休产期，一年可拔毛3次。常年用来拔毛的鹅，一年可拔7～8次，这种情况不多。每次的拔毛量，大型鹅每次可拔80～100 g，小型鹅每次45～60 g。片毛尽量少拔，因为价格低廉，鹅消耗营养又大。饲养中应随时观察鹅羽毛的生长情况，根据情况来决定拔毛间隔的时间。饲养管理好的，羽毛生长快，拔毛的周期可以缩短，否则就相应要长些。

掌握了拔毛的时间和羽毛的生长规律，就可以做到常年养鹅，定期拔毛了。尤其是种鹅的保种成本，可大大降低，这对充分利用鹅的产蛋年限优势，发挥优秀种鹅的种用价值，获得较多的优秀后代，更快地开展选种选配工作，很有积极意义。

四、拔毛中出现的问题及处理方法

（一）毛片大难拔

拔毛时，遇到有较大的毛片不好拔时，可以采用以下办法：一是对能避开的毛片，可避开不拔，只拔绒朵；当毛片不好避开时，可先将其剪断，然后再拨，剪毛片时一次只能剪去一根，用剪尖从毛片根部皮肤处剪断，注意不要剪破皮肤和剪断绒朵。

（二）毛绒根部带肉

健康的鹅拔毛时羽绒根部是不会带肉质的，如遇到少许毛绒根部带肉质，拔取时动作可以稍慢一些，每次抓拔的根数要少些，耐心细致地拔。如果大部分毛绒都带肉质，表明这只鹅营养不良，此时应该暂停拔毛，待喂养育肥后再拔。

（三）脱肛

由于拔毛绒操作的强烈刺激，有的会出现脱肛现象。一般不须任何处理，过1～2天就能自然收缩恢复正常。也可采用0.2％的高锰酸钾液冲洗肛门，以防肛门溃烂。

（四）精神不振

拔毛后有不食不饮，走路提腿，摇摇晃晃，喜站不伏等情况，均属正常，一般经1～2天自然消失。至于有个别鹅打蔫不喜食，是因拔毛时受刺激较重，体温升高，过2～3天就能恢复正常。拔毛后3天内应关在圈舍中饲养，不让鹅下水洗浴、淋雨或曝晒，以免着凉引起疾病的发生。拔取毛绒后5～7天可以下水活动，但个别鹅皮肤拔破较多，应适当延长室内饲喂的时间，等伤口基本长好后再下水。因为鹅是水禽，拔毛绒后，下水与不下水情况大不一样，常下水活动的鹅，绒毛重新生长快，洁白有光泽。不常下水的鹅绒毛生长慢，光泽也差一些。

（五）伤皮和出血

在拔毛过程中，如果不小心把皮肤拔破，用紫药水涂抹一下即可。流一点血不要紧，等拔完所有的毛绒后，在伤口上涂少许紫药水可照常饲养。如果皮肤拔破严重，为防止感染，涂药水后先在室内饲养一段时间再放牧，由于鹅抗病能力和再生能力都比较强，一般破点皮对其正常生长没有不良影响。如果伤口大，则要缝合，作抗菌处理，并养在室内一段时间才可放牧。鹅体温较高，通常在 41～42℃，所以拔毛后体表一般不易被细菌感染。

五、药物脱毛方法

鹅活体药物脱毛就是利用药物把活鹅身上的绒毛脱下来，不用杀鹅，就能增加羽绒产量，而且还可以提高羽绒质量。活鹅拔毛，有时会将鹅的皮肤被扯破，容易造成感染。采用活鹅药物脱毛，则可避免上述情况的发生。每只成年鹅每年至少可药物脱毛 3 次。肉食鹅平均饲养期 6～10 个月，在出生后 3 个月到屠宰前 1 个月，可以药物脱毛 2～4 次；产蛋鹅可利用休产期进行药物脱毛。这样，在不增加饲养只数的条件下，一只鹅可以反复多次药物脱毛。这项技术既简单又容易掌握，经济效益高，社会效益明显。

（一）脱毛药品名称及用药剂量

鹅活体药物脱毛所用的药品叫复方脱毛灵，又称复方环磷酰胺。每千克体重用药剂量为 45～50 mg。

（二）投药方法

一人固定鹅并将鹅嘴掰开，另一个人将计算好的药物投入鹅舌根部，用 25～30 ml 清水送下。投药时，如用胃管将药直接送到胃内更好。服药后让鹅多次饮水。鹅服药后 1～2 天食欲减退，个别鹅排出绿色稀便，3 天后即可恢复正常。

（三）脱毛原理

环磷酰胺是一种潜化型氮芥类药物，本身无活性，进入体后经过肝微粒体的氧化酶代谢后，生成活性代谢物，抑制细胞生长繁殖，经一定时间后毛根变细，易于脱落。据测定，服药后 1 小时血浆中药物浓度达到高峰，半衰期为5～6小时，48小时后药物排出99%以上，肉中无残留，只是在肝、肾、脾、膀胱中有微量残毒，对鹅无危害。

（四）拔毛方法

服药后13～15天拔毛绒。拔毛前，鹅要停食1天，拔毛前1天让鹅下水进行洗浴，使其身体干净，保证绒毛质量。拔毛前不必灌酒麻醉。拔毛方法是：操作者坐在小凳上，双腿夹住鹅体，用一只手抓住鹅头将颈拉往后背，使鹅的胸腹部朝上，另一只手的拇指、食指和中指捏住毛片顺茬往下拔，先拔毛片，后拔毛绒，分别存放。拔毛的顺序为：颈下部、胸、腹、两肋、腿、肩和背部。翎毛一般不拔，如需要时可用钳子夹住翎毛根用力一次拔出。不能损坏羽面。拔毛时不慎拔破皮肤要涂碘酊，防止发炎。

（五）拔毛后的护理

鹅拔毛后5～7天后就可以下水活动。多喂含蛋白质高的饲料，补喂少许羽毛粉和食盐效果更好，能促进新羽生长发育。8～10天即长出新羽，2个月后又可进行第二次药物脱毛。北方冬季寒冷，鹅的毛绒质量好，价值高，如果在暖舍或塑料大棚内饲养也可以药物脱毛。

鹅药物脱毛的关键是掌握好药物的剂量；药品保管时要避免防潮，勿氧化失效；鹅服药后，要注意观察，不要让鹅把药片吐出来；弱、病、老鹅（5年龄以上的）及即将出口的鹅，不宜药物脱毛。

第五节　活拔羽绒后的饲养管理

活体拔毛对鹅来说是一个比较大的外界刺激，鹅的精神状态和生理机能均会因之而发生一定的变化：一般为精神委顿（俗称“发蔫”），活动减少，喜站不愿卧，行走时摇摇晃晃，胆小怕人，翅膀下垂，食欲减退，有的鹅甚至表现体温升高、脱肛等。上述反应一般在第二天可见好转，第三天就基本恢复正常，通常不会引起疾病或造成死亡。但经过活拔羽绒，鹅体失去了一部分体表组织，对外部环境的适应能力和抵抗力均有所下降。这时，如果不加强饲养管理，不给鹅只创造一个适宜的生活环境，它就会被淘汰。因此，为保证鹅的健康，使其尽早恢复羽毛生长，应加强拔毛后的饲养管理。

（一）创造一个适宜的生活环境

应将被拔去羽绒的鹅只放入舍内或屋内。舍内应保暖不透风，地面应平坦、干燥，并铺上新鲜干草。活拔羽绒后5～7天内，均应在舍内活动。如果是冬季，圈舍应盖塑料布保温或供热3～5天。

（二）防止烈日照射和下水

拔完毛的鹅全身皮肤裸露，3天内不要在强烈的阳光下放养，应在干燥温暖、清洁、地面铺以干净垫草的舍内饲养或舍附近放牧。3～7天内不要下水游泳和淋雨，放牧时不要在水源附近，防止透进水，使毛囊感染细菌而发病。夏季1～3天内还要防止蚊虫叮咬。

（三）加强营养

拔取羽绒后，鹅体不仅需要维持体温和各器官所需的营养，还需较足的营养成分供羽绒的生长发育，所以应加强鹅的营养，适当多给鹅只精饲料，给足氨基酸含量。拔羽绒后1～7天内，每日饲喂100～150 g混合精料。混合精料应该有豆饼、麸皮、玉米面、高粱粉、鱼粉、骨粉、羽毛粉等，以增加蛋白质和能量供给，促进羽绒生长发育。下列配方可供参考：玉米33%，麦麸30%，稻糠13%，豆粕（饼）15%，鱼粉5%，羽毛粉3%，微量元素0.5%，食盐0.5%。每只每天130～180 g。此外，还应有些青绿饲料。7天以后减少精料，增加粗饲料，多给青绿饲料。如果放牧，一定要去牧草丰盛的地方，让鹅吃好，另外应给予补饲。

（四）精心管理

活拔羽绒后要注意观察鹅只的动态，以便采取相应措施。鹅只在拔取羽绒后有不同的形态表现，如出现摇晃、长时站而不卧、食欲不振等，这种现象是鹅只应激反应，属正常现象，只要有适宜的环境及合理的营养，1～2 天内就可好转。如果拔羽后鹅只摆头、鼻孔甩水、不食、甚至不喝水，这是感冒症状，说明舍温低，应采取措施，并进行治疗。拔取羽绒后，如果拔破皮肤，应上药防止感染。

第六节　毛绒质量要求和检验方法

开展活拔鹅毛技术的目的，是为了取得高质量的羽绒，提高养鹅经济效益。羽绒市场上的毛绒是按质论价的，毛的含绒量越高，质量就越好，售价也就越高。

一、毛绒质量要求

外贸与供销部门对鹅毛绒收购与出口的质量要求主要有如下 4 个方面：

（一）质地纯净

毛绒不掺有其他杂质和其他畜禽毛。

（二）含绒量高

采用统价收购的鹅原毛，一般含绒量要求在 9%左右，若是活拔的鹅毛或是半成品的鹅毛（即经加工过），含绒量在 18%以上。毛片长度不超过 6 cm。

（三）“飞丝”、“黑头”含量低

毛片和绒朵被拔断了的羽丝叫“飞丝”，主要是由于拔取时操作不当引起的。“黑头”指异色毛绒。羽绒出口规定飞丝含量不得超过 10%，黑头（在白色毛绒中）含量不得超过 2%。所以在拔鹅毛过程中要认真按操作要求进行，尽可能避免飞丝、黑头产生。对白鹅绒毛上的异色毛，可先将其拔光另行存放，不能与白色毛绒混装。

（四）干净、干燥，不能受潮

要注意包装和保管。拔取的毛绒要用干净不漏气的塑料袋包装，外面套以编织塑料或麻袋，并用绳子捆紧，存放在干燥地方，再用木条或砖块垫高以免受潮。在贮藏过程中要经常检查，防止虫蛀变质，造成损失。

二、毛绒质量检验及产值计算方法

检验鹅毛绒质量，主要是测定毛片及绒子的含量，绒子含量高，等级也高。检验时，先从一批原毛（混合毛）中抽拣出有代表性的样品，称取一定重量，再分别挑选出毛片和绒子，称出各自的重量后，计算出毛片和绒子所占的比例。如毛绒合计重量为10 g，其中毛片重5.4 g，绒子重4 g，杂质（皮屑、灰土、杂物、水分含量等）为0.6 g，即此毛绒含绒量为40%，含毛量54%，损耗6%。毛、绒分价即是对鹅的毛、绒价格实行分别计算。这种检测方法速度慢，但准确度高。一般在基层收购单位验收时，大都采用眼看手摸的感观实践经验鉴定。测定含量后再分别计价。具体做法是：从交售的混合毛绒中随机检取小样，测定毛、绒各自所占的比例和重量，再分别乘以各自的单价，即可算出其价值。如交售混合鹅毛绒重500 g，检小样测出其中含绒40%，含毛54%，杂质6%，若以绒单价160元/kg、毛片单价2元/kg计，根据下式即可算得该混合毛绒的总值为32.54元。

绒值＝绒重量（含绒%×总重量）×绒单价

＝40%×500/1 000×160＝32（元）

毛片值＝毛片重量（毛片%×总重量）×毛片单价

＝54%×500/1 000×2＝0.54（元）

总值＝绒值＋毛片值＝32＋0.54＝32.54（元）

三、毛的等级划分

（一）一级毛（俗称冬春毛）

南方每年农历10月份至翌年3月份，北方9月份至翌年4月份。这个时期毛片大，绒朵也大而丰富，色泽好，手感柔软，弹性强，血管毛少，含杂质少，毛品质好，产量也高。含绒量在20%以上，杂质不超过8%。

（二）二级毛（俗称夏秋毛）

北方5－8月份采集的毛为夏秋毛，毛片少，绒子少，血管毛多，杂质多，毛的品质差，产量低。一般含绒量为20%以下，杂质不超过10%，杂毛1%以下，水分不超过10%，飞丝不超过绒子的5%。刀剪毛、手撕毛按杂质处理。

第七节　鹅羽绒的贮藏与初加工

一、鹅羽绒的贮藏

拔下的鹅羽绒不能马上售出时，要暂时贮藏起来。由于鹅毛保温性能好，不易散失热量，如果贮存不当，容易发生结块、虫蛀、霉烂变质，影响毛的质量，降低售价。尤其是白鹅毛，一旦受潮，更易发热，使毛色变黄。因此，必须认真做好鹅羽绒的贮藏工作。

（一）防潮防霉

羽毛保温性能很强，受潮后不易散潮和散热，在贮藏或运输过程中，易受潮结块霉变，轻者有霉味，失去光泽，发乌、发黄。严重者羽枝脱落，羽轴糟朽，用手一捻就成粉末。特别是烫煺的湿毛，未经晾干或与干湿程度不同的羽毛混装在一起，有的晾晒不匀或冰冻后未及时烘干，或存毛场潮湿，遮雨不严，遭受雨淋漏湿等，均易造成霉变。一定要及时晾晒，干透以后再装包存放。存放毛的库房，地面要用木杆垫起来，地面经常撒新鲜石灰，有助于吸水。通风要良好，有助潮气排出。

（二）防热防虫

羽毛散热能力差，加上毛梗（羽轴）中含有血质、脂肪以及皮屑等，容易遭受虫蛀。常见的害虫有丝肉黑褐鲤节虫、麦标本虫、飞蛾虫等。它们在羽毛中繁殖快，危害大。可在包装袋上撒上杀虫药水。每到夏季，库房内要用敌敌畏蒸汽杀灭害虫和飞蛾，每月熏一次。

（三）包装说明

包装袋上要注明品种、批号、等级及毛色，按规定进行堆放，防止标签脱掉或丢失，并定期检查，发现问题及时处理。

二、鹅羽绒的初加工

对拔下的羽毛进行简单加工，有利于贮存安全，保证毛的质量，提高售价。为此，可将拔下的鹅毛先用温水洗涤1～2次，洗去尘土和其他杂质。然后在草席、薄膜上或筛子里摊薄晒干，有风天时要用纱布罩上，防止被风吹散、飘失。晒干后用细布袋装好扎好，放置在通风干燥的地方，以备出售或进一步加工。

（一）洗涤

用60～70℃的温热肥皂水或洗衣粉水洗涤，除脂去污，然后用清水冲洗干净。洗涤冲洗时，不能过分搓拧，洗后用细布袋包装扎口，可放入甩干机内甩干，然后放在通风处或挂在通风处凉干。

（二）消毒

将凉干的羽绒，用细布袋包装扎口，放入蒸锅或高压锅内蒸30分钟，以达到灭菌目的，或在洗涤时，用无味灭菌消毒剂，如新洁尔灭、百毒杀等浸泡消毒5～10分钟，凉干即可用。

（三）使用

如做絮被填料，一般以 3 份毛片与 7 份绒混合；做絮枕头等填料，以 7 份毛片 3 份绒混合；做絮羽绒服，则多为纯绒，因为绒的保温、御寒能力远远超过毛片，而且质地松软、弹性好。

第六章　鹅的屠宰及肉蛋皮加工

加工，就是运用物理或化学等方法，对鹅及其产品进行一定的工艺处理，使其利用方便、贮存持久、风味增加、价值提高的过程。从广义上说，鹅的屠宰、冷藏，鹅体分割，制作各种鹅产品的制品，分级去杂，乃至烹调等，都属于加工。

鹅及其产品通过加工得到综合利用，这对于充分利用产品资源，满足市场多种需要，提高养鹅经济效益，保障人民身体健康，减少环境污染危害，增值、增利、增税、创汇等都具有极其重要的作用。

鹅及其产品的加工，随着养鹅产业化的推进、消费市场的扩大、科技成果的应用，也在逐步发展。可以预测，鹅及其产品的加工将从单纯的手工操作向机械化生产，从初级产品向系列深加工产品，从一次利用、几次利用向综合利用方向发展，加工的效率、深度和广度都将不断提高。

第一节　鹅的屠宰加工

鹅的屠宰加工是指将养成的活鹅，用人工或机械手段将其宰杀，并将鹅体上各类原料产品分别采集和整理的过程。鹅加工的第一步是屠宰。屠宰是以后各项加工和利用的基础，关系到鹅及其产品进一步加工的质量水平和卫生状况。以前，活鹅上市以后都是由消费者分散用手工屠宰，现在越来越多的地方是由专门的加工单位，用机械化的流水线集中屠宰。为了能得到高质量的鹅产品，除了前述掌握好各饲养管理环节外，活鹅的运输、质量检验、屠宰工艺则显得更为重要。若屠宰不好，将严重影响鹅产品的外观等级和商品价值。目前，国内鹅的屠宰加工还比较薄弱，屠宰加工厂较少，加工技术及工艺均比较落后，这是当前急需解决的重要问题，应引起各地有关部门的重视。

一、活鹅收购的质量检验与运输

活鹅的质量直接关系到鹅加工的质量。这一关不把好，轻则产品质量低劣，重则造成严重损失。因此，收购活鹅时必须严格检验。

首先，必须按照有关法规，由兽医卫生检疫人员对活鹅进行检疫，确实健康无病，取得合格、有效的检疫证明后，才能收购。市场检疫，主要是区分健康鹅、病鹅及可疑鹅。对于成群的活鹅，可以先大群观察，再逐只检查或抽样检查。

大群观察主要看鹅的精神状态是否正常，有没有缩颈、垂翅、羽毛松乱、闭目孤立等不正常情况；听鹅的呼吸是否急促或困难，有否发出“咯咯”、“咕咕”等怪叫声或气喘声。用竹竿略赶一下鹅群，看是否有跟不上群、伏地、只鸣叫不动弹的鹅。

逐只检查时，左手提握鹅的双翅，先看头部、口腔、鼻孔，再仔细观察眼睛。用右手触摸食道膨大部，判断有否积食，挤压时是否有气体或积水的感觉，倒提时口腔内有否液体流出。然后，拨开胸腹部绒毛，观察皮肤有无创伤，是否有发红、僵硬等现象。接着，检查肛门周围粪便污沾情况，观察肛门张缩情况及色泽。最后，将鹅提近耳边，轻拍鹅体，听其发声是否正常。

通过以上检查，可以发现病鹅和可疑的鹅。发现后应及时将这些鹅剔出，关入隔离圈，待进一步诊断后再按规定处理。同时，记录病鹅的只数、症状和检查、检验结果，了解同群鹅的产地、运输工具和运输路线，以便必要时采取应急措施。不同群的鹅，最好分别关在不同的圈内，如条件不许可，至少要将来自有疫情地区和无疫情地区的鹅分开饲养管理。

其次，必须对鹅的加工价值做出判断。对于仅以光鹅作为产品出厂的加工企业或专业户来说，通常采取统货按斤收购，不分肥瘦、公母、新老。这种办法虽简单易行，但做不到优质优价、劣质低价，也满足不了深度加工的需要，不宜提倡，应加以改进。鹅膘度的检验和公母的鉴别已分别在前面“鹅的饲养管理”和“鹅的孵化”中作了介绍。新老鹅的区别对于加工者来说是十分重要的，因为加工时两种鹅烫煺毛的水温和脱毛方法有所不同，商品价值也不一样。鹅的饲养年龄与个体体重有关，可作参考。从外形上也可作大体的区别。鹅达到 8～12 月龄时，头上喙的基部才会长瘤，老鹅的瘤在橘黄或橘红色中会起一层白霜状物，这些与新鹅不同。

活鹅收购的等级、规格，因各地的习惯、鹅的品种、加工用途的不同而不同。一般要求活鹅羽毛齐全，干毛平嗦，肥膘一般，无病无伤。例如江苏省某地的收购等级、规格如表 6-1 所示。收购来的活鹅，也有直接销售的，其等级与规格如表 6-2 所示。鹅的购销价格经常随市场供求变化而变动，一般来说等级高，价格也高，白鹅比灰鹅的价格也高。

表 6-1　活鹅收购等级与规格　kg

等级	规格	等级	规格
一级	2.75 以上	三级	2～2.25
二级	2.25～2.75	等外	1.5～2

收购来的合格活鹅应尽快调运给加工厂。活鹅的运输要求安全，努力防止或尽量减少掉膘减重。运输活鹅最好是水上赶运，既安全又省钱，也可以使用多种交通工具运输。用交通工具运装，应

装笼。运输前，应喂适量易消化的饲料。装笼时，再做一次健康检查，剔除病鹅。运鹅的笼底部最好垫些柔软的物品，如席片、稻草等，以防擦伤胸部皮肤，影响加工后屠体的等级。运输过程中，夏季要防止日晒和雨淋，冬季要防风、防冻。运输路途较远时，途中应适当供水，保持通风良好。水上赶运时，鹅群不宜过大，一般不超过 2 000 只。赶运的速度也不宜过快，以每天 15 km 为好，途中每天喂料 2～3 次。

表 6-2 活鹅销售等级与规格 kg

等 级	规 格	等 级	规 格
一 级	2.5 以上	三 级	1.75～2
二 级	2～2.5	等 外	1.5～1.75

二、待宰期的饲养管理

活鹅运到加工厂后，应当有一个待宰的过程。活鹅经收购、运输，由于环境改变及多种刺激，鹅易产生应激现象，精神紧张，身体疲惫，正常的生理机能受到抑制或破坏，抵抗力下降，血液循环不正常，血中微生物含量增加，表皮易充血，肌肉内所含的乳酸量增加，这时屠宰会影响屠体和肉的品质。

（一）检疫

活鹅运达后，先由兽医卫生检疫人员进行接收复检，并在待宰期的饲养管理中进行定人、定时观察检疫。复检合格的活鹅，应按产地、批次、强弱等分群、分圈饲养管理。发现病鹅要及时剔去隔离饲养，进行诊断和治疗。患中毒病的鹅，严格禁止混同大批健康鹅一起加工；患急性传染病的鹅，应当另行处理，不允许与大群健康鹅一起加工。允许宰杀的病鹅，应在专门的急宰间单独宰杀并处理。病鹅所接触的禽舍、场圈、食槽、水槽等，要消毒。其粪便等垃圾，要集中进行发酵或灭菌处理。不允许宰杀的病鹅，应及时做焚烧或深埋处理。

（二）休息

活鹅在运达后至宰杀前，应当给予12～24小时的休息，以消除疲劳，促使生理机能和血液循环逐步恢复正常，肌肉中的乳酸含量降低，有利于宰杀时充分放血，保证肉品质量。待宰圈或场地应防热、防晒、防雨、防冻，保持空气流通和环境安静。在管理中应避免剧烈运动、过度拥挤、恐吓、抽打，防止滑跌、挤压、争啄，以保证休息，提高胴体品质。

（三）停食

活鹅宰杀前应停食12～14小时。停食的时间与饲料的性质有关。喂青饲料的，停食几小时后即完全消化；喂干燥或浸泡不充分谷物的，一般停食9～14小时。停食能促进粪便排出，减少胃肠内容物，屠宰后便于拉肠去管。暂时的饥饿可促进蛋白、脂肪、糖元的分解代谢，有利于肉的成熟，改善风味。停食期间，每隔3小时扫除一次粪便，并缓缓轰赶鹅群，促进鹅只排泄。地面宜为水泥地，不应有泥土、沙石、杂草，以防鹅饥饿啄食。

（四）给水

停食时，必须给鹅充分的饮水。水槽的长度或水盘的数量要充足，防止因为抢着饮水而引起挤压。饮水可以保持鹅正常的生理机能活动，降低血液黏度，便于放血干净。宰杀前3小时要停止饮水，以免肠胃内含水过多，宰杀时流出造成污染。

（五）清洗

鹅在宰杀前要进行清洗，保证宰后的胴体清洁；可使鹅精神舒畅，脉搏增强，促进血液循环，做到放血完全，延长鹅肉的保存时间。可以在通道上设置数排淋浴喷头，在经过时完成淋浴；也可在通道上设置人造浅水池，任其走过，达到清洗目的。

三、屠宰加工程序

屠宰加工有多种方法，但是不论采用何种方法，均要按照屠宰加工程序进行。屠宰加工程序就是指分别采集鹅体上各类原料产品的顺序。一般屠宰加工程序是由宰杀沥血、浸熨脱羽、开膛取内脏和产品整理等工序组成。注意这个加工程序不适宜生产鹅绒裘皮的屠宰加工（本章第五节将予以介绍）。

（一）宰杀沥血

宰杀沥血是把活鹅杀死，采集鹅血产品的过程。在这个过程中沥血是主要的工作。沥血不仅能将鹅体内血液流出体外，使心脏停止跳动致死，把鹅血产品采集起来，而且沥血的程度直接影响鹅胴体及内脏的品质。如沥血干净，鹅胴体内无余血，表面无余血点，白净，外观美，肉的品质好，有利于市场销售。

目前有三种宰杀沥血的方法：一是颈部宰杀沥血法；二是口腔宰杀沥血法；三是颈侧静脉宰杀沥血法。这三种方法的主要区别是放血的方式不同。

颈部宰杀沥血法是我国传统的宰杀方法，应用比较普遍。具体做法是：操作人员将活鹅倒挂在屠宰架上，把鹅保定好，用一只手握住鹅头后颈部，另一只手用快刀将鹅颈部两侧血管和气管割断（有的还割断食管），让血从割断的静脉血管中流出，沥血2～3分钟死亡。这种方法鹅死亡快，但有时沥血不净，颈部不完整，刀口易污染，白条欠美观。

口腔宰杀沥血法又称舌根静脉放血法。具体做法是：操作人员将倒挂在屠宰架上的活鹅保定好，用双手将鹅嘴掰开，另一个人用剪刀将舌根两侧静脉剪断，使血流出，沥血3～4分钟死亡。此法颈部完整美观，但操作难度大，有时沥血不净，一般不常用。有的在做扒鹅时采用此法。

颈侧静脉宰杀沥血法的具体做法是：操作人员将倒挂在屠宰

架上的活鹅保定好，用一只手抓握头后颈部，两手配合摸准两侧静脉，用一只手固定住，并使静脉隆起，用另一只手将较粗的空心针头插入两侧静脉管内，使血液从空心针头流出，沥血 4 分钟左右死亡。此法沥血干净，皮肤完整美观，内脏干净无瘀血。

宰杀沥血虽然有几种方法，但在实际应用中，要根据产品用途及便于操作人员操作而决定，不能强求化一。

（二）浸烫脱羽

浸烫脱羽是用热水浸烫沥血后的鹅体，脱去鹅体周身羽绒的过程。具体做法是：将适度适量的热水放在较大的容器里，把沥血后的鹅体放入热水中，翻动数次，浸泡 1～2 分钟，使鹅体周身着水并使热水浸透羽绒，拿出来乘热用手工或机械把周身的羽绒拔下来，再人工拔净体表的细毛及毛茬，并用温水冲洗数次，洗净皮肤表面血迹、油脂及皮膜等。

应用浸烫法需注意的是：一要掌握好水温。一般情况下水温应控制在 60～80℃之间。水温与品种、日龄、气温均有关，如肉用品种要比绒用品种所需水温偏低；日龄短要比日龄长的鹅需用水温低些；冬季气温低要比其他季节需用水温高些。总之，要严防水温过高烫熟皮肤，也要防水温过低拔羽绒不干净，影响胴体质量。二要防止拔取羽绒时扯破皮肤，应顺着羽绒拔取，勿逆方向进行。在拔取翅毛和腿毛时，要随关节转动，防止掰断翅骨或腿骨，影响产品质量。

（三）开膛取内脏

开膛取内脏是分离胴体与内脏产品的过程，即将屠体体腔中的内脏去除，剩下净膛的白条鹅或光鹅的过程。目前有三种开口方法：一是腹部开口取脏法；二是翅下开口取脏法；三是背部开口取脏法。

腹部开口是一种较为普遍采用的方法，具体做法是：操作人员将鹅体背向下腹向上放在平台（或案板）上，用刀从腹部的中线肛门边开口（勿割破肛门及肠管），然后沿腹中线向上延伸 8 cm 左右，将腹肌割透，用手掰开取出内脏。

翅下开口的做法是：操作人员将屠体腹向下放在平台上，将屠体的右翅翻起，在右翅下用尖刀在肋下垂直下刀，切口深 3 cm 左右，顺肋延伸 8 cm 左右，形成月牙形开口，在月牙下推断左右两根肋骨，用食指深入内腔摘取内脏。

背部开口法应用较少，但在取肝时可用此法。做法是：以最后胸椎为起点，沿背中线向后到尾根部切开皮肤肌肉及骨骼，然后从起点再从左右最后一根肋各延伸 8 cm 左右，形成“T”形开口，掰开，先取出肝脏，再取其他内脏。此法要特别注意的是，用快尖刀时勿将内脏刺破，尤其要注意肝脏完好无损。

摘取内脏所采用的方法应依据产品用途及销售的要求而定。但不论采用何种方法，均应注意保持产品的完整无损，特别是在开口的过程中要掌握好分寸，严防损伤内脏。

（四）产品整理

屠宰加工的过程就是产品的采集和整理的过程。产品的整理就是要按照屠宰加工程序，对所获得的产品分门别类进行整理，以便提高产品的商品率及效益。产品整理方法要按产品的用途而定。

1. 鹅血的整理　鹅血有多种用途，因其容易腐败变质，应按用途及时处理。如食用，在采集血液过程中应加入适量食盐，屠宰后应及时加工，可加工血豆腐或血肠，供食用。如果是用于制药工业，屠宰后及时送制药厂加工。如果是用于饲料加工，应立即凉干或烘干。

2. 羽绒的整理　羽绒的整理比较复杂，主要是把不同用途的羽毛分别整理出来。如两翼的刀翎是做羽毛球的好材料，应单独整理存放。两翼的正副飞翔羽还可做羽毛扇、羽毛画及羽毛工艺品等，也应单独整理存放。此外还有水毛、尾毛等大羽毛，也应单独整理。其他羽绒含水量大，应晾晒或甩干去掉多余水分。

3. 鹅胴体的整理　开膛取出内脏后的胴体，首先应放在清水中浸泡 30 分钟左右，去掉内膛血水，洗净内膛和体表，擦净皮膜，存放待用。如果整体出售，就要整形包装，速冻冷藏。整体出售若是全净膛白条，除留肺与肾以外，其余全部内脏取掉（包括气管、食道、肫、肠、肝、胆、胰、脾、心、肛门、生殖器等）；半净膛白条，除肺、肾、肝、心、肫之外，其余去掉，但是要去掉肫内容物和角质膜。如果分割出售，就要按部位分割，分别包装，速冻冷藏。

白条鹅（光鹅）的分级标准不统一。有的要求外表光洁，无羽毛残留，表皮无破损，重量在 2.1 kg 以上的为一级，重量在 2.1 kg 以下、1.6 kg 以上的为二级。也有的从几个方面情况来分级，如表 6-3 所示。

表 6-3　光鹅的分级标准

等级	肌肉发育	胸　骨	皮下脂肪	血管毛	破皮外伤
一级	良好	尖稍露	布满全身，尾部显著（除腿、翅外）	个别	不超过 2 处，每处小于 1 cm^2
二级	中等	尖　露	有皮下脂肪层（除腿、翅及身体两侧）	少量	不超过 3 处，每处小于 1 cm^2
三级	较次	尖突出	尾部稍有	少量	不超过 3 处，每处小于 1 cm^2

4. 里四件与外四件的分割和整理　在分割鹅过程中，鹅体的一些副产品和内脏器官需分别加工，人们一般将鹅头、颈、爪和翅称“外四件”，而将鹅心脏、肝脏、肫（即肌胃）和肠称为“里四件”。在分割鹅时，对“里四件”和“外四件”的分割加工均有相应的要求：

（1）心。去心包，挤血凝块，水洗，修伤斑，擦干。若单独出售应单独包装，速冻冷藏；若随半净膛白条出售，清洗后放入腹腔内，随白条速冻冷藏。

（2）肝。去胆，修整（即胆部位和结缔组织），擦干血水。一般将摘胆后的肝放入白条腹腔内，随白条速冻冷藏，也可单独出售。

（3）肫。去腺胃，去脂肪和结缔组织，开剖，去内容物，水洗，去肫皮，去伤斑和杂质，擦干。注意在开刀摘除内容物和角质膜时，应横着开口，保持两个肌肉块的完整，提高利用价值。因肫的售价是白条的两倍多，最好是单独包装出售。

（4）肠。去肛门，去脂肪和结缔组织，划肠，去内容物，去盲肠和胰脏，水洗，去伤斑和杂质，凉干。整理鹅肠应去掉肠油，并将内外冲洗干净，单独包装，速冻冷藏。鹅肠过去是废物，现在比鹅肉价还贵。

（5）头。去毛，去嘴角皮，水洗口腔，擦干。

（6）颈。去毛，去斑痕和杂质，清除残留食管和气管，水洗，擦干。

（7）爪。去脚皮，去脚壳，修整，去伤斑和杂质，水洗并擦干。

（8）翅。去残留羽毛，修整，去伤斑和杂质，水洗，擦干。

5. 其他物的整理　胆和胰脏冲洗干净单独包装，可供制药厂加工药用物质。其他物可收集到一块，供饲料加工厂加工饲料用。

在屠宰加工过程中，鹅的各类产品的整理，是提高原料产品质量和效益的主要措施，应下功夫把这项工作抓好。

四、屠宰加工方法

鹅的屠宰加工方法要比其他家禽难度大，主要原因是鹅的个体大，鹅体上的产品种类多，价值高。特别是鹅的羽绒构成复杂，用途广，屠宰加工过程中要求保持各类羽绒的完整无损，这就给屠宰加工带来较大困难，使鹅的屠宰加工技术发展缓慢，至今机械化程度低，多数还是传统的手工作坊加工方式。这种方式不适应现代化商品生产，应加速这方面的科研工作，尽快实现鹅的屠宰加工机械化。

（一）人工屠宰加工方法

主要是指在屠宰加工过程中，采集和整理鹅的产品是人借助简单的设备和工具以手工操作完成的。具体做法要按屠宰加工程序进行。

1. 宰杀沥血　宰杀沥血所用的设备和用具有：屠宰架、接血用具和刀具。操作人员将接血用具放在屠宰架下，抓住活鹅倒挂在屠宰架上，并把鹅保定好，用一只手握住鹅的头后颈部，用另一只手持快刀将鹅颈部静脉和气管割断，使鹅血流入接血用具内，沥血数分钟即死。使用屠宰架主要是减轻屠宰人员的劳动强度，节约劳动力，利于保定鹅只，也有利于提高屠宰效率。

2. 浸烫脱羽　浸烫脱羽法所需设备及用具有：能够烧开水的锅炉、大锅及炉灶；能够用于浸泡鹅体的大缸或大锅；用于脱毛时放鹅体的平台或案板；用来装各类羽绒的用具以及清洗鹅体的水池或水盆、拔取小毛茬的尖嘴镊子。具体做法是：用锅炉或大锅烧足开水，将开水倒入浸泡鹅体的大缸里，使达到适宜的水温。将沥完血的鹅先拔去两翼大羽，放入调好水温的缸中，使水浸过鹅体，盖上盖闷 1 分钟左右，拿出来就可拔取周身的羽绒。如果多放几只，一定要上下左右翻转，使每只鹅体受水受热均匀，闷 1 分钟拿出拔取周身的羽绒。如果开始没有拔取两翼大羽，浸烫后应先拔取两翼的大羽，然后拔取体羽。拔羽绒时，不要贪多，防止拔破皮肤。拔取羽绒后，用温水冲洗体表，摄净小毛和毛茬，擦去皮膜，放入水池浸泡。

3. 开膛取内脏　开膛取内脏所需用具和设备有：放鹅体的平台或案板；开膛所用刀具；收集各类下货及胴体的用具等。具体做法是：将洗好的鹅屠体放在平台上，操作人员从屠体腹中线肛门边开口，沿腹中线延伸 8 cm 左右，割破腹肌，掰开取出内脏。

按照加工程序的要求，将各种内脏分别摘取，冲洗干净，分别包装，保存出售。

4. 产品的整理　产品的整理要按屠宰加工程序中的要求进行。但是，人工屠宰加工应及时随屠宰随整理产品。产品的整理主要是羽绒的整理费工费时间。羽绒不仅种类多，而且因水烫含有多余水分，需经过晾晒或甩干。晾晒时要注意将羽绒装在透水透气的袋中，或用网罩罩住，防止绒羽随风飘落。

（二）机械化屠宰加工方法

鹅的机械化屠宰加工是科技进步和社会发展的必然趋势，也是鹅的养殖及其产品开发必不可少的重要环节。因为在市场经济条件下，必须要提高产品质量，降低产品成本，扩大生产规模，否则就无竞争能力，就会被市场经济所淘汰。随着养鹅业产业化的发展，鹅的屠宰加工必须实现机械化。根据作者从事人工屠宰加工方面的实践，参照肉鸡屠宰加工机械化的方法，现提出以下方案，供读者参考应用。

屠宰加工机械化作业应按照屠宰加工程序进行设计和实施，使各类产品达到或超过规定的质量标准。鹅机械化屠宰加工工艺流程如下：

活拔大翎羽毛→电晕上勾→宰杀沥血（输送链下应有接血槽）→蒸汽烫羽→脱羽机脱羽（脱羽机下应有接羽的装置或设备）→石蜡脱羽→清洗→开膛取内脏→分割各类产品。

1. 活拔大翎羽毛　屠宰前应将两翼的刀翎、乌翎、尾毛及分水毛等大翎羽毛采集下来，分别包装出售。否则经脱羽机脱下的大翎羽毛，会使羽片受到破坏，变为废料。另外，经脱羽机脱羽后，这部分大翎羽无法挑拣出来，会影响羽绒质量。

2. 电晕宰杀　电晕主要是防止鹅在悬挂输送中活动，起到保定鹅的作用，这样有利于宰杀沥血。在宰杀沥血过程中应在输送链下放接血槽，将鹅血收集起来，进行加工利用。

3. 蒸汽烫羽　据人工屠宰蒸汽烫羽试验，证明其比热水烫羽使鹅体受热均匀，在短时间能够烫透羽绒内层，很容易把羽绒拔下来，且蒸汽烫羽设备体积小，浸泡时间短，能更好地保证羽绒的质量。

4. 脱羽机脱羽　不论是立式脱羽机或是卧式脱羽机，均应有接羽绒的装置或设备，严防绒羽随水流失。脱羽机脱羽应采用喷淋脱羽，因为鹅体经汽烫，本身带有的水分不多，脱羽机转动时，脱羽棒与鹅体干搅，容易损伤羽绒或皮肤，而且也脱不干净，会留有更多的毛茬。喷淋的作用是缓冲鹅体与脱羽棒的摩擦，并使羽绒随水流走，减少羽绒与脱羽棒的重复摩擦，起到保护的作用。另外，在脱羽机内不断喷淋，使鹅体脱羽比较干净，体表也清洁。喷淋应用热水，水温以50℃左右为好。

5. 石蜡脱羽　石蜡脱羽是利用石蜡溶液遇冷凝固的原理脱去绒毛及毛茬。鹅的羽绒比较难脱，人工拔羽后，还需用镊子拔去纤羽和毛茬，机械脱羽更是难以脱净。为弥补这一缺陷，可增加石蜡脱羽这道工序。比较理想的是采用石蜡与松香按一定比例配成的混合液，不仅可以脱去纤羽和毛茬，还能脱去体表的皮膜，使屠体表面干净洁白，提高胴体质量。

至于其他工序，可参照肉鸡屠宰加工工艺进行。

五、鹅肉新鲜度的检查

鹅肉新鲜度检查，主要是判断鲜鹅肉、分割肉及解冻肉的新鲜程度和利用价值。它是以测定肉腐败的分解产物及所引起的外观变化和微生物的污染程度作为依据的。

（一）感官检查

这是依靠人的感觉器官进行检查，方法简单易行，适宜作现场初步检查。国家标准如表6-4所示。但是，感官检查只有在肉已深度腐败的情况下才能被察觉，并且不能反映出腐败分解产物的客观指标。

表 6-4　鹅肉的感官检查

性状	一级鲜度	二级鲜度	变质肉
眼球	眼球平坦，冻品稍凹陷	眼球皱缩，晶体稍浑浊	眼球干缩凹陷，晶状体浑浊
色泽	皮肤有光泽，因品种不同呈淡黄色、乳白色或淡红色，肌肉切面有光泽	皮肤无光泽，肌肉切面有光泽	皮肤无光泽，局部发绿
粘度	外表稍湿润，不粘手	外表干燥或粘手，肌肉切面湿润	外表干燥或粘手，新切面发黏
弹性	肌肉有弹性，指压凹陷不明显	肌肉弹性差，指压后凹陷恢复慢	肌肉软化，指压后凹陷不能恢复，有明显痕迹
气味	具有鹅肉固有的气味	有轻度异味	体表或腹腔有不快味或臭味
煮沸后的肉汤	透明澄清，脂肪团聚于表面，具特殊香味	稍有浑浊，脂肪呈小滴浮于表面，香味差，但无脂肪变质等异味	浑浊、发泡、脂肪滴小，有腥臭味

注：表中的变质肉一栏不是国家标准，仅供参考。

（二）细菌污染度检查

由于肉的新鲜度降低主要是细菌繁殖的结果，因而直接测定肉的细菌污染情况，不但比感官检查更客观地判定新鲜度，而且能反映出生产、贮藏、运输、销售中的卫生状况。检查通常包括 3 个方面。

1. 细菌数测定　用棉拭法采样，平板倾注法作细菌计数，当细菌数超过每平方厘米 5 000 万个时，感官上即出现腐败征候。

2. 涂片镜检　据表层和深层肌肉的球菌和杆菌的分布情况及数量，大体判断肉的新鲜度。新鲜肉涂片或触片看不清痕迹，染色不明显，表面肌肉可见到少数几个球菌和杆菌，深层见不到细菌。次鲜肉触片稍有痕迹，易着色，表面肌肉可见到每个视野有 20～30 个球菌、几个杆菌，深层有不到 20 个球菌和杆菌。不新鲜肉触片污痕重，着色浓，表层有大量球菌、杆菌，严重时不可计数，深层有 30 个以上，杆菌占优势。

3. 色素还原试验 根据细菌生命活动产生还原酶类能使指示剂变色的原理，间接测定污染程度。常用的指示剂有美蓝、刃天青和氯化三苯基四氮唑。

（三）生物化学检查

这是以生化方法寻找蛋白质、脂肪的分解产物，进行定性、定量分析。测定项目较多，常用的项目如硫化氢试验、胺测定、酸度——氧化力测定、挥发性盐基氮测定、挥发性脂肪酸测定等。我国国家标准规定进行挥发性盐基氮的测定，每 100 g 中的含量等于或小于 13 mg 为一级鲜度，等于或小于 20 mg 为二级鲜度；另外每千克肉的汞含量应等于或小于 0.05 mg。

此外，对于加工者来说，活鹅屠宰的鹅肉与死鹅屠宰的鹅肉，质量与利用价值相差很大，必须鉴别后分别利用。这两种鹅肉的鉴别见表 6-5。

表 6-5 活鹅屠宰与死鹅屠宰的鉴别

项目	活鹅屠宰	死鹅屠宰
放血切面	放血良好，肌肉切面不平整，周围组织被血液浸润，呈鲜红色	放血不良，肌肉切面平整，周围组织并不浸润血液，呈暗红色
皮肤	表面干燥紧缩，常带微红色	表面粗糙，暗红色，有青紫色死斑
脂肪	乳白色或淡黄色	暗红色
肌肉	切面干燥，有光泽，肌肉有弹性，呈玫瑰红，胸肌白中带微红	切面不干燥，暗红色，无弹性

第二节 鹅的胴体加工

鹅的胴体是指去掉鹅体羽绒及内脏的肉体，人们习惯称为鹅肉，也称“白条”。鹅肉的深度加工是提高鹅肉产品利用率和价值的主要措施，是鹅肉产品开发的主要任务之一，也是开拓和培育产品市场不可缺少的工作。只有深度加工，才能拓宽市场、巩固市场，促进养鹅业的发展。

一、鹅肉的营养

在我国，禽肉是“肉中之王”，俗话讲“宁吃飞禽四两，不吃走兽半斤”。我国养鹅的历史比较悠久，吃鹅是由来已久的习惯，全国各地的人爱都吃鹅。鹅肉经烹调加工成烧鹅、糟鹅、熏鹅、烤鹅和盐水鹅等，美味可口，尤其是鹅的脂肪肥而不腻，别有风味，因而鹅肉在我国的消费量相当可观。南方人素有吃鹅肉习惯，“诗圣”杜甫“对酒尝新鹅”的遗风历代相传，以至长江以南有“有鹅不吃鸡”之说。现在鹅肉在北方也正逐步打开消费之门，对鹅肉的消费量猛增。至于国外如法国，一直就有“富人吃鹅，穷人吃鸡”的说法，可见鹅肉的品味很高。

鹅肉的营养成分列于表6-6。由表可见，鹅肉蛋白质含量高达22.3%，高于其他畜禽肉（鸭肉21.4%、鸡肉20.6%、牛肉18.7%、猪肉14.8%），尤其是含有多种人体必需的氨基酸。鹅肉脂肪含量低，且多为人体所需的不饱和脂肪酸。鹅肉中还含有丰富的人体所需要的钙、磷和铁。因此，当今营养学家普遍认为，鹅肉营养成分适合人体的营养需要，不会导致胆固醇增高，而且还能抑制癌病的发生和发展。

表6-6 100 g 鹅肉的营养成分

名称	可食部分(%)	水分(%)	蛋白质(%)	脂肪(%)	热量(kJ)	矿物质		
						钙(mg)	磷(mg)	铁(mg)
鹅肉	66	74.1	18～22.3	3.31～7.33	581.9～786.5	13	23	3.7

二、鹅胴体的加工

（一）胴体的分割

胴体的分割就是按照鹅体结构分割成若干部分，满足消费者的需求。鹅的胴体较大，不适宜家庭烹调和加工，许多家庭也不会烹调和加工鹅肉。另外，每个人喜食部位也不相同，整体出售消费者就无选择余地。因此，将鹅胴体分割成不同部位的鹅块，有利于拓宽销售市场和提高经济效益。

分割鹅胴体，就是把鹅胴体内外冲洗干净，擦去体表皮膜，按照鹅体结构，将头、颈、胸、背、腿、翅、蹼皮等部位分割开，分别清洗、包装、速冻、冷藏和销售。

（二）鹅胴体的熟食加工

鹅胴体的熟食加工是指利用鹅的胴体加工成各类不同色、香、味的熟制食品，包括鹅胴体的整体加工和分割块的加工。

1. 鹅胴体的整体加工　这类加工是保持鹅胴体的完整，利用不同佐料及加工工艺，加工成不同风味的熟食制品，主要有烤鹅、熏鹅、卤鹅、盐水鹅等。下面介绍其具体的加工方法。

(1) 烤鹅。加工方法基本上与烤鸭相似，大体要经过选料、制胚、洗膛、烫皮、上糖色、灌膛挂烤等工序。这是火烤方法采用的加工工序，电烤工序与此不同。下面主要介绍火烤方法。

选料：要选择较肥的鹅胴体，重 1.5～2 kg，体表干净，表皮完整无损，无毛茬。开膛取内脏的刀口应在右翅下。

制胚：制胚是对鹅胴体的初步加工。除去和洗净胴体内腔的残余组织和血迹，用盐水和调味水浸泡一段时间，让盐水和调味渗透到肉里。

洗膛、烫皮和上色：洗膛是把制好的胚用 4～8℃的清水冲洗内膛，水从刀口注入内膛，反复冲洗数次；烫皮是用 100℃沸水烫皮；上色是将烫好后的胴体，用熬制好的糖色刷到体表面，并要刷匀，使其凉干。

灌膛挂烤：灌膛挂烤是将上好糖色并凉干的鹅胚，用开水10～100 ml 从切口处灌入腔内，然后头向上挂在烤炉内烤制。炉内温度和挂烤时间，应根据胴体重量和饲养期长短而定。一般 2 kg 的胴体，饲养 2 个月左右的，在 230～250℃的烤炉里，烤制 30～50 分钟为宜。

烤鹅外焦里嫩，肉香不腻，比烤鸭适口性好，因而烤鹅很有发展前景。

（2）扒鹅。扒鹅的加工方法与扒鸡基本相同。大体要经过选料、清洗整形、上糖色、过油和煮闷等工序。

选料：要选择肥度适中的鹅胴体，体表干净无毛茬，皮肤完整无损。

清洗整形：将选好的胴体用温水洗净体表和内腔，待水沥干后，把两只鹅蹼从腹部的开口处交叉放入腹腔内。再将鹅头放在翅下（把一只翅夹穿透鹅嘴下颌起固定作用），使其固定，成椭圆形。

上糖色：把熬好的糖色刷到体表，要刷均匀，并使糖色凉干。

过油：将上好糖色的鹅胴体，放入烧开的油锅过油，炸至深黄色后，捞出来沥去浮油。

煮闷：把过油后的鹅胴体按重量和日龄长短，分别摆放在锅里，加入老汤，放入各类佐料，再加入水漫过胴体，用铁（竹）篦压住，使胴体浸在汤中不能浮起，盖上锅盖，烧火加温，煮沸后，再用旺火烧 1 小时左右停火，并将灶膛内的火全部撤出，闷 6～8 小时，捞出后沥干汤汁，再刷上香油，就可出售或食用。

（3）熏鹅。熏类制品都要经过烟熏这一工序。熏烟是植物性材料，如山毛榉、白桦、竹叶、柏枝等，在较低燃烧温度和少量空气供应条件下，产生的蒸汽、气体、液体和微粒固体的混合物。熏烟所含的酚、醇、酸、烃、羧基化合物等物质，有防止腐败、预防氧化、稳定色泽、增添风味的作用。熏鹅外形美观，色泽红亮，清香可口，味鲜肉嫩，风味独特。其具体加工工序如下：

选料：肉用仔鹅脏器全净的胴体，要求皮肤完整无缺。

煮胚：将配料放入锅内清水中，煮沸，将鹅胚浸入沸水中15～20分钟，边烧边沸7～10分钟，停火焖鹅7～10分钟。中途把鹅搅拌2～3次，以便热水进入腔内，并撇去浮沫。要求达到鹅肉煮熟，骨头还生（略带红色有血），即捞出、挂空、凉干待用。

熏制：把熏蒸铁架放在镬中，点猛火将镬烧红冒烟，再把凉干的鹅胚放在熏蒸架上，盖好镬盖烧猛火2～3分钟，使鹅胚温度提高，开镬盖向镬中加糖，每只鹅约50 g，用1/3红糖，2/3白糖，立即加盖，并要严盖不漏烟。在糖烟中熏2～3分钟，开盖取出，趁鹅体热时，用刷子在鹅全身刷上一层麻油，以提高色泽度和香味，此即完成。

（4）卤鹅。卤鹅属卤制品，在加工、烹制上有两个主要过程，即调味和煮制。在调味上，常用特制的卤。在煮制上，多用白煮。加工后的卤鹅肉质酥润，皮肥不腻，卤味浓稠。选料：肥大光鹅1只，卤味料1份。

制法：将空腔鹅胴体洗净，放入大滚水中氽水片刻，取出，除去鹅肺。用大瓦锅1个，放入卤味料，用中火煮30分钟，再将氽过的鹅放入，用慢火煮50分钟，收火后再浸1小时取出候冷，斩件上碟，芫荽数条洗净后伴放碟边供用。

（5）盐水鹅。盐水鹅是江苏省南京特产之一，常作为冷盆上席，色泽淡雅，鲜嫩爽口，肥而不腻，清而有味。其加工制作不受季节限制，一年四季均可制作，腌制期短，可现做现卖。盐水鹅属腌制品，腌制就是用食盐、硝酸盐等调料对鹅肉进行处理。腌制能提高肉的贮藏性、可塑性、整体性，并增添风味和色泽。这种风味在组织酶、微生物产生的酶的作用下，由蛋白质、浸出物、脂肪变化成的络合物形成。

选料：选用当年健康肥鹅，宰杀拔毛后，切去脚爪和翅膀的第二关节以下的小翅，在右翅下开膛，取出全部内脏，用清水冲净体内外，再放入冷水中浸泡1小时左右，挂起晾干待用。也可用经过屠宰、冷藏、体表完整的冻鹅，用前解冻。

腌制：先将炒过的一部分盐与八角从右翅下开口处装入体腔内，然后将鹅放在工作台上反复翻动，使盐均匀布满腔体。再用剩余盐在鹅体外涂擦，其中两条大腿、胸部两旁肌肉、颈部刀口、肛门和口腔都要用盐擦透。在大腿上擦盐时，要将腿肌由下向上推，使肌肉与骨脱离，便于盐分渗入接触。然后堆码腌制2～4小时，冬春季腌制时间可长些，夏秋季腌制时间要短些。

抠卤：鹅体盐腌后，肌肉紧缩，内部渗出的血水存留体腔内，为了使血水排出，可用右手抓翅提起鹅，用左手食指或中指插入肛门内，把体腔内的血卤放出来。

复卤：抠卤后还要复卤2～3小时，就是用老卤再腌制一次。老卤是以前加生姜、葱、八角熬煮，加入过饱和盐水，经多次腌制的卤。老卤中含有肌溶蛋白、肌肽、肌酸、嘌呤碱、氨基酸等，能使鲜味浓郁。复卤后出缸，整理外形，用钩子挂起，再用开水浇烫体表，使肌肉和外皮绷紧，外形饱满，在风口处沥干。

烘干：一般的盐水鹅加工，常将这道工序省去，加工质量较高的盐水鹅则必须有。先用中指粗细、长6～10 cm的芦苇管或小竹管插入肛门，再从开口处填入备用的生姜、八角和葱。然后将鹅体吊入烤炉内，以热量均匀适中的温度烘烤20～25分钟，至周身干燥起壳即可。这样煮熟后的皮脆而不韧。

煮制：锅中放水加葱、姜、八角，煮沸，停止烧火，将鹅放入锅内，开水由翅下开口和肛门管子处很快进入体腔，水温下降。这时要提起鹅腿，倒出腔内的汤水后再放入锅中，并在锅中加入占总分量1/6的冷水，使体内外水温一致。再盖上比锅盖略小的盖子，压住鹅使其浸在液面以下，焖煮20分钟左右，加热到锅中出现连珠气泡、似开未开时，即停止烧火，锅中水温约85℃，这段操作叫抽丝。第一次抽丝后，再将鹅提起来，倒出腔内汤水后放入锅中，盖上盖，再焖煮20分钟左右，到似开未开时再停，完成第二次抽丝。这时再次提鹅、倒汤、入锅，停火焖煮5～10分钟，即可起锅。在焖煮过程中，一定要控制水不能开，始终维持在85℃左右，否则肉中的脂肪熔化外溢，肉质变老。起锅后，先冷却，再切块加煮鹅的卤汁上桌。如热时切块，肉汁易流失，切块不成形。

制法总的要求是：熟盐腌，老卤复，烘得干，焐得透。

2. 鹅胴体分割块的加工　这种加工主要是按照胴体的部位加工，如翅、蹼、腿等部位单独加工。

三、鹅肉的加工

鹅肉的加工是利用鹅肉加工熟食制品及菜肴的过程。

（一）熟食制品的加工

熟食制品的加工主要是利用鹅肉及鹅块加工成熟食制品。食品加工厂可利用鹅肉、鹅块加工罐头、香肠、火腿、肉松等食品。也可与其他畜禽肉配制加工多种多样的食品。有关科研和生产单位近年来在这方面做了许多工作，开发了多种鹅肉食品品种，随着养鹅业的发展，鹅肉食品有十分广阔的前景。

（二）应用烹饪技术开发鹅肉菜肴

鹅肉和其他肉类一样，按照人们的口味和爱好，采用不同佐料和加工方法，可加工成人们喜欢的各种菜肴。我国各大菜系均有鹅肉的烹调方法，这里不再一一介绍。可以预见，随着人们生活水平的日益提高，鹅肉将成为人们餐桌上广受欢迎的美味佳肴。

第三节 鹅蛋的贮藏和保鲜

一、鲜蛋的贮藏特性

鹅蛋离开母体后称为鲜蛋。从外表看，它是一个静止的无生命的物体，但实际上它是一个活的生命体，时刻都在进行着各种生理活动。在贮存时，要注意防止以下多种情况的发生：

（一）高温

贮藏鲜蛋的适宜温度，一般是－1℃左右。如果温度为10～20℃，存放期就会缩短，如果温度再提高，将会引起胚胎的变化。受精的胚胎，一般在21℃以下时不会发育；当气温上升到21～25℃时，胚胎就开始发育；到25～28℃时，发育加快，改变原有的形状和品质；上升到37.5～39℃时就达到了孵化温度，如果继续维持这个温度，则鹅蛋31天就会有小雏破壳而出。

在高温影响下，蛋壳上的外壳膜很快消失，蛋内的系带和浓蛋白变稀，蛋内水分通过气孔向外蒸发。如果气温继续升高，则蛋内水分迅速蒸发，蛋的内容物收缩，气室增大，不仅使蛋的重量减轻，而且缩短存放时间。

（二）潮湿

潮湿是加快鲜蛋变质的一个主要因素。鲜蛋经过雨淋、水洗或是受到潮湿后，蛋壳上的胶质薄膜立即消失，气孔露出并与外界相通，在适宜的温度下，细菌就会很快进入蛋内，分泌出酵素，使蛋白质分解，加快蛋的腐败。另外，湿度大时，霉菌容易生长，在温度升高的情况下，霉菌的菌丝很快渗入蛋内，对蛋的破坏速度比细菌还要快。因为细菌要在蛋白分解酶破坏壳膜后，才能进入蛋内，而霉菌的菌丝可以从靠近气室部分的蛋壳气孔进入蛋内繁殖，使之变成霉蛋。

（三）冻结

鲜蛋虽适于低温贮存，但并不是温度越低越好。因为鲜蛋中有70%～72%的水分。当温度下降到达－2℃时，鲜蛋就会开始冻结；气温降到－4℃时，蛋壳冻裂，蛋的食用价值降低。

（四）异味

鲜蛋在存放时，生命活动并没有停止，各种酶的作用和呼吸作用时刻都在进行。它通过自身的许多气孔进行呼吸，因此具有吸收异味的特性。鲜蛋在保管贮存过程中如果与农药、化肥、煤油、鱼、烟等存放在一起，就会沾上异味，影响质量。

（五）撞压

蛋壳的成分主要是碳酸钙，因而蛋壳具有容易破碎的特性。如果鲜蛋在包装、运输、贮存、加工等各个环节中，受到撞、碰、挤、压和过度的震荡，都会引起蛋壳破损、系带脱落和蛋黄膜破裂而造成裂纹、粘壳和散黄。

（六）污染

蛋壳表面不洁净，存放的时间就会缩短。因为鲜蛋受到粪便、血迹、蛋液等污染后，蛋壳上带有大量细菌和细菌分泌的酵素。这些东西会从气孔进入蛋内，在温度适宜时，就会迅速繁殖，加快蛋的变质。

（七）久存

鲜蛋如果存放太久，即使在良好的保管条件下，也会受到周围的空气、温度、湿度的影响，使蛋的质量发生变化。例如蛋黄与蛋白之间仅隔一层薄膜，两者的水分含量不同，蛋白含水85%左右，蛋黄含水58%左右。久存的鲜蛋，蛋白水分渗入蛋黄，使蛋黄水分逐渐增多。随着温度的升高和存放时间的延长，渗入蛋黄的水分就越来越多，蛋黄就会膨大，直至蛋黄膜破裂成为散黄蛋。另外鲜蛋存放过久，还会出现蛋白变稀，系带逐渐变细直至消失而成为粘壳蛋。

二、鲜蛋品质的鉴别方法

（一）感官鉴别法

感官鉴别不用任何验蛋工具设备，仅用看、听、嗅、照等方法同时配合检验。

1. 看 就是看蛋壳颜色是否新鲜、洁净，有无破损和其他异样。新鲜蛋的蛋壳干净，表面有一层胶质薄膜。如果蛋壳颜色不正，无光泽，就不是新鲜蛋。蛋壳粗糙、色淡，是出汗蛋。蛋壳一面呈现白色，一面呈现红疤或黑疤，是粘壳蛋。蛋壳上有小灰黑点和块斑或者呈石灰粉末状的是霉蛋。蛋壳颜色深浅不匀或者呈大理石花纹的，是水湿蛋。

2. 听 就是从敲击蛋壳发出的声音辨别有无裂纹及蛋壳厚薄程度。方法是用右手食指的指甲轻轻敲击蛋壳，新鲜的蛋发音坚实，好像是碰砖发出的响声。发音嘶哑的是裂纹蛋。声音尖脆，发出“叮叮”响的是钢壳蛋。敲击蛋的大头有空洞声是空头蛋。

3. 嗅 就是嗅蛋有无异味。蛋壳有霉气或臭气是霉蛋或坏蛋；有汽油、农药等异味的是污染蛋。

4. 照 就是对有疑问的蛋，用左手拿起，放在用右手握成的筒形口上，对着日光照看，进一步辨别蛋的内容物变化情况，以确定其品质。

（二）灯光鉴别法

是利用灯光来检查鲜蛋品质的好坏程度。光源可用煤油灯和电灯。电灯光透视是一种最理想的方法，不仅迅速、准确，而且不会损坏蛋的品质（参见鹅的孵化一章）。

（三）日光鉴别法

是利用日光来鉴别蛋的品质好坏程度。可将较硬的纸做一个长 14～15 cm 的纸筒，筒口的一头不超过蛋大，另一头以能留出用一只眼睛观察的孔为宜。照蛋时将小筒口贴近眼睛，大筒口对准蛋身，借用日光可看清蛋内品质好坏。

（四）比重鉴别法

这种方法是利用蛋内水分蒸发后气室扩大、比重减轻的原理来鉴别蛋的新鲜程度。

蛋的比重鉴别是在不同比重的盐水中进行的。先配制比重1.073（约含食盐10%）、1.080（约含食盐11%）、1.060（约含食盐8%）的盐水，将鲜蛋放入盐水中进行测定。在比重1.073的盐水中下沉的是鲜蛋；在比重1.080的盐水中下沉的是新鲜蛋。如果在这两种比重的盐水中都悬浮不沉，而在1.060比重的盐水中下沉的，是次鲜蛋。如果在三种盐水中都悬浮的就是劣次蛋。在比重1.020以下的盐水中悬浮的是坏蛋。

这种鉴别方法虽然简单易行，但准备长途运输和准备冷藏保管的蛋，不宜采用，鲜蛋经过水湿后，表面的胶质脱去，失掉了保护膜，细菌容易侵入，蛋内水分也容易蒸发。

三、鲜蛋的贮存和保鲜

鲜蛋的季节性很强，旺季往往生产有余，价格下跌，淡季供应又不足，但它又不耐久存。为了调剂淡旺季矛盾，尽量做到均衡上市，则需要采取适应鲜蛋特点的贮存方法，保证鲜蛋质量，延长存放时间。贮存方法有简易贮存、冷库贮存和石灰水贮存等方法。

（一）简易贮存

鲜蛋的简易贮存方法，是广大劳动人民在长期实践中创造的，方法简便，花钱不多，效果较好，适用于家庭贮存。其方法有如下3种：

1. *粮食贮存* 此法适合农民在出售前小批量贮存。贮存方法是将新鲜洁净的鲜蛋放入晒干后的豆类、谷物等粮食中，一层鲜蛋一层粮食掩埋好，既可防止碰损，又可使鲜蛋在较长时间内不变质。这是因为豆类、谷物等粮食能不断放出二氧化碳气体，而二氧化碳气体能够抑制蛋壳表面和蛋内微生物的繁殖，阻止浓蛋白迅速变稀。此法实际上是一种二氧化碳气体贮存法，而且不花费用。

2. 草木灰贮存　在贮存容器中先铺上一层干燥草木灰，然后在灰上平放一层鲜蛋，依此层层码放，最上层铺灰，适当按紧并加盖即可。此外，干燥的细砂按照草木灰的层叠方法贮存，同样可使蛋不变质。主要是排除了容器中的空气，使鲜蛋的呼吸作用降低，抑制了蛋内微生物和酶的活动，从而延缓蛋的变化。

3. 淡盐水贮存　用清水 5 kg，食盐 350 g，经煮沸搅拌，取出放凉。将蛋先仔细检验，挑出破损、变质蛋后，放入容器内，再将配好的盐水灌入，直至盐水高出蛋面 4 cm 即可。由于盐中含有适量的食盐，具有防腐和抑制细菌繁殖作用，加上与外界空气隔绝，所以能保持鲜蛋原有质量。经过这种办法保存的蛋，味道不变，食用同鲜蛋一样。但气温过高时，不能用这种方法贮存。

（二）冷库贮存

将鲜蛋放在冷库里，利用低温抑制蛋内微生物和酶的活动，使蛋的呼吸作用减弱，以保持鲜蛋的营养价值和鲜度。冷库贮存鲜蛋效果好，费用不高，适宜大批量贮存。鲜蛋入库前，冷库要彻底消毒和通风，消灭残存的微生物。需要冷藏的鲜蛋先经过检验，剔出粪污、霉污、破损等次劣蛋。入库前，鲜蛋要经过预冷。因为蛋的内容物是半液体状态的物质，如果骤然遇冷，内容物收缩，蛋内压力降低，这时空气中微生物就会随空气进入蛋内，使鲜蛋逐渐变质。预冷可在专用冷却间进行或利用冷藏间的过道、穿堂进行。当蛋的温度降至 1～2℃时，即可结束预冷工作，把蛋移入冷库内。

鲜蛋入库后，堆码要合理，否则就会缩短保藏时间，降低蛋的品质。鲜蛋的堆码，离墙应有一定的距离，垛间要有一定的空隙，使库内的冷空气能得到良好的循环。入库时，要把质量好的、长期保藏的蛋靠里边存放；质量较次、短期存放的蛋放在外边。鲜蛋在冷藏期间，库内温度低，可以延缓蛋的变化。但温度过低，会造成蛋的内容物冻结，并且膨胀而冻裂蛋壳。一般掌握在0℃左右为宜，最低不得低于－2℃，相对湿度为82%～87%。在冷藏期间，要特别注意调节控制温度和湿度。温度忽高忽低，会增加细菌的繁殖速度或使包装材料受潮而影响蛋的品质。为了防止库内不良气体影响蛋的品质，要定时换入新鲜空气，换气量为每昼夜2～4个库室内容积，换气过量会增大蛋的干耗量。

在鲜蛋冷藏期间，大约每10天在每垛中抽查2%～3%的蛋，鉴定其品质，以便确定保存时间的长短。对于不能长期存放的鲜蛋要及时处理。一般冬春季节的蛋可冷藏半年，夏秋季节的蛋最多不超过4个月就要出库。

（三）石灰水贮存

石灰水贮存鲜蛋，方法简便，费用低，各家各户都可采用，可保存3～4个月。如果蛋的质量好，气温低，贮存期还可延长。

1. *石灰水贮存鲜蛋的原理* 生石灰（氧化钙）加水后成为熟石灰（氢氧化钙），这种石灰水具有碱性，一般细菌和真菌不能在石灰水中繁殖。又因为石灰水可以吸收蛋内不断呼出的二氧化碳，生成一种不溶性的碳酸钙微粒，沉积在蛋的表面，将蛋壳气孔堵塞，使蛋的呼吸作用减弱，防止蛋内的二氧化碳向外散发，外界的微生物也不能侵入蛋内，同时，蛋内的二氧化碳又能抑制浓蛋白变稀。所以鲜蛋在石灰水中贮存3～4个月不会变质。

2. *石灰水的配制和操作方法* 用清水50 kg，生石灰（块灰）1～1.5 kg，先将生石灰放入水中溶散，经搅拌冷却后澄清（捞出石子等杂质后，要补放等量的石灰）。将澄清液转入准备贮蛋的大缸或水泥池备用。再将经过检验分级的鲜蛋放入石灰水中，不要放满，使石灰水高出蛋面5～10 cm。下缸（池）时，发现石灰水上有悬浮蛋即捞出。在石灰水表面，过1～2天即可结一层薄冰一样的覆盖物，这是氢氧化钙与空气中的二氧化碳接触而生成的碳酸钙薄膜，能减少水分蒸发，有利于保护蛋的品质。缸（池）上要加盖，以免石灰水蒸发和落进灰尘及杂质。

下缸的蛋要新鲜、完整，经过检验分级，剔出破损蛋和劣次蛋。不然会缩短贮存期，又容易污染好蛋。鲜蛋下缸后1个月左右，可能出现有的蛋大头朝上浮的现象，这说明蛋已开始变质，要及时起缸。在贮存期间，要注意室温变化，室温过高时要设法降温，最好不要高于20℃。

石灰水贮存的鲜蛋，可能出现蛋白变稀、蛋黄膨胀、个别散黄等现象。这是由于水温过高，贮存期长，蛋内水解酶的消化作用引起浓蛋白脱水，使蛋白黏度降低，蛋白水分向蛋黄内渗透，蛋黄膨大，有的蛋黄破裂。所有这些均属于物理变化，不降低蛋的食用价值。

用石灰水贮存过的鲜蛋，蛋壳较脆，在包装运输过程中损耗较大，不宜作长途运输。这种蛋在蒸、煮时容易破裂，如用针在蛋的大头扎一个眼，即可避免这一问题。此外，这种蛋在食用时有轻微的石灰气味，但对人体无害。

第四节　鹅蛋的加工

鹅蛋营养丰富，适宜人体的营养需要，是鹅产品加工的重要方面。

一、鹅蛋的构成及营养

鹅蛋比其他禽蛋个体大，蛋壳约占蛋总重量的16%，蛋白约占52.5%，蛋黄约占31.5%。鹅蛋的化学成分为：水分约70.6%，蛋白质约14.0%，脂肪约13.0%，碳水化合物约1.2%，无机物约1.2%。鹅蛋中含有丰富的营养成分，如蛋白质、脂肪、矿物质和维生素等。鹅蛋中含有多种蛋白质，最多和最主要的是蛋白中的卵白蛋白和蛋黄中的卵黄磷蛋白。蛋白质中富有人体所必需的各种氨基酸，是完全蛋白质，易于人体消化吸收，其消化率为98%。鹅蛋中的脂肪绝大部分集中在蛋黄内，含有较多的磷脂，其中约有一半是卵磷脂。这些成分对人的脑及神经组织的发育有重大作用。鹅蛋中的矿物质主要含于蛋黄内，铁、磷和钙含量较多，也容易被人体吸收利用。鹅蛋中的维生素也很丰富，蛋黄中有丰富的维生素A、维生素D、维生素E、核黄素和硫胺素。蛋白中的维生素以核黄素和尼克酸居多。这些维生素也是人体所必需的维生素。

二、商品蛋的主要用途

商品蛋是指专门供给人们消费和加工的鹅蛋，包括不合格或停孵后的种蛋、无精蛋、专门饲养母鹅所产的蛋，其用途比较广泛。

1. 直接供食用　新鲜的鹅蛋可供人们煮、蒸、炒、煎等熟制食用，或者作为食品工业原料，加工蛋糕、面包等食品。

2. 加工再制蛋　再制蛋是指经过加工仍保持蛋的原有形态不变。再制蛋是利用新鲜蛋经盐、碱、糟等辅料制成别有风味的皮蛋（松花蛋、彩蛋）、咸蛋（腌蛋）和糟蛋等。再制蛋不仅具有良好的风味，而且保存时间长，是人们喜爱的菜肴。

3. 加工熟制蛋　熟制蛋是指利用新鲜蛋经过高温处理后制成的具有一定风味的熟制蛋，包括茶蛋、虎皮蛋和卤蛋等。

4. 加工蛋制品　蛋制品是指利用新鲜蛋的内容物加工制成的蛋品。主要制品有冰冻类和干蛋类。冰冻类是将蛋壳去掉用蛋液冻结而成制品，有冻全蛋、冻蛋黄、冻蛋白之分。这些冰冻类蛋制品主要用于食品工业。干蛋类是去掉蛋壳，利用内容物经加工制成干蛋品，有全蛋粉、蛋黄粉、蛋白粉之分。这些干蛋类制品不仅为食品加工所利用，而且还可为纺织、皮革、造纸、印刷、医药、塑料、化妆品等工业所利用。

此外，鹅蛋还可加工蛋白胨、蛋壳粉和提取卵磷脂等。

三、几种蛋制品的加工方法

（一）松花蛋的加工方法

松花蛋又名皮蛋、彩蛋。它不但具有美丽的花纹，还具有醇原的特殊清香味。

原料：纯碱（Na_2CO_3，即无水碳酸钠、含碳酸钠在96%以上）、生石灰（CaO，要求块大体轻，有效氧化钙含量达70%以上）、食盐（NaCl，含氯化钠达36%以上）、茶叶（以红茶末为佳。其他茶叶也可，但用量要加大）。有的为加快成熟度还加黄丹粉（即氧化铅PbO，用量不能超过食品卫生规定的含量标准）。

常规配料方法：每100枚蛋所需纯碱400 g，生石灰1 250～1 500 g，红茶末100～150 g，食盐150～200 g，黄丹粉7.5～10 g，水5～6 kg。

制作方法：挑选蛋壳坚实、完整、无裂纹的新鲜蛋，并将其洗干净，摆放在缸内。配料要用两个容器，一个容器加1 500 ml水，放入茶叶煮开，然后放入纯碱充分搅拌，使其溶解；另一个容器装水3 000 ml，并将生石灰分2～3次投入，待石灰停止沸腾时，加入食盐搅拌，待充分溶解后，将不溶解的石灰杂质捞出。然后再将两个容器中的溶液倒入一起搅拌均匀，再加入黄丹粉，最后加水到5 000 ml，搅拌均匀后，倒入放蛋的缸内，压上竹盖，使料液淹没蛋面。密封缸口，在常温下（20～25℃）1个月即成熟。

（二）咸蛋制作方法

咸蛋又名盐蛋、腌蛋，是用食盐溶液腌制而成的蛋品。鹅蛋脂肪含量比较高，适宜腌制。食盐水溶液有一定的防腐能力，可抑制蛋内微生物和酶的活动，延长蛋的保存期，同时还改善蛋的风味。咸蛋的加工方法，各地有所不同，但较多采用的是盐泥涂布法、盐水浸泡法及草灰法等。

1. *盐泥涂布法* 鹅蛋80～100个，食盐0.6～0.75 kg，干黄泥粉0.65 kg，冷开水0.4～0.45 kg。将食盐放入瓦缸或塑料桶中，加入清水，稍加搅拌，待盐全溶后加黄泥，并适当搅拌，使之成为均匀的泥浆。泥浆是否适度，可取一个鹅蛋放入泥浆中，如果该蛋一半浮在上面，一半沉入泥浆内便为适度。把挑选的新鲜鹅蛋，放进泥浆中，使全蛋粘满泥浆后取出放到缸内或箱内，经20天左右便成咸蛋。有些地方，在涂盐泥后再滚灰，使蛋彼此不相粘连。

2. *盐水浸泡法* 清水和盐按4∶1配备，即1 kg清水加0.25 kg盐。浸泡时以盐水能浸过蛋面为准。腌多少蛋，就配多少盐水。将盐和清水放入缸内，充分搅拌，使盐全溶后，把蛋放入盐水中，经15～20天便成咸蛋。也可按20%的盐水浓度配制盐水，即40 kg开水加8 kg食盐，放在容器中搅拌，使盐全溶，冷至20℃左右便将挑选好的蛋放进盐水中浸泡，经30天左右即成。

盐水腌制的蛋，成熟期比盐泥涂布法快，这是由于盐水对鲜蛋的渗透作用较盐泥为快。

3. *草灰法* 鹅蛋80～100个，草灰（以稻草灰为主）2 kg，食盐0.6 kg，清水1.8 kg。先把清水煮沸后倒入食盐中，适当搅拌，待盐全溶解冷却后加入稻草灰，边加边搅拌均匀，使灰浆稀稠适度。灰浆准备好后，将挑选合格的鹅蛋逐个放入灰浆中，使全蛋粘上灰浆，再行滚灰，即把有湿料的蛋再包上一层草灰。包的草灰要厚薄适中，如果包得过厚，会吸去湿料的水分，影响蛋腌制成熟时间。包好后的蛋放在缸内，加盖密封，经30～45天便可成熟。

腌制成熟的咸蛋，在25℃以下的条件，可保存2～3个月。

（三）茶叶蛋制作方法

茶叶蛋是人们熟悉的一种熟制蛋品。其做法是：将鲜蛋煮熟后凉透，轻敲蛋壳使其有多处裂纹，再放入锅中加一定量凉水、食盐、酱油、红茶、八角、陈皮、桂皮、花椒等一起熬煮而成。各种佐料的用量要依据蛋的多少而定。这种熟制品热食较好，有五香风味，故称五香茶蛋。

第五节　鹅绒裘皮的加工利用

养鹅生产除了提供肉、蛋、肥肝等主要产品外，还提供羽绒、鹅绒裘皮、内脏（鹅胆、鹅油）、下脚料（鹅骨、鹅血、混合下脚、鹅粪）等多种副产品。随着科学技术的发展，人们对这些副产品的开发利用越来越广泛深入，为鹅的加工增添了新的内容，带来了新的效益，展示了新的前景。其中，鹅绒裘皮就是近年来我国科技人员首创的一种新产品。这种裘皮皮板细薄，质地柔软，绒毛蓬松，分量轻盈，洁白如雪。经过测试，手感好于狐皮，防潮、防寒似貂皮，抗脱毛程度强于兔皮，抗拉强度可达 3 kg。用它做各种裘皮用品，美观高雅，保暖舒适。梅河口市禽类综合加工厂用鹅绒裘皮制作的大衣，曾在第 35 届布鲁塞尔国际发明博览会上获得金奖。这项技术开创了人类用禽皮代替兽皮制裘的新途径，打破了禽皮不能制裘的传统观念，为鹅业的发展开辟了一条新路。当然，剥取鹅绒皮制裘是个新兴产业，必须实行以销定产的原则，只能在有收购的地方，有收毛皮的厂子存在的地方进行。

一、鹅的选择

在剥取鹅绒裘皮之前，要选择毛绒生长致密，体型大，营养良好，色泽纯白，二年生以上的成年鹅，体重在 5 kg 以上的为好。

鹅的全身毛绒要丰满，有光泽，分布均匀，毛绒已长齐，绒丝、绒朵分布较均匀，而且结实，无秃斑，非产蛋期。北方寒带生长的鹅要比南方温带生长的鹅毛绒厚密。

冬季是杀鹅扒皮的旺季，适宜的季节为立冬后到立春前的这段时间。一般情况多选用屠宰场里集中收购的鹅。但鹅身上长有血管毛（即毛锥未出全）的鹅不能用来剥取生鹅皮。

准备做鹅肉罐肠、鹅肉、鹅蹼、鹅翅膀的活鹅，可选出体大、毛绒质量好的进行剥取生鹅皮。

二、剥取鹅皮的操作规程

屠宰剥皮之前，要准备宰杀刀、剥皮刀、剪子、刷子各一把，毛巾一条，若干圆钉和锯末、白酒等。

将鹅宰杀后可乘热拔取毛片。其顺序应该是先拔翼部、尾部的大毛，再拔部、胸部和腹部，最后拔臀部、腿部。拔毛片要迅速，防止鹅体冷凉，毛片不好拔，从而导致剥皮更为困难。另外，也可在宰前拔取毛片，即宰前灌半两（25 ml）白酒，待鹅醉昏后，将其倒挂，开始拔取毛片。

剥取生鹅皮时，可将宰杀拔毛后的鹅头朝上挂住，用刀从头顶肉瘤与毛皮分界处转圈切开，然后再从头顶上开始沿着颈部、背部中心线直至尾尖用刀切开一道线，与剥兽类皮张相反方向剥取。剥皮动作要轻、快，皮上不带有残油和出现洞口，皮形完整、成片状。剥皮时，由后往前、由上往下，逐渐扩大剥皮面。用左手拉住皮肤，右手剥离颈、背上的皮（也有从鹅腹部中间挑开，皮肉分离，向两侧逐渐剥取，直至背部剥完为止）。剥皮的顺序是先剥头颈、背后，然后是腋下尾部。待剥至膀根、腿根时，要从翅膀后侧及大腿后侧与胴体呈直角切开四梢，剥至肘上和飞节时用刀切一圆圈，从而剥下四肢上部的毛皮留下小腿连蹼以及翅膀梢。剥取背部毛皮时，由于背上皮下脂肪少，皮与肌肉粘连难剥，所以要细心剥取，不要扯坏皮张。背部皮剥完后再转过来剥胸前的皮，这个部位的皮下脂肪多，剥离时应以左手拉紧皮，右手连剥带推就可以较容易地剥下皮来。剥至肛门处，要将尾前至肛门部分切开，再用刀转割一圈，剥离肛门周围的皮，以后就可以扯下全部皮张。

剥取的皮张可用面积要大，生鹅皮板长度要达到 80 cm 以上，皮板前身宽 40 cm 以上，皮板后身宽 50 cm 以上。

三、剥皮时应注意的事项

剥取生鹅皮时，要保持皮型的完整，凡是可用的皮块都应剥下来，就是头盖皮和颈部皮也不要扔掉，这些皮块都有绒而且很结实。在剥皮过程中要注意防止皮张受刀伤，降低皮张的利用率。

生鹅皮剥下来之后，要立即采取刮皮里、剔脂刮油措施。有刮油机的地方，要用机械剔脂刮油；无刮油机的地方，要用手工刮皮里去油。刮皮里时，要由尾向头刮，用力要均匀，边刮边用毛巾、锯末等揉搓皮板，以防油污。

刮肉去油的生鹅皮，如不马上浸泡鞣制，应进一步采取措施，即采用盐干法或自然阴干法干燥。否则，由于细菌、寄生虫和酶的活动，很容易引起蛋白质分解，使原料皮变质腐烂。盐干法又分撒盐法和盐浸法两种。撒盐法即在皮板上撒细盐面，每张生皮按重量用盐，即以每千克鲜皮用盐 20%～30%，撒盐后把皮板与皮板相合，堆置 2 周后，抖去盐面，再晾干。盐浸法是以 25%的浓盐水浸泡 24 小时后捞出，再按撒盐法同样堆置 5 天后，打开撑上，晾干。生鹅皮经过处理后，要挂在平板上，将皮板张紧，用圆钉固定，毛面贴板，皮板朝外，拉紧，用小圆钉沿皮边外缘钉牢，钉孔要紧贴皮边外缘，否则视为伤痕。

生鹅皮的脂肪很低，一般在日光直射下，温度达到 20～30℃时，即可溶化。所以一定要把皮张挂在阴暗处晾干，切不可放在日光下晒干。

生鹅皮阴干后，要放在通风良好的阴暗处贮藏，切不可使其返潮、折叠，要随时检查，防止腐败、虫咬、鼠害等。

生鹅皮的处理，无论采用自然风干或盐干，晾皮的温度要在10～20℃之间，相对湿度在60%～70%为好。阴干后皮张的水分达10%～20%之间时，长期收贮也无妨。入库皮张最好放在通风良好的地方，分类堆放，摊平后，每堆20～30张为好，并撒布防虫药剂。

四、鹅绒裘皮的加工

鹅绒裘皮的加工是利用剥取的鹅绒皮，通过化学和物理的方法鞣制成裘皮的过程。加工鹅绒裘皮与加工其他裘皮的原理相同，但要考虑鹅绒皮的特殊性，以保证鹅绒裘皮的质量。

（一）鹅绒裘皮的加工程序

加工鹅绒裘皮要经过分路净毛、浸泡软化、脱脂、鞣制和固定整形等过程。

1. *分路净毛* 这是加工鹅绒裘皮的准备工作，称为分路净毛。分路是指按照皮板厚薄、干湿程度、皮脂肪的多少分开。净毛是指把皮张上的浮毛和杂质去掉。因为在加工过程中，不同厚度、不同干湿、不同脂肪量的皮张所需的浸泡、脱脂、鞣制等时间、做法均有差异。为使在相同的溶液中，利用相同时间和加工方法，使皮张达到相同的鞣制效果和相同的质量水平，就需要把不同的皮张分开加工。

2. *浸泡软化* 就是用配制好的软化溶液浸泡绒皮，使皮及脂肪软化，从而脱去皮脂。浸泡软化绒皮是裘皮加工过程中的关键技术，它直接关系到鞣制效果和裘皮质量。如果绒皮浸泡软化程度不好，就脱不尽脂肪，鞣制后的裘皮不仅皮板硬而脆，而且皮板也抻不开，面积小，致使加工后的皮板质量差。浸泡软化过程中的关键技术是配制软化的水溶液。浸泡时要让每张绒皮均能浸在溶液中，使皮与脂肪尽量吸收，溶液达到软化均匀。为使皮张软化均匀，应在一定的时间内用弱强度机械划动皮张，使其吸收溶液均匀。

3. 脱脂 脱脂也是裘皮加工过程中不可缺少的工序。脱脂程度对鞣制效果和裘皮质量有很大影响。其关键技术就是既要脱去皮板脂肪，又要保持皮板和毛绒的完整，严防把皮板划破或撕裂等事故出现。首先将浸泡软化的皮板用机械脱去脂肪，然后再进一步软化、再脱脂，直至达到不影响鞣制效果和裘皮质量为止。

4. 鞣制 鞣制是裘皮加工过程中的关键程序，对裘皮质量有决定性影响。鞣制程度决定裘皮的软硬和光滑平整。鞣制是利用某些吸附软化原料和机械的手段，将皮板鞣制软化，使皮板柔软、不变形、不变质。鞣制的关键技术是掌握好吸附软化皮板原料的运用和机械的操作方法，既做到软化、平整皮板，又不损伤皮板和毛绒。

5. 固定整形 这一过程主要适用于化学鞣制裘皮的程序。因为化学鞣制过程中，皮张均是在溶液中进行作业，鞣制后水分含量较大，需在凉干的过程中将皮板抻开，使皮张凉干后不收缩，故称固定整形。

（二）鹅绒裘皮加工的基本方法

鹅绒裘皮加工虽然均按照裘皮加工程序进行，但具体操作过程的做法有较大差异，不论物理鞣制方法或化学鞣制方法，在加工技术和工艺流程方面均不一样。

物理鞣制方法是我国传统手工作坊式的鞣制法（俗称熟皮方法）。这种方法配料和工艺简单，是人们比较熟悉的，故在此不作介绍。下面主要介绍化学鞣制的基本做法。

化学鞣制的工艺流程如下：分路净毛→浸泡→洗皮→凉干→脱脂→浸酸→中和→鞣制→定形→加脂→除尘→打捆入库。

1. 分路净毛 按照皮板的薄厚、含脂肪多少、干湿程度将皮张分开，把相似或相近的皮板挑拣到一起，并除去皮张上的浮毛，方法是用手抖净浮毛和杂质。

2. 浸泡　浸泡需自配溶液和浸泡皮张的大缸、热水、取暖设备（夏季不需要）和测温用的温度计。做法是用食盐、乳酸、渗透剂配制成溶液，按 2：10（溶液 2 份，水 10 份）比例配成水溶液。水温控制在 32～34℃，放在大缸中。将绒皮放入大缸的水溶液中，使每张绒皮均浸在溶液中，使其均匀吸收溶液。一般浸泡时间是 8～12 小时，新鲜绒皮浸泡 4～6 小时。在浸泡过程中，每隔 30 分钟，用弱强度机械划动 10 分钟，加快吸收溶液和软化程度。浸泡好的绒皮应将水溶液甩出，注意不要将皮撕破或撕裂。

3. 洗皮及凉干　在大缸里放入食盐和中性洗涤剂配成水溶液，液比是 20%，水温要求 32℃左右。将浸泡甩去浸泡液的皮张放入缸内，水洗 1～2 小时。在洗皮过程中，每隔 15 分钟用弱强度机械划动 2～3 分钟。洗好后将皮沥干，自然凉至六至七成干，切勿过干。

4. 脱脂　脱脂一般有脱脂机脱脂和转笼脱脂两种方法。如果有脱脂机，就用三氯乙烯在脱脂机中干洗脱脂。将三氯乙烯和皮张放入脱脂机内，温度严格控制在 35℃以下，洗涤 3～5 分钟，烘至七成干。无脱脂机就用转笼脱脂。每张皮用新鲜锯末 500 g，加入适量三氯乙烯，放入转笼内，滚转 2～3 小时。滚转后将锯末倒出，再转皮张，将锯末除净。

5. 浸酸　浸酸是再次软化皮板，为鞣制做好准备。要求温度在 32℃左右，将偏酸性的水溶液放入缸中，再将脱脂后的绒皮放入，使溶液漫过皮张，要求溶液的 pH 值为 2.5～3.2。在浸酸过程中，每隔 1 小时，用弱强度机械划动 10 分钟。浸好酸后，将皮张上的偏酸溶液甩干。

6. 中和　就是用偏碱的水溶液将皮张中的酸中和掉。用食盐、碱面等配制成 pH 值为 7.5～8.5 的水溶液，放入大缸中，再将浸酸后的皮张放入液中。要求温度是34℃，浸泡12～16小时。出缸前要测定缸中pH值，如果低于7.5，要补加碱面，调制pH值达到8，再浸泡4小时后方能出缸。出缸后将皮张上的溶液甩去。

7. 鞣制　将中和以后的皮张放入自配的溶液中浸泡，使皮板达到柔软、不变质、不变性的程度。用食盐、铵明矾、氯化铵、渗透剂等，使自配溶液pH值达到4～4.5，放入大缸中，再将皮张放入，要求温度34℃，浸泡6～8小时。在浸泡过程中，每小时用弱强度机械划动7～10分钟，以达到鞣制的目的。鞣制好后，甩去皮张上的溶液。

8. 定形　定形是将鞣制好的皮张抻开固定好形状。做法是将鞣制好的皮张钉在特制的木框架上，使皮板抻展抻平，并使其自然干燥至八成即可。

9. 加脂　加脂是在皮板上刷阳离子加脂剂，使皮张软化富有弹性和芳香味。刷加脂剂时，严防污染毛绒，刷后应让皮张静置16～24小时。然后用新鲜锯末与皮张一同放在转笼内，滚转3～4小时，倒出锯末再转1小时，除净锯末。

10. 除尘　除尘是除去皮张上的锯末和其他残留物。一般用旋转干燥机，温度控制在40℃左右，除尘30分钟。如果没有旋转干燥机可用吸尘器替代。

11. 打捆入库　当以上各道工序进行完毕，对所加工的皮张应逐个检查，有破皮、撕裂等情况应用手工缝好。并按皮张大小、质量好坏分等，分别打捆，包装后入库待用或待售。

第七章　鹅舍建筑与设备

鹅舍是鹅生活与生产的重要场所，也是养鹅场重要的建筑结构之一。为了确保鹅的正常生活环境安宁和健康，提高生活力、生产力与繁殖力，必须重视鹅的建筑结构与布局。考虑到鹅的品种与用途、当地的气温、鹅场的规模、饲养方式等，对鹅舍的要求也不尽相同。我国除北方由于冬季较冷，需建筑保温条件较好的鹅舍外，其他地方建筑的鹅舍均可采取简易结构。随着我国养鹅业的发展，优良品种的增加，饲养制度与方式的改进，规模的扩大与专门化，各地也开始有计划地兴建一批集约化与工厂化的鹅场。鹅场的建设，要从场址选择、鹅舍的建筑、设备与用具、场区卫生防疫设施等方面进行综合考虑，尽量做到完善合理。

第一节　场址的选择

场址的选择，主要是对场地的地势、地形、土质、水源和水陆运动场，以及周围环境、交通、电力、青绿饲料供应或放牧条件等进行全面的考察。

一、地势、地形、土质

鹅舍及陆上运动场的地势应高燥，至少高出当地历史洪水的水线以上。鹅舍建设不能选择低洼潮湿的场地，要远离沼泽地区，因为潮湿的沼泽地是鹅体内外寄生虫和蚊、虻生存聚集的场所。地势要向阳避风，以保持场区小气候状况能够相对稳定，减少冬季风雪的侵袭，特别是避开西北方向的山口和长形谷地。鹅场的地面要平坦而稍有坡度，以便排水，防止积水和泥泞。陆上运动场连同水上运动场的地面应有坡度，但不能呈陡壁，应自然倾斜深入水池。

地形要开阔整齐，场地不要过于狭长或边角太多，边角太多会增加防护设施的投资。鹅舍用地的面积应根据饲养数量而定，占地面积不宜过大，在不影响饲养密度的情况下应尽量缩小。陆上运动场的地面积必须充足，最好留有发展余地。场地内阳光必须充足。鹅舍照射到阳光愈多，病原微生物被杀死得愈多，鹅患疾病的可能性也就愈小。鹅舍四周有树没有害处，但附近旁边大树太多则不利于鹅舍的阳光照射。鹅舍建筑应坐北朝南，开放的一面方向应朝南或南偏东一些。

鹅场最好应充分利用自然的地形、地物，如树林、河川等作为场界的天然屏障。既要考虑鹅场遭受其他周围环境的污染，远离污染源（如化工厂、屠宰场等），又要注意鹅场是否污染周围环境（如对周围居民生活区的污染等）。

鹅场内的土壤，应该是透气性强、毛细管作用弱、吸湿性和导热性小、质地均匀、抗压性强的土壤，以沙质土壤最适合，以便雨水迅速下渗。愈是贫瘠的沙性土地，愈适于建造鹅舍。这种土地渗水性强。如果找不到贫瘠的沙土地，至少要找排水良好、暴雨后不积水的土地，保证在多雨季节不会出现潮湿和泥泞。因为养鹅最主要的就是应保持鹅舍内外充分干燥。

二、水　源

鹅是水禽，当然宜在有水源的地方建场。在鹅场生产过程中，鹅的饮食、饲料的调制、鹅舍和用具的清洗，以及饲养管理人员的生活，都需要使用大量的水。同时，鹅的放牧、洗浴和交配等都离不开水源。所以，鹅场必须有充足的水源。

水源应符合下列要求：一是水量要充足，既要能满足鹅场内的人、鹅用水和其他生产、生活用水。还要能满足鹅的放牧、洗浴等所需用水。二是水质要求良好，不经处理即能符合饮用标准的水最为理想。此外，在选择时要调查当地是否因水质而出现过某些地方性疾病等。三是水源要便于保护，以保证水源经常处于清洁状态，不受周围环境的污染。四是要求取用方便，设备投资少，处理技术简便易行。

鹅场采用的水源归纳起来可分为四大类：一是地面水，包括江、河、湖、塘及水库等。地面水一般来源广、水量足，又因为它本身有较好的自净能力，所以是养鹅最广泛使用的水源。但这些水主要是由降水或地下泉水汇集而成，其水质及水量受自然条件的影响较多，易受污染，特别是容易受到生活污水及工业废水的污染，常常因此引起疾病流行或慢性中毒。最好选择水源大，且是流动的地面水作为水源。供饮用的地面水一般应进行人工净化和消毒处理。二是地下水，是降水和地面水经过地层的渗滤贮积而成，这种水源受污染机会较少，故较洁净，但要注意水中的矿物质含量，防止含有矿物性毒物。这类水源作为饮用及生产用水尚可保证，但作为规模较大的鹅场鹅的放牧、洗浴等用水时，就有困难，在此情况下可采用建造人工水沟来节约用水。三是降水，以雨、雪等形式降落在地面而成。当其在大气中凝集和降落时，吸收了空气中含各种杂质的可溶性气体，因而受到污染。且这类水贮存困难，水质难以保证，故一般不作为鹅场用水。四是自然水。一般在城镇居民比较集中的地方均用自来水，其水质、水量可靠，使用方便，是鹅场的理想用水。但相对成本较大，一般用于鹅的饮用水和人的生活用水，清洗用水和鹅放牧时如仍用此类水则会造成鹅场的饲养成本提高，因而不可单独作为鹅场用水。

三、外部条件

外部条件是指鹅场与周围社会的关系，如相互间的环境影响、交通运输、电力供应、信息交流、防疫条件等。

鹅场场址的选择，必须遵循社会公共卫生准则，使鹅场不至于成为周围环境的污染源，同时也要注意不受周围环境的污染。因此，鹅场的位置应选在居民点的下风处，地势低于居民点，但要离开居民点污水排出口，更不能选在化工厂、屠宰场、制革场等容易造成环境污染企业的下风处或附近。鹅场与居民点之间的距离应保持在 500 m 以上，与其他畜禽场应在 1 000 m 以上。

鹅场要求交通便利，因为饲料要运进，仔鹅或种鹅要运出，同时也便于鹅场对外宣传及工作人员外出。但为了防疫卫生及减少噪声，鹅场离主要公路的距离至少要在 500 m 以上，同时修建专用道路与主要公路相连。

选择场址时，还应重视供电条件，必须保证可靠的电力供应，最好应靠近输电线路，以尽量缩短新线架设距离，同时要求电力安装方便及电力保证 24 小时供应，必要时必须自备发电机以保证电力供应。

鹅场还要求通讯方便，场内可通电话、传真机及信息网络等。此外，鹅场周围的自然环境应较为清净。鹅的胆子较小，警惕性较高，突然的巨响，嘈杂的汽车，拖拉机声及人声都会引起鹅群的惊恐和不安，以致影响鹅的生长、产蛋、配种及孵化。鹅场应远离噪声工厂、居民点和其他家禽饲养场，最好相距 3～5 km 之外，与公路、市场、屠宰场、家禽仓库等易于传播疾病的地方也要尽可能隔离得远一些。因为许多病原不但容易通过人员、交通工具及猪狗鼠等带来，而且可以通过空气中的尘埃随风传播。鹅舍周围要建 2 m 高的围墙，围墙与舍距应在 30 m 以上。场的出入口应建消毒池。

四、气候条件

在寒冷地区，隆冬的严寒常使许多种鹅停止产蛋，结果导致种鹅年产蛋减少，影响鹅的生产性能的发挥，对饲养者来说也意味着经济效益下降。故冬季养鹅时最好选择在不需要大的供温设施即能保温的地方建场。

在炎热的地区，夏季的酷暑，蚊、蝇、虱、虫的骚扰对养鹅很不利，生产效益会大为下降。因此，从饲养场地来讲，应当尽量选择在气候长年温暖、夏季无高温、冬季无严寒的地区。但由于鹅的适应性很强，且饲养者可在酷暑采取相应的防暑降温措施，或在严寒季节采取相应的保温措施，因而在我国大部分地区均能养好鹅。

五、青绿饲料供应和放牧条件

玉米、大麦、高粱、小麦、稻谷、饼类等虽是鹅精饲料的主要组成成分，但鹅是草食家禽，养鹅如果仅靠上述精饲料则不能充分发挥鹅的食草特点，同时会增加饲养成本，所以养鹅生产必须有大量的青绿饲料供应，或有足够的放牧草地。每只种鹅一天可以消耗1.5～2.5 kg青草，因此鹅场建设地点，必须有较多或较大的可供放牧的草地，或者能方便地得到草源的地方。当然，即使具有广阔的草场，也应注意如何分区轮牧，或者改放牧为刈割喂饲，以保护草地资源。对缺乏天然草地的养鹅场，最好根据实际需要进行人工栽培牧草，同时努力提高牧草质量和数量，提高每亩草地面积的养鹅量。

第二节　鹅舍的建筑

鹅舍的建筑，总的要求是冬暖夏凉，阳光充足，空气流通，干燥防潮，经济耐用，且设在靠近水源、地势较高而又有一定坡度的地方。

鹅是水禽，但鹅舍内最忌潮湿，特别是雏鹅舍更要注意。因此，鹅舍应高燥、排水良好、通风，地面应有一定厚度的沙质土。

为降低养鹅成本，鹅舍的建筑材料应就地取材，建筑竹木结构或泥木结构的简易鹅舍，也可是砖瓦顶或砖墙水泥瓦顶结构的鹅舍。养鹅只数不多时，可利用空闲的旧房舍，或在墙院内利用墙边围栏搭棚，供鹅栖息。

鹅舍的建筑因鹅群的用途不同而分为育雏舍、育肥舍、种鹅舍及孵化室等几种。

一、育　雏　舍

3 周龄前的雏鹅由于绒毛稀少，体质娇弱，体温调节能力差，故育雏舍应以保温、干燥、通风、无贼风为原则。鹅舍内还应考虑有放置供温设备的地方或设置地火龙。鹅舍内育雏用的有效面积（即净面积）以每座鹅舍可容纳 500～600 只鹅为宜。舍内分隔成几个圈栏，每一圈栏面积为 10～12 m^2，可容纳 3 周龄以内的雏鹅 100 只，故每座鹅舍的有效面积为 50～60 m^2。鹅舍地面用沙土或干净的黏土铺平，并打实，舍内地面应比舍外地面高 20～30 cm，以保持舍内干燥。育雏舍应有一定的采光面积，窗户面积与舍内面积之比为 1∶10～15，窗户下檐与地面的距离为 1～1.2 m，鹅舍檐高为 1.8～2 m，育雏舍前是雏鹅的运动场，亦是晴天无风时的喂料场，场地应平坦且向外倾斜。由于雏鹅长到一定程度后，舍外活动时间逐渐增加，且早春季节常有阴雨，舍外场地易遭破坏，所以尤其应当注意场地的建筑和保养。总的原则是场地必须平整，略有坡度，一有坑洼，即应填平，夯实，雨过即干。否则雨天积水，鹅群践踏后泥泞不堪，易引起雏鹅的跌伤、踩伤。运动场宽度为 3.5～6 m，长度与鹅舍长度等齐。运动场外紧接水浴池，便于鹅群浴水。池底不宜太深，且应有一定的坡度，便于雏鹅浴水后站立休息。

二、育 肥 舍

以放牧为主的肥育鹅可不必专设育肥舍，且由于育肥期气候已趋温暖，因此可利用普通旧房舍或用竹木搭成能遮风雨的简易棚舍即可。这种棚舍应朝向东南，前高后低。为敞棚单坡式，前檐高约 1.8 m，后檐为 0.3～0.4 m，进深为 4～5 m，长度根据所养鹅群大小而定。用毛竹立柱做横梁。上盖石棉瓦或水泥瓦。后檐砌砖或打泥墙，墙与后檐齐，以避北风。前檐应有 0.5～0.6 m 高的砖墙，每 4～5 m 留一个宽为 1.2 m 的缺口，便于鹅群进出。鹅舍两侧可砌死，也可仅砌与前檐一样高的砖墙。这种简易育肥舍也应有舍外场地，且与水面相连，便于鹅群入舍休息前的活动及嬉水。为了安全，鹅舍周围可以架设旧渔网。渔网不应有较大的漏洞。鹅舍也应干燥，平整，便于打扫。以每平方米栖息 7～8 只 70 日龄的中鹅进行计算。这种鹅舍也可用来饲养后备种鹅。

育肥舍设单列式或双列式棚架。鹅舍长轴为东西走向，长形，高度以人在其间便于管理及打扫为度；南面可采用半敞式即砌有半墙，也可不砌墙用全敞式。舍内成单列或双列式用竹围成棚栏，栏高 0.6 m，竹间距为 5～6 cm，以利鹅伸出头来采食饮水。竹围南北两面分设水槽和食槽。水槽高 15 cm，宽 20 cm。食槽高 25 cm，上宽 30 cm，下宽 25 cm。双列式围栏应在两列间留出通道，食槽则在通道两边。围栏内应隔成小栏，每栏 10～15 m^2，可容纳育肥鹅 70～90 只。这种棚舍可用竹棚架高，离地 70 cm，棚底竹片之间有 3 cm 宽的孔隙，便于漏粪。也可不用棚架，鹅群直接养在地面上，但需每天打扫，常更换垫草，并保持舍内干燥。

三、种 鹅 舍

种鹅舍每平方米可容纳中小型鹅 2.5～3.5 只，大型鹅 2 只，以每舍饲养 400 只左右为宜。北方舍檐高度为 1.8～2 m，以利保暖，南方相对提高到 3 m 以上，以利通风散热，窗户面积与地面面积的比为 1∶10～20。舍内地面为砖地、水泥地或三合土地，以保证无鼠害或其他小型野生动物偷蛋或惊扰鹅群。一般舍内地面比舍外高出 10～15 cm，以利排水，防止舍内汪水。鹅舍的一角设产蛋间，地面最好铺木板，防凉，上面铺稻草，鹅作窝产蛋。种鹅舍外设陆地运动场和水浴池。运动场面积为舍内面积的 1.5～2 倍。周围要建围栏或围墙，一般高度为 1～1.3 m 即可。鹅舍周围应种树。高大的树荫可使鹅群免受酷暑侵扰，保证鹅群正常生活和生产。如无树荫或虽有树荫但不大，可在水陆运动场交界处搭建凉棚。

四、孵　化　室

采用天然孵化时，孵化室应选在较安静的地方。孵化室要冬暖夏凉，空气流通，窗离地面高约 1.5 m，窗要开得小，使舍内光线较暗，以利母鹅安静孵化。孵化室面积每 100 只母鹅占 12～20 m^2。如用木搭架作双层或三层孵化巢，面积可相应减少。舍内地面用黏土铺平打实，并比舍外高 15～20 cm。舍前设有水陆运动场，陆上运动场应设有遮荫棚，以供雨天就巢母鹅离巢活动与喂饲之用。人工孵化室要求，根据孵化用机具大小、数量而定，具体规格质量要求同孵鸡用孵化室。既要通风，又要保温，冬暖夏凉，地面铺有水泥，且有排水出口通室外，以利冲洗消毒。

与孵化室相邻并相通的，是有与规模相适应的存蛋库。蛋库中应备有蛋架车，蛋架车上的蛋盘应与孵化机中的蛋盘规格一致，以利操作。

第三节　养鹅设备及用具

养鹅比养鸡简单得多，但一些养鹅的设备及用具还是必需的。

一、育 雏 设 备

（一）自温育雏用具

自温育雏是利用箩筐或竹围栏作挡风保温器材，依靠雏鹅自身发出的热量达到保温的目的。此法设备用具简单且经济，但管理费工，故只适用于小规模育雏。

1. 自温育雏箩筐　分两层套筐和单层竹筐两种。两层套筐由竹片编织而成的筐盖、小筐和大筐拼合而成。筐盖直径 60 cm，高 20 cm，作保温和喂料用。大筐直径 50～55 cm，高 40～43 cm，小筐的直径比大筐略小，高 18～20 cm，套在大筐之内作为上层。大小筐底铺垫草，筐壁四周用草纸或棉布保温。每层可盛初生雏鹅 10 只左右，以后随日龄增大而酌情减少。这种箩筐还可供出雏和嘌蛋用。另一种是单层竹筐，筐底和周围用垫草保温，上覆筐盖或其他保温物。筐内育雏，喂料前后提取雏鹅出入和清洁工作等十分烦琐。

2. 自温育雏栏　是在育雏舍内用 50 cm 高的竹编成的篾围，围成可以挡风的若干小栏，每个小栏可容纳 100 只雏鹅以上，以后随日龄增长而扩大围栏面积。栏内铺上垫草，篾上架以竹条盖上覆盖物保温，此法比在筐内育雏管理方便。

（二）给温育雏设备

给温育雏设备多采用地下炕道、电热育雏伞或红外线灯等给温。优点是适用于寒冷季节大规模育雏，可提高管理效率，但费用较高。

炕道育雏分地上炕道式与地下炕道式两种。由炉灶与火炕组成，均用砖砌，大小长短数量需视育雏舍大小形式而定。地下炕道较地上炕道在饲养管理上方便，故多采用。炕道育雏靠近炉灶一端温度较高，远端温度较低，育雏时视日龄大小适当分栏安排，使日龄小的靠近炉灶端。炕道育雏设备造价较高，热源要专人管理，燃料消耗较多。

电热育雏伞用铁皮或纤维板制成伞状，伞内四壁安装电热丝作热源。有市售的，也可自制。一个铁皮罩，中央装上供热的电热丝和 2 个自动控制温度的胀缩饼装置，悬吊在距育雏地面 50～80 cm 高的位置上，伞的四周可用 20 cm 高的围栏围起来，每个育雏伞下，可育雏 200～300 只，管理方便，节省人力，易保持舍内清洁。

红外线灯给温是采用市售的 250 W 红外线灯泡，悬吊在距育雏地面 50～80 cm 高度处，每 2 m^2 面积挂 1 个，不仅可以取暖，还可杀菌，效果良好。

二、喂料器和饮水器

应根据鹅的品种类型和不同日龄的雏鹅，配以大小和高度适当的喂料器和饮水器，要求所用喂料器和饮水器适合鹅的平喙型采食、饮水特点，能使鹅头颈舒适地伸入器内采食和饮水，但最好不要使鹅任意进入料、水器内，以免弄脏。其规格和形式可因地而异，既可购置专用料、水器，也可自行制作，还可以用木盆或瓦盆代用，周围用竹条编织构成。大型鹅雏鹅用的喂料器和饮水器规格列于表 7-1，供参考。

表 7-1 大型鹅雏鹅用喂料器、饮水器规格 cm

日龄	盆直径	盆高	竹条间距离	饲喂鹅只数
1～10	17	5	2.5～3.0	13～15
11～20	24	7～8	3.5～4.0	13～15
21～40	30	9	4.5～5.0	12～14

鹅 40 日龄以上饲料盆和饮水盆可不用竹围，盆直径 45 cm，盆高 12 cm，盆面离地 15～20 cm。

种鹅所用的饲料器多为木制，圆形如盆，直径 55～60 cm，盆高 15～20 cm，盆边离地高 28～38 cm。也可用瓦盆或水泥饲槽，水泥饲槽长 120 cm，上宽 43 cm，底宽 35 cm，槽高 8 cm。

育肥鹅用木制饲槽，上宽 30 cm，底宽 24 cm，长 50 cm，高 23 cm。

三、软竹围和围栏

软竹围可圈围 1 月龄以下的雏鹅，竹围高 40～60 cm，圈围时可用竹夹子夹紧固定。一个月龄以上的中鹅改用围栏，围栏高 60 cm，竹条间距离 2.5 cm，长度依需要而定。

四、产蛋巢或产蛋箱

一般生产鹅场多采用开放式产蛋巢，即在鹅舍一角用围栏隔开，地上铺以垫草，让鹅自由进入产蛋和离开。

良种繁殖场如作母鹅个体产蛋纪录，可采用自动关闭产蛋箱。箱高 50～70 cm，宽 50 cm，深 70 cm。箱放在地上，箱底不必钉板，箱前开以活动自闭小门，让母鹅自由入箱产蛋，箱上面安装盖板，母鹅进入产蛋箱后不能自由离开，需集蛋者在纪录后，再将母鹅捉出或打开门放出鹅。

五、孵蛋巢（筐）

我国有些鹅就巢性很强，每产完一窝蛋就自己就巢孵化，有些农户至今仍采用鹅就巢孵化。各地用的鹅孵蛋巢规格不相一致，原则是鹅能把身下的蛋都搂在腹下即可。目前常见的孵蛋巢有两种规格：一种为高型孵巢，上径 40～43 cm，下径 20～25 cm，高 40 cm，适用于中小型品种鹅；另一种为低型孵巢，上下径均为 50～55 cm，高 30～35 cm，适用于大型鹅。一般每 100 只母鹅应备有 25～30 只孵巢。孵巢内围和底部用稻草或麦秸作垫物。在孵化舍内将若干个孵巢连结排列一起，用砖和木板或竹条垫高，离地面 7～10 cm，并加以固定，防止翻倒。每个孵巢之间可用竹片编成的隔围隔开，使抱巢母鹅不互相干扰打架。孵巢排列方式视孵化舍的形状大小而定，力求充分利用，操作方便。

设计和建造巢箱或巢筐时必须注意以下几点：一是用材省、造价低；二是便于打扫、清洗和消毒；三是结构坚固耐用；四是大小适中；五是能和鹅舍的建筑协调起来，充分利用鹅舍面积来安排巢和箱；六是必须方便日常操作；七是母鹅居住在里面能感到舒适；八是能减少母鹅间的相互侵扰；九是有利于充分发挥种鹅的生产性能。

六、运　输　笼

用作育肥鹅的运输，铁笼或竹笼均可，每只笼可容 8～10 只，笼顶开一小盖，盖的直径为 35 cm，笼的直径为 75 cm，高 40 cm。

七、其他设备及用具

除上述介绍的养鹅设备及用具外，还有其他孵化设备（包括传统孵化设备和机械孵化设备）、填饲机具（包括手动填饲机和电动填饲机）、饲料加工机械以及屠宰加工设备等，限于篇幅，不再一一赘述。

第八章　鹅病的防治

疾病是养鹅业的大敌。疾病的种类很多，归纳起来，可分为三大类，即由于饲养管理不善而引起的疾病，如外伤、饲料中毒及缺乏某种营养等，称为普通病；由于寄生虫寄生在鹅体内或体表引起的疾病称为寄生虫病；由病原微生物引起，具有一定的潜伏期和症状，并能传播蔓延的疾病称为传染病。尽管与其他家禽相比，鹅的适应性和抗病力较强，但有些疾病特别是传染病一旦发生，往往引起鹅群大批死亡，造成惨重的经济损失。近年来，随着工厂化、集约化和现代化养鹅业的日益发展，预防和控制鹅的疾病工作显得尤为重要。有效地防治鹅病，是养鹅场生产经营成功的一个重要保障。如果防治不力，轻则影响鹅群健康，重则导致鹅只发病死亡。为此，必须高度重视鹅的疾病防治工作，严格贯彻“以防为主，防治结合”的方针，采取综合性防治措施，降低发病率、死亡率，提高成活率，确保鹅群健康和养鹅生产的顺利进行。

第一节　鹅场综合性疾病防治措施

一、采取科学的饲养管理，增强鹅体抗病力

（一）把好引进鹅的质量关

引进的雏鹅和种鹅，必须来自于健康和高产的种鹅群，外来鹅未经隔离观察不得混入原来的鹅群，以保证鹅场安全生产。

（二）满足鹅群营养需要

疾病的发生与发展，与鹅群体质强弱有关，而鹅群体质强弱除与品种有关外，与鹅的营养状况有着直接的关系。如果不按科学方法配制饲料，鹅体缺乏某种或某些必须的营养元素，就会使机体所需的营养失去平衡，新陈代谢失调，从而影响生长发育，体质减弱，易感染各种疾病。另外，有时虽然按科学方法配制了饲料，但由于饲喂方式不科学，也会影响机体的正常代谢功能，使其营养的消化吸收减弱或受阻；也会使机体的体质减弱、生长发育受阻。因此，在饲养管理过程中，要根据鹅的品种、大小、强弱不同，分群饲养，按其不同生长阶段的营养需要，供给相应的配合饲料，采取科学的饲喂方法，以保证鹅体的营养需要。同时还要供给足够的清洁饮水，注意鹅体的体质锻炼，增加放牧时间或运动时间，有条件的地方还可经常让鹅下水游泳锻炼，适当增加鹅的运动量，提高鹅群的健康水平。这样，可以有效地防御多种疾病的发生，特别是防止营养代谢性疾病的发生。

（三）创造良好的生活环境

要按照鹅群在不同生长阶段的生理特点，控制适当的温度、湿度、光照、通风和饲养密度，尽量减少各种应激反应，防止惊群的发生。

（四）搞好鹅舍与运动场清洁卫生工作

圈养鹅群的场地潮湿，适宜病原微生物的生存和繁殖，是发生疾病的疫源地。因此，搞好鹅群生活环境的清洁卫生，就是要清除病原菌生存和繁殖的适宜环境条件。因此，鹅场的排水沟、垃圾、垫料要经常清理或更换；用具要经常清洗和消毒，粪便要及时进行清理。鹅舍要经常打扫，做到整个养鹅环境清洁、干燥、明亮、舒适。

（五）合理处理垃圾、粪便

垃圾、粪便等是病原微生物存在的主要场所，应严格防止其污染饲料、饮水和道路。为此，应将垃圾、粪便运送到距鹅舍百米远的地方，堆积发酵和消毒，以杀灭病原菌。鹅粪是鱼的好食饵，有条件的鹅场最好结合养鱼建立发酵池，将发酵后的粪便投入鱼塘利用，既清洁环境和水源，减少放牧水域污染，还可节约鱼的饵料。

（六）做好日常观察工作，随时掌握鹅群健康状况

逐日观察记录鹅群的采食量、饮水表现、粪便、精神、活动、呼吸等基本情况，统计发病和死亡情况，对鹅病做到“早发现、早诊断、早治疗”，以减少经济损失。

观察鹅群的时候，可发现健康鹅精神奕奕，羽毛洁净、顺贴紧凑、具有光泽，并常用嘴整理自身羽毛，嘴与脚部润滑饱满，两眼明亮有神，眼鼻干净，食欲旺盛，消化良好，粪便正常，对外界各种刺激的反应十分敏捷，有时会发出声调低短的“哦！哦！”欢叫声，还会企胸扑翼奔跑；初发病和轻病症的鹅颈背上端的小羽毛失去平常那种顺伏紧贴感，有微微松起现象，喜欢卧伏，采食减少，常常遭到同群鹅的驱赶和啄咬，还常有摇头、流鼻水、眼黏膜潮红、双翅及腹部羽毛如被污水玷污的现象；病情较重的鹅则表现精神不振，厌食，不愿走动，全身羽毛松乱，腹部和翅部羽毛好像被脏水玷污，常呆立或独居一隅，鼻孔周围十分干燥或明显流鼻水，眼部有结痂物，头瘤、脚、嘴等部位均失去光泽，用手摸之有灼热感；接近死亡的鹅则伏地不起，无力挣扎，头部肉瘤及脚部冷却。

观察鹅群的最好时间是在每天早晨天刚亮、中午、深夜的时候。这时鹅群正处在休息状态，病鹅容易表现出各种异常状态，比较容易发现与检出初发病和轻症的病鹅。具体检查方法是：在接近大群鹅时，要从远到近慢慢地向前走动，一边接近一边观察，注意发现各种异常现象。如果突然接近会使病鹅、健康鹅同时都受惊、奔跑、鸣叫，很难发现病鹅，尤其难以发现初发病和轻症的病鹅。如果认为有必要进行个体检查时，可用捉鹅杆（前端带有“S”钩）卡紧可疑病鹅的颈部，从鹅群中吊出，进行详细检查，注意观察羽毛、头部肉瘤、脚的表面温度及挣扎等方面是否有异常。

二、做好消毒隔离工作，减少疾病感染机会

（一）确保引进健康种鹅

要从没有疫情的地区和没有烈性传染病的鹅场引种，购入种鹅后先隔离观察 2 周以上，确认无病后才能转入饲养舍合群，防止其带进病原。

（二）及时发现、隔离和淘汰病鹅

饲养人员要经常观察鹅群，及时发现精神不振、行动迟缓、毛乱翅垂、闭眼缩颈、食欲不佳、粪便异常、呼吸困难、咳嗽等症状的病鹅，及时将其隔离或淘汰，并查明原因，迅速对症处理。

（三）严防禽兽窜入鹅舍

严防野兽、飞鸟、鼠、猫、犬等窜入鹅舍，防止惊群和传播病菌，尤其要注意定期灭鼠。

（四）禁止人员来往与用具混用

应避免外人进入和参观鹅场，以防止病原微生物交叉感染。同时要做到专人、专舍、专用工具饲养。工作时要穿工作服、鞋，接触鹅前后要洗手，以切断病原传播途径。

（五）鹅场（舍）进出口设消毒池

在鹅场（舍）进出口设消毒池，并保持消毒池内有消毒药物（生石灰或 2%火碱水），以便对进出人员、车辆进行消毒。

（六）定期对鹅舍及设备用具消毒

消毒的目的是消灭环境中的病原微生物，预防传染病的发生或阻止传染病的蔓延，对种蛋、孵化室、设备器具、棚舍地面、屋

顶及墙壁，必须按规定清洗和消毒，防止病原微生物的传染，这是一项重要的防病措施。鹅舍内的用具搬到舍外用水清洗后，用福尔马林浸泡消毒。鹅舍的消毒程序是，首先将垫料、粪便等废弃物清除干净，再用清水彻底清洗地面、墙壁和设备，然后用2%的火碱水或1%的来苏儿进行全面消毒；也可以在每立方米空间用高锰酸钾7 g、福尔马林14 ml、水7 ml，进行熏蒸消毒。最后将鹅舍空置2周以上，到进鹅群前，再洗去剩余的消毒剂。只有通过严格的消毒，才能为饲养下一批鹅创造一个安全的场所。应注意的是，用高锰酸钾和福尔马林熏蒸消毒时，不能使用玻璃容器，而要使用铁制或陶瓷容器，容积要比福尔马林溶液大10倍。将容器放在加药熏蒸的地方，先加少量水，再加入高锰酸钾，最后加福尔马林。否则，因反应剧烈，会造成人身伤害。鹅场常用消毒剂参见表8-1。

表8-1 鹅场常用消毒剂简介

药名	药物特性	使用说明	备注
煤酚皂溶液（来苏儿）	本品可造成菌体蛋白凝固、变性，对繁殖型病原体有良好的杀灭作用，但对芽孢和病毒的作用不强	一般以2%～5%的浓度用做洗手、鹅舍、设备和用具等的消毒，以5%～10%的浓度用于排泄物的消毒	由于本品有臭味，不宜用于蛋、肉的消毒
氢氧化钠（苛性碱、烧碱）	对细菌、病毒和寄生虫卵均有强大的杀灭力，且能溶解其蛋白质	一般以2%～3%的浓度用于鹅舍、非金属器具、运输工具和门口消毒池的消毒	对金属有较强的腐蚀性，不宜用于金属制品消毒。使用时应注意安全防护，进鹅前需用清水洗去残余的烧碱
草木灰水	主要含有氢氧化钾和碳酸钾，消毒原理同氢氧化钠	一般以新鲜草木灰10 kg加水50 kg煮沸30分钟，去渣后，用于鹅舍地面的喷洒消毒	

续表 8-1

药 名	药物特性	使用说明	备 注
石灰乳	本品为生石灰(主要成分 CaO),加水成为熟石灰[主要成分 $Ca(OH)_2$]。$Ca(OH)_2$ 在水中解离出 OH^- 和 Ca^{2+},造成病原体界质 pH 改变和蛋白质与 Ca 形成 Ca 结合蛋白而起杀灭作用	一般以 1 份生石灰加 1 份水配成熟石灰,然后用水配成 10%～20% 的浓度,用于鹅舍墙面、地面及排泄物的消毒	宜现配现用,因为熟石灰存放过久会吸收空气中二氧化碳,变成碳酸钙而失去作用
漂白粉(含氯石灰)	本品为次氯酸钙、氯化钙和氢氧化钙的混合物,次氯酸钙在水中分解出次氯酸,继而转化为初生氯和活性氯,从而对细菌的原浆蛋白产生氧化和氯化反应而起杀菌作用	通常以 5～10 g/m³ 的剂量用做饮水消毒;1%～3%用于非金属用具的消毒。10%～20%乳剂用于鹅舍和排泄物的消毒。干粉剂与粪便以 1∶5 的比例用于粪便消毒	本品在酸性环境中杀菌力强,在碱性环境中杀菌力弱。温度升高时杀菌力增强。本品对金属和动物皮肤有一定的腐蚀作用,应注意预防
高锰酸钾	本品为强氧化剂,可使各种病原微生物的蛋白质氧化变性而起杀菌作用。本品的氧化性能常被用于加速福尔马林的蒸发消毒	本品常以 0.05%浓度用于皮肤、黏膜、创面和饮水的消毒,以 0.01%～0.02%饮服可预防某些肠道传染病。常以本品 15 g,福尔马林 30 ml 用于每立方米空间的鹅舍或孵化种蛋的熏蒸消毒	本品易氧化失效,应密封保存现配现用
过醋酸(过氧乙酸)	本品为强氧化剂,对细菌芽孢、霉菌、病毒均有强烈的杀灭作用	以 0.2%溶液浸泡除金属和橡胶制品以外的用具。以 0.5%用于鹅舍和运输工具的喷洒消毒。以 10～15 ml (20%过醋酸溶液/m³) 的剂量将其稀释成 3%～5%的溶液后进行熏蒸消毒,熏蒸时相对湿度以 60%～80%为宜	本品对组织有刺激性和腐蚀性,对金属和橡胶制品也有腐蚀性,应注意安全防护

续表 8-1

药　名	药物特性	使用说明	备　注
新洁尔灭（溴苄烷胺）	本品为季铵盐类阳离子表面活性剂，对杀菌和去污有特种效力，有较强的渗透力。本品性质稳定、毒性低、无腐蚀性，消毒对象广、效力强、速度快，对多种病原菌和某些病毒均有较强的杀灭作用	本品以0.1%用于皮肤消毒或种蛋的喷雾和浸泡消毒。以0.5%～2%用于禽舍、工具等消毒	本品可用于金属用具的消毒，忌与肥皂或碱类接触以免拮抗失效
甲醛溶液（含甲醛40%即为福尔马林）	本品为强还原剂，可使病原微生物的蛋白质发生烷化反应而变性，是一种作用强烈的广谱消毒剂，对细菌、芽孢、病毒均有杀灭作用	以2%福尔马林用于用具浸泡消毒。以每立方米空间15～30 ml福尔马林加等量水加热熏蒸；亦可与高锰酸钾起氧化熏蒸消毒	有强烈的刺激性气味，操作时要注意安全
农福	对病毒、细菌和虫卵均有较强的消毒功效，在严重污染的环境中亦有较强的消毒功效，正常稀释时无腐蚀性，使用后有效期可长达一周	以1：100～300的浓度用于鹅舍及设备的消毒	
农乐（均毒敌）	广谱消毒剂，对多种畜禽的病原微生物均有良好的杀灭效果	用法、用量同农福	以热溶液使用，效果更好
雅好生	广谱消毒剂，安全，无刺激性臭味，对多种畜禽的病原微生物均有良好的杀灭作用	一般预防性消毒时，以1%溶液用于产品、鹅舍、设备和各种器械的消毒，严重疫病发生时用3%的浓度	忌与热水、含碱性或肥皂水共用。储存温度不超过40℃

三、实施有效的免疫计划，认真做好免疫接种工作

免疫接种是指给鹅注射或口服疫苗、菌苗等生物制剂，以增强鹅对病原的抗病力，从而避免特定疫病的发生和流行。同时，种鹅接种后产生的抗体，还可通过受精蛋传给雏鹅，提供保护性的母源抗体。

（一）鹅的免疫接种程序

我国已有多种疫苗用于家禽传染病的预防，但是目前用于预防鹅的传染病的疫苗还较少。有关单位已研制并生产出“小鹅瘟”疫苗和“禽霍乱”疫苗等。

1. 雏鹅的免疫接种　未经小鹅瘟疫苗免疫注射的种鹅，所产种蛋孵化出的雏鹅，应在出生后注射抗小鹅瘟血清，每只0.3～0.5 ml；若雏鹅已感染了小鹅瘟，即在鹅群中已发现有患小鹅瘟病的雏鹅时，全群鹅都应注射抗小鹅瘟血清，每只0.8～1.0 ml。4周龄以后的仔鹅应再用禽霍乱疫苗免疫。

2. 种鹅的免疫接种　禽霍乱疫苗在育成期或休产期中使用，疫苗用量按说明书确定，每注射1次免疫期3个月。小鹅瘟疫苗在种鹅开产前1个月左右进行第一次注射，开产后10～14天进行第二次注射。经过免疫的母鹅所产的种蛋孵出的雏鹅对小鹅瘟有较强的免疫力，一般不必再对其进行抗小鹅瘟血清注射。

（二）疫苗接种方法与要求

常用的疫苗接种方法有注射法和饮水法：

1. 注射法　注射各种疫苗时，必须按说明书规定的稀释倍数和注射部位进行，稀释液一般用灭菌注射用水或蒸馏水。注射时必须确认已注入皮下或肌肉内，若发现针头穿过皮肤而将疫苗注射到体外，则必须重新注射，绝不能将疫苗注入腹腔或胸腔。

2. 饮水法　用不含有氯、铜、锌、铁等离子或其他消毒剂、清洁剂的凉水稀释疫苗。若用含氯的自然水时，要先煮沸放置过夜后再使用。为增加疫苗的活力和持续时间，最好在稀释液中加入0.2%的脱脂奶粉。饮水用具要洗干净，稀释的疫苗液数量要充足，保证每只鹅在2小时内饮到规定剂量的疫苗。此外，根据外界气温情况，采用饮水接种前，一般停止供水2～4小时。

（三）接种疫苗时应注意的事项

1. 严格按说明书要求进行接种疫（菌）苗　疫苗的稀释倍数、

剂量和接种方法等都要严格按照说明书规定进行。

2. 疫苗应现配现用　稀释时绝对不能用热水，稀释的疫苗不可置于阳光下曝晒，应放在阴凉处，且必须在2小时内用完。

3. 接种疫苗的鹅必须健康　只有在鹅群健康状况良好的情况下接种，才能取得预期的免疫效果。对环境恶劣、疾病、营养缺乏等情况下的鹅群接种，往往效果不佳。

4. 妥善保管、运输疫苗　生物药品怕热，特别是弱毒苗必须低温冷藏，要求在0℃以下，灭活苗保存在4℃左右为宜。要防止温度忽高忽低，运输时要有冷藏设备。若疫苗保管不当，不用冷藏瓶提取疫苗，存放时间过久而超过有效期，或冰箱冷藏条件差，均会使疫苗降低活力，影响免疫效果。

5. 选择接种疫苗的恰当时间　接种疫苗时，要注意母源抗体和其他病毒感染时对疫苗接种的干扰和抗体产生的抑制作用。

6. 接种疫苗的用具要严格消毒　对接种用具必须事先按规定消毒。遵守无菌操作要求，对接种后所用容器、用具也必须进行消毒，以防感染其他鹅群。

7. 注意接种某些疫苗时能用和禁用的药物　在接种禽霍乱活菌苗前后各5天，应停止使用抗菌素和磺胺类药物；而在接种病毒性疫苗时，在前2天和后5天要用抗菌药物，以防接种应激引起其他病毒感染；各种疫苗接种前后，均应在饲料中添加比平时多一倍的维生素，以保持鹅群强健的体质。

此外，由于同一鹅群中个体的抗体水平不一致，体质也不一样，因此，同一种疫苗接种后反映和产生的免疫力也不一样。所以，单靠接种疫苗扑灭传染病往往有一定的困难，必须配合综合性防疫措施，才能取得预期的效果。

四、采用药物防治疾病，提高鹅群健康水平

除对鹅群进行科学的饲养管理，做好消毒隔离、免疫接种等

工作外，合理使用药物防治鹅病，也是搞好疾病综合性防治的重要环节之一。鹅场应本着高效、方便、经济的原则，通过饲料、饮水或其他途径有针对性地对鹅使用一些药物，以有效地防止各种疾病的发生和蔓延。如在饲料中添加多种维生素、微量元素和氨基酸等，可起到弥补饲料养分不足和防治疾病的作用。许多抗菌药物不但可以杀灭病菌，还有促进鹅生长、改善饲料利用率的作用。如土霉素、金霉素、喹乙醇和杆菌肽锌等，可作为生长促进剂使用。为防止鹅寄生虫感染，可使用驱虫净、可爱丹、氯苯胍等抗寄生虫药物。此外，为防止饲料发霉变质可加入丙酸钙等防腐剂；为防止饲料的氧化分解，可添加乙氧基喹啉（山道喹）、丁基化羟基甲苯（BHT）等抗氧化剂。值得注意的是，长期对鹅使用某一种化学药物防治疾病，易在鹅体内产生耐药菌株，从而使药物失效或达不到预期效果。因此，需要经常进行药物敏感试验，选择高效敏感化学药物进行防治。

鹅病防治的药物，与其他畜禽的药物相同，在使用时只是剂量有所不同。鹅场常用的抗生素和抗菌药物简介见表8-2，常用的驱虫药和杀虫药简介见表8-3。注意两个表格中所列的剂量，除有说明的以外，均是成年鹅的一般治疗剂量，对于不同的病情，要灵活运用。

表8-2 鹅场常用抗生素和抗菌药物简介

药名	规格	用法	用途	注意事项
青霉素	注射用粉剂，每支20万、40万、80万、100万(单位)	用注射用水稀释后肌肉注射，每只鹅5万～8万单位，每天1～3次	可抑制革兰氏阳性菌和阴性球菌	水溶液极不稳定，稀释后当天用完，最好是临用时稀释
硫酸链霉素	注射用粉剂；1 g 即 100万单位	用注射用水稀释后肌肉注射，每只鹅0.1 g，每天2次	对革兰氏阴性杆菌（沙门氏菌、大肠杆菌等）有抑制或杀灭作用	溶解后尽快用完。细菌易产生耐药性。遇热、氧化剂等失效，遇氯化钠减效

续表 8-2

药名	规格	用法	用途	注意事项
氯霉素（氯胺苄醇）	注射剂，每支 2 ml，0.25 g	肌肉注射，每千克体重 20～50 mg，每天 1～2 次	广谱抗生素，能抑杀沙门氏杆菌、巴氏杆菌、大肠杆菌、衣原体、螺旋体等	遇碱失效，禁与碱性药物配伍
	片剂，每片 0.25、0.5 g	内服，每只 0.1 g，每天 1～2 次		
	0.25%滴眼溶液	滴眼，每天 4 次		
盐酸土霉素（地霉素、氧四环素）	粉针，每瓶 0.5 或 1.0 g	肌肉注射，每千克体重 0.05～0.1 g	对细菌、衣原体、霉形体、螺旋体、球虫有效	忌与碱性药物合用，不宜同时内服钙、镁制剂
	片剂，每片 0.25 或 0.5g	内服，每只 0.1～0.2 g		
硫酸庆大霉素	注射液，每支 5 ml，含 20 万单位	肌肉注射，每千克体重 3 000 单位，每天 3～4 次	广谱抗生素，对多种革兰氏阴性菌（如大肠杆菌、沙门氏杆菌）和耐药葡萄球菌有效	一般作严重感染的后备用药，易产生耐药性
制霉菌素	片剂，每片 25 万或 50 万单位	内服，每千克饲料内加 50 万～100 万单位，连用 1～3 周	抗霉菌的抗生素，可治鹅口疮、曲霉病菌等	
红霉素	片剂，每片 0.125 g 或 0.25 g；注射液，乳糖酸红霉素，每支 0.25 g	内服，0.02%～0.05%混于饲料中；注射，每千克体重 10～40 mg	与青霉素 G 相似。对革兰氏阳性菌作用强，对支原体有一定作用，能防治支原体病，但对有细菌并发感染的禽群效果不好	高力米先为含硫代氰胺酸盐的红霉素，能完全溶解于水，要注意按含红霉素量来折算用量
泰乐菌素	粉剂	内服，0.44%～0.66%混于饮水中，连用 3～5 天	本品可用于治疗呼吸道支原体病，但单独使用时对已有细菌并发感染的禽群效果不好	
盐霉素（优素精为含量 10%的散剂）	粉剂	50～70 mg/kg 混于饲料中；优素精 500～700 mg/kg	治疗球虫病效果良好	超量容易中毒

续表 8-2

药　名	规　格	用　法	用　途	注意事项
莫能菌素	粉剂	125 mg/kg 混于饲料中，可长期使用	治疗球虫病效果良好	上市前 3 天停药。产蛋鹅禁用
氟派酸（诺氟沙星）	粉剂	0.005%～0.02%混于饲料中	高效、广谱抗菌药，可治疗大肠杆菌病、沙门氏菌病、禽霍乱和葡萄球菌、链球菌、肺炎球菌等引起的感染	久用可产生耐药性
克霉唑	片剂，每片 0.25 g 或 0.5 g	80～100 只用 1 g，混入饲料内喂服	广谱抗霉菌抗生素，对多种霉菌有抑制作用	
磺胺嘧啶（SD）	注射剂，10%，每支 5 或 10 ml	肌肉注射，每千克体重 1～2 ml，每天 2 次	能抑制多数革兰氏阳性菌和一些革兰氏阴性菌，也能抑制衣原体	多给饮水，有足够的剂量和疗程
	片剂，每片 0.5 g	内服，每千克体重 0.1～0.2 g，每天 2 次		
磺胺甲基嘧啶（SM_1）	片剂，每片 0.5 g	0.4%～0.5%混于饲料中饲喂，连喂 2 天，0.2%～0.25%则要连喂 4 天。0.1%～0.2%溶于水中饮用，连用 4～5 天	同上	同上
磺胺二甲基嘧啶（SM_2）	片剂，每片 0.5 g	0.4%～0.5%混于饲料中饲喂，或 0.1%～0.2%溶于水中饮用，连喂 4～5 天	治球虫效果良好，另外的同上	同上
磺胺-5-甲氧嘧啶（SMD）	粉剂；片剂，每片 0.5 g	同 SD	同 SD	同上

续表 8-2

药名	规格	用法	用途	注意事项
磺胺-6-甲氧嘧啶（SMM）	粉剂；片剂，每片 0.5 g	治疗以 0.05%～0.2%、预防以 0.05%～0.1%混入饲料中饲喂，连用 3～7 天	同上，对球虫病有良好的疗效	同上
磺胺咪（SG）	粉剂；片剂，每片 0.5 g	以 1%浓度混入饲料，连喂 3～4 天	同 SD，为一般肠炎的抗菌药，在肠内很少吸收，用于细菌性肠道感染	同上
二甲氧苄氨嘧啶（敌均净，DVD）	复方粉针，SM_2：DVD＝1∶1 复方粉针，DVD：SMD＝1∶5	每千克体重内服 20～25 mg，每天 2 次 以 0.03%混入饲料内服	有抑菌作用，与磺胺、抗生素合用能提高药效，适合消化道抗菌增效	同上
三甲氧苄氨嘧啶（TMP）	针剂，每 2 毫升含 0.1 g 片剂，每片 0.5 g	每千克体重 20～25 mg，每天 2 次 以 0.02%～0.04%混入饲料，每天 2 次	有抑菌作用，与磺胺类、抗生素合用能提高药效，抗菌范围与 SD 相似	同上
痢特灵（呋喃唑酮）	粉剂；片剂，每片 0.1 g	预防用 0.015%、治疗用 0.04%混入饲料饲喂。治疗也可每只每天 15～20 mg，连用 2～3 天	主要用于肠道抗感染，如球虫、副伤寒、大肠杆菌等，有广谱抗菌作用	拌入饲料必须均匀，防止中毒。治疗球虫病时，要连用 7 天
大蒜素	20%浸剂；40%酊剂	口服，浸剂每只 3～4 ml，酊剂每只 1～2 ml	有清热、解毒、杀虫和抗菌作用。能抗霉菌、原虫等，对禽副伤寒也有效	临用时稀释后服
新肿凡纳明（九一四）	针剂，每支 0.15、0.3、0.45、0.6 g	每千克体重 30～50 mg，用蒸馏水溶解，肌肉或静脉注射	有抗菌作用，对螺旋体有效	现用现稀释

表 8-3　鹅场常用驱虫药和杀虫药简介

药名	规格	用法	用途	注意事项
枸橼酸哌嗪(驱蛔灵)	片剂，每片0.5 g，结晶粉	按每千克体重0.25 g混于饲料中，或以1%浓度化在饮水中	驱线虫药，驱蛔虫常用，对成虫的效果比童虫好	混入少量精料中，要让鹅在短期时间内吃光，药与料要拌匀
磷酸哌嗪	片剂，每片0.5 g	以每千克体重0.2 g混于饲料中，或以1%浓度化在饮水中	驱蛔虫有效	同上
左咪唑(左旋咪唑、左噻咪唑)	粉剂	按每千克体重30 mg混入饲料中饲喂，或1次口服	驱线虫药，对蛔虫、异刺线虫、裂口线虫、毛细线虫等有效	同上
噻苯咪唑(噻咪唑)	粉剂	在饲料中添加0.1%噻苯咪唑，连喂2～3周	驱线虫药	药与料要拌匀
灭虫丁	针剂，每毫升含有效成分1 mg	皮下注射，每千克体重0.1～0.2 kg	驱线虫药，对未成熟蛔虫、成熟蛔虫、异刺线虫、毛细线虫等有效	
四咪唑(驱虫净)	粉剂	每千克体重40～50 kg，1次口服，或以0.01%浓度溶于水，连用7天	驱线虫药	
丙硫咪唑(丙硫苯咪唑、抗蠕敏)	粉剂；片剂，每片100或200 mg	每千克体重25～120 mg，1次投服	广谱、高效、低毒的新驱虫药，能驱线虫、绦虫、吸虫	
硫化二苯胺(酚噻嗪)	粉剂(不溶于水)	用淀粉浆制成混悬液灌服，剂量每千克体重0.5～1 g，连用2天	驱线虫药，有驱成虫和阻止粪便虫卵和幼虫发育的作用	

续表 8-3

药名	规格	用法	用途	注意事项
硫双二氯酚(别丁)	粉剂	每千克体重 150～200 mg，配成 1%混悬剂，用导管一次灌服	驱吸虫、绦虫药	
六氯乙烷(吸虫灵)	粉剂；片剂，每片 0.25 g	每千克体重 0.2～0.5 g，拌入饲料喂，每天 1 次，连续 3 天	驱吸虫药，但对童虫无效	服前禁食 12～15 小时，与小剂量四氯化碳合用，可提高效果
四氯化碳	胶丸，每丸 1 ml	每只鹅 3～6 ml，以小胶管插入食道灌服	驱吸虫药，也可驱胃肠道内的线虫，但对童虫无效	
吡喹酮(环异吡喹酮)	粉剂	每千克体重 5～10 mg 内服	驱吸虫、绦虫药，对成熟或未成熟虫体都有效	
氢溴酸槟榔碱	粉剂	每千克体重 1～2 mg，配成 1/1 000 溶液用胶管给鹅投服	有驱绦虫作用，如鹅剑带绦虫	毒性强，注意保管
氯硝柳氨(灭绦灵)	粉剂	每千克体重 50～60 mg，1 次口服	驱绦虫药	
南瓜子	种子粉	用种子粉加 8 倍水煮沸 1 小时，除去表层油脂，与等量精料混喂；或按每只鹅 20～50 g，微炒带皮种子，研粉内服	驱剑带绦虫	
槟榔子	种子	每千克体重 0.75 g，熬汁用胃管灌服	驱剑带绦虫	
氯苯胍	粉剂	每千克饲料加入 100 mg，拌匀后喂，连用 10 天，预防量减半	抗球虫药	宰前 7 天禁用，产蛋鹅禁用

续表 8-3

药　名	规　格	用　法	用　途	注意事项
磺胺喹恶啉(SQ)	粉剂	预防以 0.012%混入饲料，或 0.006%溶于水（钠盐）；治疗以 0.05%～0.1%混入饲料，0.04%溶于水（钠盐）	抗球虫药	产蛋鹅禁用
克球粉（可爱丹，Coyden-25）	粉剂	在饲料中添加，每吨加 0.5 kg	抗抗球虫药	
盐酸氨丙啉	粉剂	每千克饲料添加 150～200 mg，拌匀后喂，或每升饮水加 80～120 mg 饮服，连用 7 天	抗球虫药	日粮中硫胺量增加，会降低其抗球虫作用
硝基甲苯酰胺（球痢灵）	粉剂	每千克饲料添加 250 mg，连喂 3～5 天，预防时剂量减半	用以抗球虫	可产生耐药性，与硝基呋喃类药合用有交叉耐药性。产蛋禽禁用
甲硝唑（灭滴灵）		每只鹅每天 100～200 mg，分 2 次投服，连用 7 天	抗滴虫药	
敌百虫	粉剂	0.2%溶液喷洒；0.1%溶液滴耳（鹅外耳道）	杀虫药，用于灭虱、灭蜱等；滴耳灭颊白羽虱	
除虫菊	花序干粉	2%乳剂局部应用	杀虫药，用于灭虱等	
双甲脒	含量为 12.5%或 20%的乳油剂	配成 0.05%液体喷洒	杀虫药，用于灭虱、灭蜱、灭螨等	

续表 8-3

药名	规格	用法	用途	注意事项
溴氢菊酯（倍特）		配成 0.025%～0.05%溶液喷洒	杀虫药，用于灭虱、灭蜱、灭螨等	
氧硫磷（蜱虱敌）	含氧硫磷 50%	配成 0.02%～0.03%溶液喷洒	杀虫药，用于灭蜱、灭螨等	

五、发现疫情迅速采取扑灭措施

（一）随时观察鹅群，及早发现疫情

只有饲养人员随时观察鹅群动态，才能做到对鹅群的疫情早发现、早确诊、早处理，控制疫病的传播和流行。因此，饲养人员要随时注意观察饲料、饮水消耗、排粪和产蛋等情况，若有异常，要迅速查明原因。发现可疑传染性病鹅时，应尽快确诊，隔离病鹅，封锁鹅舍，在小范围内采取扑灭措施，对健康鹅紧急接种疫苗或进行药物防治。由于传染病发病率高，流行快，死亡率高，因此，无论什么地方或单位饲养的鹅群发生了传染病，都应及时通报，让近邻、近地区注意采取预防措施，防止发生大流行。

（二）加强封锁和控制，严禁出售和转运病鹅

疫情发生时，要加强封锁和控制，严防传染病的流行和扩散。严禁食用病死鹅，严格隔离病鹅群。病死鹅的尸体、内脏、羽毛、污物等不能随意乱扔，必须焚烧或深埋，重症病鹅要淘汰。病鹅舍和病鹅用过的饲养用具、车辆、接触病鹅的人员、衣物及污染场地必须严格消毒，粪便经彻底消毒或生物热发酵处理后方可利用。处理完毕后，经半个月如无新的病例，再进行一次终末彻底消毒，才能解除封锁。

第二节 鹅的常见传染病

传染病的特点是能由一只鹅（或禽）迅速传染给另外的鹅（或禽），往往引起群体发病乃至死亡。传染病流行的基本环节有三个：一是传染源，即病原体，主要集中在被感染的鹅或其他禽体内及其排泄物中；二是传染途径与媒介，即病原体通过一定的途径侵入鹅体，有的因鹅体直接接触而传染，有的是通过饲料、饮水、土壤尘埃、用具等间接接触而感染；三是易感群。传染病的防治和扑灭，要从这三个环节着手，采取有较强针对性的措施。

一、小 鹅 瘟

小鹅瘟是雏鹅的一种急性、败血性传染病，又称小鹅病毒性肠炎，是由扬州大学农学院方定一教授首先发现的。其临床特征是精神委顿、废食、严重下痢和出现共济失调等神经症状，典型的病变是小肠黏膜出现渗出性炎症，形成栓子堵塞肠道。

（一）病原

病原为小鹅瘟病毒。在病雏的各内脏组织、脑和血液中含有大量病毒，病毒能在12～14日龄的鹅胚绒毛尿膜或尿囊腔内生长，经5～7天后可使鹅胚死亡并产生病变。死鹅胚剖检可见全身性充血、出血，呈鲜红色，在翅尖、喙、背、胸部和蹼等处出血明显，头水肿。

本病毒对鸡、鸭、鹅等动物的红细胞无凝集作用，但对黄牛精虫能凝集，并能被小鹅瘟血清所抑制，故可用于病毒的鉴定。

本病毒对外界不良环境有较强的抵抗力，加热56℃经3小时以后才死亡，在－20℃以下冰箱内可存活2年以上。

（二）流行特点

小鹅瘟绝大多数发生于雏鹅，多为7～20日龄，最小为3日龄，最大为73日龄，5～15日龄雏鹅为高发日龄，发病率和死亡率均在90%以上。无论是自然或人工感染，成年鹅、其他禽类和其他动物均无易感性。雏鹅的发病率和死亡率随着日龄的增大而降低，15日龄以上雏鹅病情比较缓和，有半数可能康复。

小鹅瘟在我国各省都曾不同程度地发生和流行。在同一地区，如江苏、浙江等地，流行有一定的周期性，一般在大流行后的2～3年内不会再次流行，分析其原因，可能是耐过的种鹅能产生坚强的免疫力，并通过母源抗体使雏鹅也能形成被动免疫。另外，本病的流行有明显的季节性，通常在春夏期间，这与此阶段雏鹅大量出孵有关。

带毒鹅和病鹅的粪便及分泌物为主要的传染来源，消化道、呼吸道为传染途径。

（三）临床症状

潜伏期3～5天，临床症状可分为最急性型、急性型和亚急性型三种类型。

1. 最急性型　1周龄内的雏鹅，无先兆症状而突然死亡，或一旦发现时已倒地乱划呈昏迷状态，不久死亡，几天内便蔓延全群，死亡率高。

2. 急性型　2周龄内的雏鹅常发生的一种病型。病鹅离群独居，厌食，食管部松软，排出黄白色含气泡或纤维碎片的液状粪便，喙端色泽变暗，病程1～2天，临死前出现麻痹或抽搐现象。

3. 亚急性型　发生于2周龄以上的雏鹅，以萎靡、呆立、厌食、拉稀和消瘦为主要症状。病程为3～7天，也有少数能自愈者，但生长不良。

（四）剖检

本病的主要病变在消化道，特别是其中的小肠部分。

死于最急性型的雏鹅，十二指肠黏膜有急性卡他炎症，充血，呈弥漫红色，附多量黏液。

死于急性型的雏鹅，肠道常有特征性病变，在小肠的中段和下段特别是在靠近卵黄柄和回盲部的肠段，外观上极度膨大，质地紧实，象香肠一样，其中充塞着一种淡灰白色或淡黄色凝固的栓子状物，是由卡他性、纤维性炎症渗出物和坏死物包在食糜外而组成。有些病例在未形成典型的栓子前，已形成长条状、薄膜状、管状的假膜，里面是污绿色的食糜。另外肝、胆囊、肾、脾有不同程度肿大、充血等。

亚急性型的雏鹅，剖检病变与急性型大体相同，只是没有那么严重。

（五）诊断

小鹅瘟可根据以下几点进行诊断：

1. 流行特点　只有一月龄以内的雏鹅感染发病，成年鹅与其他家禽均不易感染。

2. 临床　严重下痢，排出黄白或黄绿色水样稀便，时有神经症状。

3. 剖检　小肠显著增大，内有袋子状或圆柱状的灰白色伪膜凝固栓子为本病特征。可多剖检几只做出初步诊断。

4. 实验室分析　采取病鹅肝组织磨碎做混悬液，加抗生素无菌处理，接种 14 日龄鹅胚绒尿液，经 5～6 日龄后鹅胚死亡，吸取绒尿液证明无菌后，再接种有易感性雏鹅，同时用已注射抗小鹅瘟血清雏鹅数只，接种同样量绒尿液对照，如果易感雏鹅死亡，对照鹅不发病，就可以确诊。

（六）防治措施

各种抗生素和磺胺类药物对此病治疗均无效，因此，必须切实做好预防工作。

1. 病雏鹅及时隔离、消毒　防止污染环境。

2. 小鹅瘟疫苗注射　母鹅在开产前 1 个月，每只注射 1 ml，注射 2 周后母鹅所产的种蛋孵出的雏鹅具有很强的免疫力，每年只需注射一次，保护率可达 96%。

3. 小鹅瘟免疫血清注射　如母鹅没有进行免疫，雏鹅出壳 3～5 天内，要进行小鹅瘟免疫血清皮下或肌肉注射，预防量为每只雏鹅 0.5～0.8 ml，保护率可达 95%～100%。出现症状的病群，注射量为 0.8～1 ml，一般治愈率达 85%。

4. 孵化场地预防　孵化室和孵化器往往是小鹅瘟的重要传播场地，必须把好这个关口。种蛋和雏鹅最好是自繁自养。从外地购进时，种蛋应来自已经免疫的产蛋鹅，同时搞好种蛋消毒。购进的雏鹅必须隔离饲养 20～30 天证明无病后，才能与其他雏鹅混群。孵化用的一切设备和用具，在每次使用前后，都必须彻底消毒，并严格防疫卫生制度。一旦发现孵化场出去的苗鹅在 3～5 日龄发病，即表示孵化场已受污染，应立即停止孵化，待对房室、场地和所有用具进行彻底消毒后，再进行孵化。

二、小鹅流行性感冒

鹅流行性感冒是发生在大群饲养场中的一种急性、渗出性败血性传染病，简称为鹅流感。在大群饲养时常因本病的发生与流行，招致严重损失，发病率和死亡率可高达 90%～100%，但多数为 10%～25%。由于本病常发生在半月龄后的雏鹅，也有人把它称为小鹅流行性感冒（简称小鹅流感），其他禽类如鸡、鸭、火鸡等都不感染。

（一）病原

病原为鹅流行性感冒志贺氏杆菌，革兰氏阴性，对热的抵抗力很弱，50℃的温度下 5 分钟死亡。此菌存在于病体的心血、心包、肝、脾、肺及气管等器官，可从这些器官中分离和培养出此菌，但有时也不一定，故有人怀疑尚有其他病菌存在，有待今后研究解决。

（二）流行特点

本病菌对雏鹅致病最强，成鹅次之，对鸡鸭不致病。大多数发生在春秋雨水多的季节，可能是由于病原菌污染饲料和饮水而致病。也可能经呼吸道感染，如气候骤变，鹅受寒或长途运输，饲养管理不良等均可促使本病流行。自然流行一般经2～4周才能停止蔓延。雏鹅死亡率极高，可达90%～100%。

（三）临床症状

本病潜伏期极短，感染后几小时即出现症状。病鹅食欲不振，精神委靡，羽毛松乱，缩颈闭目，体温升高，不活泼，喜蹲伏，怕冷，常挤成一堆。病鹅从鼻孔中不断流清水，有时还有泪水，呼吸急促，并时有鼾声，甚至张口呼吸。病鹅为了尽力排出鼻腔黏液，常强力摇头，头向后弯，把鼻腔黏液甩出去，并在身躯前部两侧羽毛上揩擦鼻液，使整个雏鹅群羽毛脏湿。病重者出现下痢，脚麻痹，不能站立，无力蹲伏在地。即使勉强站立，也立即翻倒。病程为2～4天。

（四）剖检

病鹅呼吸器官有明显的纤维性薄膜增生，脾肿大突出，表面有粟粒状灰白色坏死斑点，心内外膜及黏膜充血或出血，肝有脂肪性病变。

（五）防治措施

小鹅流行性感冒病程短，治疗效果不理想，主要应加强预防。

1. 加强饲养管理　鹅流感的死亡率，除与病毒强弱有关以外，与饲养管理有直接关系。因此，在饲养管理过程中，重点要抓好保温防潮工作。育雏最初1～5天内要求温度在27～28℃，以后逐渐降温，每5天降低2℃为宜，直至降到常温。相对湿度应控制在65%左右，给足营养，最好饲喂配合饲料。

2. 药物预防　用磺胺嘧啶片第一次每只鹅口服1/2片（0.25 g），以后每隔4小时喂1/4片，连喂3～4天，或者在饲料中加0.5%磺胺嘧啶，连喂3～4天。

另外，链霉素、青霉素或磺胺噻唑纳等药也有治疗效果。

（六）鹅流感与小鹅瘟的主要区别

鹅流感与小鹅瘟均是急性型传染病，均易感染雏鹅，而且流行快，死亡率高，因而很容易相混淆。为此，要从病原、流行特点、症状、剖检和用药等方面加以区别鉴定（表 8-4），以便对症采取相应的有效措施。

表 8-4 小鹅瘟与鹅流感的鉴别

	小鹅瘟	鹅流感
病原	小鹅瘟病毒	鹅流感嗜血杆菌
流行情况	主要侵害 3～15 日龄的雏鹅，流行广而快，发病率可达 50%～70%。大鹅抵抗力强，不易感染	侵害 15 日龄以后的雏鹅，流行范围较小，发病率与死亡率 30%～50%。大鹅也有感染，仅个别死亡
症状	精神委顿，食欲废绝，体温升高，灰白稀便	呼吸道急性卡他性症状，流鼻水，呼吸困难，强力摇头及湿身，食欲减少，无力
剖检	肠黏膜发炎，肠道有网柱状物，脑严重充血	脾肿大，纤维素性心包炎，腹膜炎，肝周围炎，呼吸器官有一层纤维素薄膜
磺胺及抗生素	无效	有时有效，有时无效

三、禽 霍 乱

禽霍乱病是鹅、鸭、鸡等家禽和野禽的一种以急性败血性及组织器官的出血性炎症为特征的传染病，常伴有恶性下泻症状，又名禽出血性败血病、禽巴氏杆菌病、摇头瘟等。本病广泛流行于世界各地，是危害养禽业的一种严重传染病。

（一）病原

本病的病原体是禽型多杀性巴氏杆菌，菌体是近似于卵圆形的短小杆菌，常单独存在，有的成对，也有的呈短链状或丝状。革兰氏阴性，不形成芽孢，无鞭毛，不能运动。用瑞氏或美蓝染色，菌体两端浓染，呈明显的两极染色，经人工培养基培养后，特征消失。从病鹅新分离出来的菌体有荚膜，经人工培养基培养后，荚膜消失。

本菌在血清琼脂平板上生长良好，菌落小，呈灰白色露珠样。不溶血，能发酵葡萄糖、果糖、蔗糖等多种糖类，产酸不产气。

本菌有16个血清型，其中有4个血清型与禽霍乱有关。血清型的鉴定，在流行病学、菌苗的制造和免疫工作上，具有重要的实际应用价值和理论研究意义。

本菌对理化因子的抵抗力较弱，在5%石灰乳、1%～2%漂白粉、3%～5%煤酚皂溶液中，经数分钟即被杀死；在60℃时10分钟即可灭活；在直射日光下很快死亡；在干燥空气中可存活2～3天；在血液、分泌液和排泄物中能存活6～10天；在腐败尸体中则能存活3个月。

本菌对青霉素、链霉素、土霉素、磺胺嘧啶、磺胺二甲氧嘧啶、痢菌净等多种药物均很敏感。

（二）流行特点

本病对鸡最易感，其次是鸭、鹅，火鸡、麻雀、啄木鸟、白头翁等家禽野鸟都能感染。不同年龄鹅都能感染，雏鹅、仔鹅最为敏感，在性成熟后开始产蛋时亦较易感。一年四季都能发病，一般以秋季9—11月份流行较重，种鹅常见于春季产蛋期流行。

本病的主要传染来源是带菌的家禽，它经常地或间歇地排出病原菌，污染环境。病禽的排泄物、分泌物中含有多量病菌，污染饲料、饮水、用具和场地，从而散播。其他动物，如人、飞禽（麻雀、鸽）、犬、猫等都能够机械带菌。有些昆虫，如苍蝇、蜱、螨等也是传播的媒介。

本病一般是经由消化道和呼吸道传染。消化道传染是通过摄食和饮水而进入。呼吸道传染是通过吸入飞沫、尘埃，直接或间接地感染。另外，皮肤伤口也是传染途径。

本病在我国各地均曾有发生，发病率与死亡率都很高，危害很大。

（三）临床症状

病鹅表现的症状，因流行时期不同、鹅体抵抗力、病菌致病力的强弱而有不同，一般可分为：

1. 最急性型　常发生在刚开始暴发的最初阶段。病鹅无前期症状，晚上吃食正常，第 2 天即发现已死亡。有时病鹅表现突然不安，倒地后双翼扑动几下，随即死亡。

2. 急性型　随着疫病的发展而陆续出现。病鹅精神委顿、离群独处，头隐翅下，打瞌睡，不下水嬉戏，不食或少食，体温升高到 41.5～43℃，口渴，由鼻和口中流出黏液，张口呼吸，剧烈下痢，排出绿色、灰白色或淡绿色的稀粪，恶臭，出现症状 2～3 天即死亡。

3. 慢性型　大多出现在疫病流行的后期，也有因急性不死而转为慢性。病鹅持续性腹泻，消瘦，贫血。有些病鹅关节发生炎性肿胀，表现跛行，行走不便，切开肿胀部位见有豆腐渣样渗出物。慢性病鹅一般不会死亡，但对生长、增重、产蛋率有较大影响，长期不能恢复。

（四）剖检

最急性死亡病例，体表检查，只见眼结膜充血发绀，剖检特征是浆膜小点状出血，肝表面有很细微的黄白色坏死灶。

急性死亡病例，除上述典型病例外，皮肤上有散在的少数出血点，心外膜和心冠脂肪上有出血斑点。心包液增多，呈淡黄色透明状，有的也有纤维素絮片状物，液体混浊。肝脏稍肿，呈土黄色，质地脆弱，表现有针尖状出血点和坏死灶。胆囊肿大，肠道黏膜呈现充血和出血性炎症，也有的肠段呈现卡他性炎症。肺有炎症、气肿和出血性病变，呼吸道黏膜有充血或出血性炎症，也有卡他性炎症。有的病例有气囊炎。

慢性病例多呈关节炎症，关节肿胀、关节囊壁增厚、关节腔内有暗红色混浊而黏稠的液体，有的关节腔内还有干酪样物质。肝脏一般有脂肪变性，或者有坏死灶。

（五）诊断

鹅一般缺乏特征性的临床症状，因此生前较难诊断。根据多种禽类都会感染的流行特点，结合病理解剖的特征性病变，可做出初步诊断，要确诊，还应进行实验室检验。

采取病鹅的肝、脾、心血抹片，染色后镜检，如见到两极染色的小杆菌即是巴氏杆菌。无菌操作从病鹅心血、肝、脾上取病料，进行细菌分离，接种在血清血红素琼脂培养基上，菌落呈蓝绿色边缘、橘红色荧光。无菌操作采取病鹅的肝、脾，制成混悬液，取0.5～1.0 ml，在小白鼠皮下或腹腔内接种，小白鼠常在1～2天内死亡，其心血或肝中也分离出巴氏杆菌，即可证实此病。

（六）防治措施

1. 加强科学饲养管理　在饲养管理过程中，要重视鹅的营养，搞好环境卫生，保持鹅的活动场所干燥、通风、光线充足，并要有足够的锻炼，提高鹅的体质，增强抵抗力。同时，严禁在鹅舍及鹅的活动场所附近宰杀病禽，严防污染环境、传播疾病。另外还要防止家禽混养，以免相互感染。在饲养管理过程中，应坚持定期检疫，及早发现，采取措施，减少损失。

2. 药物预防　常发病地区可用禽霍乱氢氧化铝甲醛苗和禽霍乱弱毒疫苗进行预防接种，但免疫效果均不够理想，多年来一直是世界各国存在的问题。

禽霍乱氢氧化铝甲醛苗，对2月龄以上者，每次肌肉注射2 ml，第一次注射后，8～10天再注射1次，免疫效力较好。禽霍乱弱毒疫苗，现在应用的有1560F_0菌苗，肌肉注射1 ml（约10亿活菌），7天后产生免疫力，免疫期可达6个月。

口服禽霍乱弱毒疫苗，一般饮用5天后产生免疫力，8天后产生强的免疫力，免疫期8个月。口服计量要根据每毫升所含有效菌数而定，故稀释倍数不能固定。为了使菌苗达到预期效果，使用时要注意以下各点：液体菌苗不可冰冻，也不可靠近热源及日光照射，应暂时放在8℃冰箱或水瓶中，疫苗取回应立即使用；曾用过抗生素或磺胺类药物防治的鹅群，应先停药5天后再用此菌苗，饮用前必须停水、停饲料4～6小时；在用菌苗饮水前，应训练鹅群在饮水器饮水，饮水器要充足，保证每只鹅均能饮到菌苗水；已发生过禽霍乱的鹅群用此法时，必须把不饮水的病鹅挑出来治疗，治愈后再饮水免疫。对体弱或有其他疾病的鹅一般不用此菌苗，或根据具体情况分析后认为可用再用。

其他弱毒菌苗，如807系菌苗（南京产）对2月龄以下的鹅，每次用量2亿活菌，于两次免疫后，80天攻毒保护率为100%，136天攻毒的保护率为60%。体质瘦弱的鹅或有易感染的幼鹅，不易应用。

3. 药物治疗 成年鹅每只肌肉注射链霉素10万IU（100 mg），中鹅3万～5万IU，每隔6～8小时注射1次，连续3～6次，效果较好。也可用磺胺噻唑与磺胺二甲基嘧啶，每千克体重肌肉注射20%溶液0.5 ml（0.1 g），每天2次，连续3～5天，或每千克体重口服片剂0.2 g，均有效。土霉素、青霉素及其他广谱抗生素均有一定疗效。

四、鹅蛋子瘟

鹅蛋子瘟又称卵黄性腹膜炎，是由大肠杆菌引起的产蛋母鹅比较常见的一种细菌性传染病。主要是卵巢、卵子和输卵管感染发炎，进一步发展为卵黄性腹膜炎，病鹅大多数突然死亡。本病通常出现在产蛋期间，死亡率较高，并影响母鹅的产蛋率，产蛋停止后本病流行也停止。

（一）病原

病原为一定血清型的埃希氏大肠杆菌。细菌在病鹅体内，主要在发生腹膜炎的炎性渗出物中。一般常用消毒剂可以杀死此菌。

（二）流行特点

本病常在产蛋母鹅中流行，一般是产蛋初期零星发生，产蛋高峰期发病最多，产蛋停止本病也停止。本病流行后，常造成母鹅成批死亡，死亡率可达10%以上。

公鹅也会感染本病，并通过配种传染出去，这是一条主要的传染渠道。公鹅一般不会因本病而死亡。本病的发生与流行，主要在繁殖季节。当鹅群在浅而污秽的水池或水塘交配，公鹅的外生殖器发炎溃烂，带菌公鹅与母鹅交配时均可促使本病发生和流行。

（三）临床症状

母鹅开产后不久，有部分母鹅精神沉郁，食欲减退，两脚紧缩，蹲伏地上，不愿活动，游水时只在水面上漂浮。由于卵巢、卵子和输卵管感染发炎而发展为广泛的卵黄性腹膜炎，故而泄殖腔周围粘有赃物、发臭的排泄物，排泄物中混有蛋清、凝固的蛋白或卵黄小块。最后停食失水，眼球下陷，直至衰竭死亡，病程2～6天。只有少数母鹅能自愈康复，但不能恢复产蛋。母鹅发病率一般接近20%，死亡率一般为11.27%，高的达72.1%。

患病公鹅症状较轻，仅在外生殖器阴茎上出现红肿、溃疡或结节。病情重的，在阴茎表面布满绿豆般大小的坏死灶，剥去痂块即为溃疡灶，因此阴茎无法缩回泄殖腔内，这时即丧失交配能力。江苏省无锡市曾对129只公鹅进行阴茎检查，发现有19只鹅阴茎上有结节和溃疡，占14.7%。

（四）剖检

主要病变在生殖系统，卵子皱缩成瓣状，卵膜薄而易破，卵黄变成灰色、褐色或酱色。腹腔内充满淡黄色腥臭的液体和卵黄，腹腔器官表面有一层淡黄色、凝固的纤维素性渗出物，易刮落。腹膜有炎症，肠管相互粘连。如腹腔中的卵黄积留时间较长，即凝固成块状，发炎和变形，有的皱缩，表面呈灰色、褐色、红褐色等不正常颜色，切开卵子，里面充满浓稠的蛋黄。子宫出血，发炎。心包腔液增多，肝、肾肿大。

（五）诊断

根据在产蛋季节流行，主要侵害产蛋母鹅，卵巢、输卵管和腹腔特征性的病变，即可做出诊断。

在病死鹅的病变部位采取病料，划线接种于麦康凯琼脂平板上，可分离到纯的大肠杆菌。这种细菌的菌落为红色，挑取少量给健康产卵鹅口服接种，发生同样的临床症状和病理变化即可确诊。

（六）防治措施

大肠杆菌为条件性的病原微生物，当鹅在浅而污秽的水池交配时，公鹅的外生殖器发炎溃烂，加之管理不善，就可引起本病的流行。当母鹅开产前，对公鹅进行逐只检查，将生殖器有病的公鹅淘汰掉，有条件的最好采用人工受精。这是预防本病的重要一环。在本病流行地区，对种鹅应进行卵黄性腹膜炎活疫苗注射，对预防本病有一定效果。药物预防方法是：

1. 预服痢特灵　在母鹅开产后，可反复应用痢特灵，每只每天 15～20 mg 拌料内服，连服 2～3 天。每月喂一个疗程，连给 3 个月。也可每周给药 1 次，全天给药，连用 3 个月。

2. 抗生素治疗　如土霉素、链霉素、氯霉素、卡那霉素及各类磺胺制剂、喹乙醇等都有一定效果。参阅禽霍乱的治疗。

五、鹅 副 伤 寒

副伤寒又称沙门氏菌病，是由沙门氏杆菌属中的鼠伤寒沙门氏菌、肠炎沙门氏菌引起的急性或慢性传染病，以下痢为主要症状，鹅和各种家禽都能感染。为了与引起鸡白痢、鸡伤寒的沙门氏菌病相区别，该病又叫禽副伤寒。

（一）病原

本病的病原体是沙门氏菌属的多种菌。引起禽副伤寒的沙门氏菌，常见的有6～7种，最主要的是鼠伤寒沙门氏菌。病原菌的种类常因地区和家禽种类的不同而有差别。

沙门氏菌为革兰氏阴性小杆菌，大小为（0.4～0.6）μm×（1.0～3.0）μm，具有鞭毛，没有芽孢，能运动。在普通琼脂培养基上生长良好，能发酵多种糖类，产酸或同时产气。不同沙门氏菌之间，在抗原构造、生物化学性状上相似。引起禽副伤寒的沙门氏菌，都能产生毒素。这些毒素耐热，75℃经过1小时仍不能灭活，可使人发生食物中毒。

引起鹅副伤寒的病菌，抵抗力不很强，在60℃温度下15分钟即失去致病作用。病菌在土壤、粪便和水中生存时间很长，如鼠伤寒沙门氏菌在土壤中至少可生存280天，在池塘中也能存活119天，在饮水中能够生存数周乃至3个月之久。有些沙门氏菌在蛋壳表面、壳膜和内容物里，在室温条件下可生存8周。但是，一般消毒药物都能很快杀死鹅副伤寒病菌。

（二）流行特点

本病在鸡、火鸡、珍珠鸡、野鸡、鹌鹑、孔雀等雉科禽类，鸭、鹅等游禽类，鸽、麻雀、芙蓉鸟等鸣禽类，以及属于不同科属的野禽均可感染，并能互相传染，也会传染给人类。

本病在自然条件下，主要侵害雏禽。雏鹅患病呈急性或亚急性，成年鹅则呈慢性或隐性感染。

本病的传染源主要是患病和病愈带菌并排菌的禽只。带菌鹅所产的蛋，由于被沙门氏菌污染，孵化时使胚胎多数死亡，少数未死亡的，出壳后发病并排出病菌，污染外界环境，将病传播开。主要传染途径是通过消化道，引起水平传播。其次，通过种蛋，引起垂直传播。带菌鹅所产的种蛋，孵化时可使胚胎死亡或雏鹅出壳十几小时后发病，4～14日龄内出现死亡高峰。另外，还有少数通过带菌的飞沫，经呼吸道黏膜而感染。

本菌为条件性的病原菌，在不洁的饮水、饲料，甚至在健康鹅的消化道或呼吸道中都有存在。当机体抵抗力降低、环境诱因变大、其他疾病并发时，就造成发病、流行。

（三）临床症状

急性者多见于幼鹅，慢性者多见于成年鹅。潜伏期一般为12～18小时，有时稍长。急性病例常发生在孵化后数天内，往往不见症状就死亡。这种情况多是由卵内传递或雏鹅在孵化器内接触病菌感染。雏鹅1～3周易感性高，表现为精神不振，食欲减退或消失，口渴，喘气，呆立，头下垂，眼闭，眼睑浮肿，两翅下垂，排粥状或水样稀粪，当肛周粪污干涸后，则阻塞肛门，排便困难，结膜发炎，鼻流浆液性分泌物，羽毛蓬乱，关节肿胀疼痛，出现跛行。

（四）剖检

急性病例中往往无明显的病理变化，病程较长时，肝肿大，充血，呈古铜色，表面被纤维素渗出物覆盖，肝实质有黄白色针尖大的坏死灶。肠道有出血性炎症，其中以十二指肠较为严重，肠淋区滤泡肿大。脾脏肿大，伴有出血条纹或小点坏死灶。胆囊肿胀并充满大量胆汁，心包炎，心包内积有浆液性纤维素渗出物，盲肠内有干酪样物质形成栓塞。在慢性病例中，表现为腹腔积水，输卵管炎及卵巢炎。

（五）诊断

本病缺乏特征性的病状与病变，诊断较难。根据病史，雏鹅在育雏阶段常发生死亡，有下痢症状，但发病率、死亡率低于小鹅瘟，没有小鹅瘟那样的香肠般病变，可用抗生素类药物治疗，获得印象诊断。确诊必须进行实验室检查，分离并鉴定它的病原菌。急性病例可从血液或实质器官中采取病料，慢性病例则可从胆囊、卵巢、蛋黄中采取病料。只有分离到沙门氏菌才能确定诊断。

（六）防治

1. 综合预防

（1）防止蛋壳污染。保持产蛋箱内清洁卫生，经常更换垫料。每天定时及时捡蛋，做到箱内不存蛋。每天的种蛋及时分类、消毒后入库。蛋库的温度为12℃，相对湿度为75%。要做到经常性消毒，保持蛋库清洁卫生。种蛋入孵前再进行1次消毒。孵化器和孵化室的卫生防疫消毒工作非常重要，要制定相应的制度，闲人免进，做到室内无病毒、无细菌。

（2）防止雏鹅感染。接运雏鹅用的箱具、车辆要严格消毒。育雏舍在进雏前，对地面、空间和垫草要彻底消毒。雏鹅的饲料和饮水中加适量抗菌药。消灭鼠类和蚊蝇，防止麻雀等飞进育雏舍。

（3）加强雏鹅阶段的饲养管理。育雏舍内要铺置干燥清洁的褥草，要有足够数量的饮水器和料槽。舍内温度在1周龄内要保持28～30℃，以后每增加1周龄舍温下降2℃。雏鹅不要与种鹅或肥育鹅同栏饲养。冬季注意防寒保暖，夏季要避免舍内进入雨水，防止地面潮湿。

2. 治疗　土霉素、氯霉素、痢特灵等对本病均有良好的治疗效果。用药量和投药的途径，可依据病情而定。

（1）在鹅群病情较轻，食欲正常的情况下，可选用1～2种药物，按治疗剂量拌入饲料内喂给，一个疗程3～5天或5～7天。如土霉素粉，按饲料的0.06%～0.1%拌入料内，连喂5～7天。如用痢特灵，按饲料的0.03%～0.04%拌入饲料内，连喂3～5天。对个别病鹅，也可投服土霉素片和敌菌净片。

（2）在鹅群病情较重，食欲降低或废绝，病鹅已有陆续死亡的情况下，应用氯霉素注射剂，全群进行肌肉注射治疗。1天1次，连续治疗3次，即可痊愈。为了巩固疗效，还可把药物拌入饲料内，喂给3～5天。

在有继发性细菌感染的病例中，要考虑选用革兰氏阴性菌和阳性菌敏感药物合并应用。

六、鹅的鸭瘟病

鸭瘟本是鸭的一种急性败血性传染病。在同病鸭密切接触的情况下，鹅也会感染发病，但一般都不会大流行，局部地区发生此病还是常见的，小鹅尤为敏感，死亡率也高。鹅的鸭瘟病以流泪、头颈肿大、泄殖腔溃烂为主要特征。

（一）病原

病原是鸭瘟病毒，呈球状，大小 100 nm 左右。这种病毒存在于病鸭（或鹅）的各个内脏器官、血液、分泌物、排泄物中。一般认为，肝和脾脏中的病毒含量最高。该病毒能够在 9～14 日龄鸭胚的绒毛尿膜上生长繁殖，在发育的鹅胚上也能生长。胚在接种病毒后，产生细胞病变，鸭胚常在 7～9 天死亡。

鸭瘟病毒对环境的抵抗力大致与一般病毒相似，对热、干燥都很敏感，在 56℃温度下 10 分钟即死亡，在 22℃室温条件下传染力能维持 30 天，在氯化钙干燥条件下，当温度为 22℃时能维持 9 天。

（二）流行特点

在自然情况下，任何品种、年龄、性别的鸭都有易感性，只是成年鸭的发病率、死亡率较高，雏鸭发病、死亡较少。鹅在同病鸭密切接触的情况下，也会感染发病，大部分是种鹅，少数是 3～4 月龄的肉用仔鹅，雏鹅未见发病。采用人工接种的方法，还可使多种水禽感染。

鹅的鸭瘟病均发生于鸭瘟病流行的地区。鸭的鸭瘟病通常在盛夏和秋初流行严重，鹅的鸭瘟病则在其后流行，多发生在 9—10 月份。一般在鸭发病 1～2 周后，鹅群内就有少数鹅开始发病。少数鹅发病后，通常在 3～5 天内遍及全群，整个流行过程 2～6 周。鹅的发病率 20%～50%，病鹅死亡率可达 90%以上。本病常呈地区性流行，仅有少数呈散发性流行。

（三）临床症状

鹅感染鸭瘟病与鸭瘟症状基本相似，精神沉郁，个别翅膀下垂，食欲大减或完全拒食，喜欢饮水。粪便稀薄呈灰绿色或灰白色，污染泄殖腔周围羽毛。泄殖腔黏膜充血、肿胀，严重者泄殖腔黏膜外翻，患病公鹅阴茎不能收回。下颚皮下水肿，眼结膜充血、流泪，不太愿意走动，头经常上仰，咳嗽。病鹅体温高达42～43℃，一般出现症状后2～3天死亡，有的可持续更长时间。死亡后将鹅倒提时，可见到从口中流出绿色发臭的液体。

（四）剖检

病死鹅剖检常见皮下出血点或大小不一的出血斑。消化系统病变较为明显，口腔食道黏膜、食道扩大部与腺胃交界处有数量不等或连成片的黄色假膜及出血点，剥离假膜可见出血斑或溃疡；肌胃角质下层腺胃黏膜有大小不等出血斑或出血点；十二指肠及小肠多见较严重的弥漫性充血或急性卡他性炎症；小肠集合淋巴滤泡肿胀，或形成固膜性坏死，形似纽扣状；肠系膜脂肪有点状出血或出血斑；直肠有连成片的黄色假膜或出血斑；泄殖腔充血、出血、水肿，黏膜表面常覆盖有不易剥离的灰绿色坏死痂块。肝脏未见肿大，但常有数量不等出血点或灰黄色坏死病灶。心冠沟常发现有出血点。

小鹅病程短，死亡快。剖检主要症状见皮下有出血点，十二指肠有弥散性充血或卡他性炎症，泄殖腔有出血点或出血斑，直肠及泄殖腔常见滞留黄白色或淡绿色稀粪，法氏囊出血、水肿。其他方面较成年鹅轻或无明显肉眼可见。

发病产蛋母鹅往往发生类似大肠杆菌感染的卵黄性腹膜炎症状。但病变却为大肠杆菌感染所没有。

（五）诊断

根据本病的临床症状和病理变化可做出初步诊断。要确诊本病，可用鸭瘟疫苗对免疫与未免疫的鹅进行攻毒试验。也可用鸭瘟的标准毒与患鹅病料接种鸭胚进行对照试验，如鸭胚接种不久后均死亡，死胚剖检变化相同，同样能证实鹅患鸭瘟病。

（六）防治措施

本病至今尚无有效药物治疗，应预防为主。在疫区成年鹅可用广东省农科院兽医研究所产的石井系鸭瘟苗 1∶50 稀释，每只 1 ml 预防免疫；在发病鹅群中用 1∶20 稀释，每只 1 ml 紧急注射。也可用该所产的大鹅瘟疫苗 1∶500 稀释，每只 1 ml 预防免疫；1∶100 稀释，每只 1 ml 用于发病鹅群紧急注射。小鹅视大小酌情减量。发病鹅群除紧急注射疫苗外，还要隔离病鹅，并对场地、用具消毒，多喂青料，少喂粒料；为预防病鹅群继发感染细菌性疾病，可适当使用抗菌药物，如土霉素等拌料饲喂。

七、曲霉菌病

曲霉菌病见于多种禽类，是一种常见的霉菌病。各种禽类都能感染，发病率高，可造成大批死亡。其特征是呼吸道发生炎症，所以又称曲霉菌性肺炎。鹅主要发生于幼龄雏鹅，多呈急性发生，成年鹅多为散发。本病在我国南方发生较多。

（一）病原

曲霉菌属中的烟曲霉菌为主要病原菌，黄曲霉菌等也有不同程度的致病力。霉菌和它所产生的孢子，在自然界中分布甚广，稻草、谷物、木屑、发霉饲料以及墙壁、地面、用具及空气中都可能存在。烟曲霉菌和它的孢子感染后能分泌血液毒、神经毒和组织毒，具有很强的危害作用。霉菌孢子对外界抵抗力很强，120℃、1 小时或煮沸 5 分钟才能杀死。一般消毒药液 1～3 小时才能致死。

（二）流行特点

幼鹅敏感，极易感染，常呈急性暴发，成年鹅个别发生。出壳后的幼鹅进入被烟曲霉污染的育雏室后，48 小时开始发病，3～

10日龄流行高峰期，以后逐渐减少，到1月龄时基本停止发病。如饲养管理条件差，流行死亡可延续2月龄。烟曲霉孢子是引起本病流行的主要传染源。在污染环境中，鹅的带菌率很高，迁出污染环境后，带菌率逐步下降，到40天，霉菌在体内基本消失。传播途径是通过呼吸道和消化道。育雏期饲养管理差，室内温差大，通风换气不良，过分拥挤，阴暗潮湿及营养不良，皆为促使本病流行的诱因。

（三）临床症状

病鹅呼吸次数增加，不时发出摩擦音，张口吸气时颈部气囊明显胀大，呼吸如同打喷嚏样。当气囊破裂时，呼吸时发出尖锐的“嘎嘎”声，有时闭眼伸颈，张口喘气。同时，体温升高，精神委顿，眼鼻流液，有甩鼻涕现象，食欲减少，饮欲增加，迅速消瘦。到后期，呼吸困难，出现下痢，吞咽困难。病程一般在一周左右。病发后如不及时采取措施，死亡率可达50%。放牧鹅对本病抵抗力较强，有时有霉菌性眼炎。鹅的日龄越大，病程越长，死亡率越低。

（四）剖检

主要病变是肺和气囊炎症，气囊和胸腹腔粘着，在肺、气囊和胸腹腔上可见到成团的灰白色或浅黄色的霉菌斑、霉菌结节，其内容物呈干酪样变化。肺可见弥漫性炎症，出现肺肝变。脑炎性霉曲病，可见一侧或双侧大脑半球坏死，组组软化，呈淡黄或淡棕色。

（五）诊断

临床上无特征性症状，仅表现为呼吸困难。病理剖检见肺、气管、气囊上有霉菌结节性病灶，并伴发肺炎。确诊时需取结节病灶做压片镜检菌丝体和孢子，也可取霉菌结节进行分离培养。

（六）防治措施

（1）不使用发霉垫料，不喂发霉饲料，是预防本病的主要措施。垫料经常翻晒，发现长霉时，可用福尔马林熏蒸消毒。

(2) 育雏室被污染后，必须彻底清扫，换土和消毒。消毒用5%石炭酸或臭药水，而后再铺上干净垫草。

(3) 育雏室的温差不宜过大，保持良好通风，特别在梅雨季节注意防止垫料和饲料发霉。

(4) 本病无特效疗法。药物治疗可试用下列方法：①制霉菌素。每只雏鹅日用量 3～5 mg，拌料内服，连用 3 天，停药 2 天，连续 2～3 个疗程，有一定效果，既可预防，又可治疗。②硫酸铜水溶液。浓度 1∶3 000，作为饮水内服，连用 3～5 天，可治疗本病。

(5) 发病后立即消除垫草，对鹅舍用福尔马林气熏，能很快控制住本病继续发生。

八、鹅 口 疮

鹅口疮又称霉菌性口炎，是鹅上消化道的一种霉菌病。特征是上部消化道的黏膜生成白色的伪膜和溃疡。

(一) 病原

病原体是白色念珠菌，菌体小而椭圆，长 2～4 μm，能生芽，伸长形成假菌丝，革兰氏染色阳性，着色不均匀，病鹅的粪便中含又大量病原菌，从嗉囊、腺胃、胆囊及肠内均能分离到病菌。主要通过消化道传染。

(二) 流行特点

本病主要发生在鸡和火鸡，其他家禽如鹅、鸽、野鸡、鹌鹑等也会感染发病。在鹅群中，感染发病的大多是 2 月龄以内的雏鹅与中鹅。饲养管理条件不好，如鹅舍内过度拥挤、闷热、不清洁以及天气湿热等，都是促使本病发生和流行的因素。

(三) 临床症状

本病 2 月龄以内的鹅感染率比成鹅高。感染后食欲减少，羽毛松乱，没有精神。在口腔黏膜上，开始为乳白色或黄白色斑点，后来融合成白膜，如豆腐渣样的特异典型“鹅口疮”增生和溃疡灶。

（四）剖检

口腔黏膜有典型“鹅口疮”病变，嗉囊黏膜增厚，有灰白色稍隆起的圆形溃疡，黏膜表面常见有伪膜性斑块，腺胃偶有蔓延，黏膜肿胀、出血，表面覆盖着卡他性或坏死性渗出物。

（五）诊断

病鹅上消化道黏膜特殊性增生和溃疡病灶，可作为诊断本病的依据。确诊采取病料或渗出物涂片镜检或进行霉菌分离培养和鉴定。

（六）防治措施

（1）注意加强饲养管理，改善卫生条件，鹅群不宜过分拥挤。种蛋入孵前，要清洗消毒，发现病鹅立即隔离。

（2）治疗口腔黏膜上溃疡灶，涂以碘甘油。嗉囊中灌入数毫升2%硼酸溶液消毒，饮水中添加0.05%硫酸铜，放在陶器中喂给。

（3）大群鹅治疗可在每千克饲料中添加制霉菌素50万～100万IU，连喂1～3周，可以减少和控制疾病的发生及发展。

九、鹅结核病

由禽型结核杆菌引起的慢性传染病——结核病，也能传染给鹅，且多流行在种鹅群中。此病还可以传给猪，也可影响奶牛结核菌素反应的结果，从而造成检疫工作的困难。

（一）病原

禽型结核杆菌，属抗酸菌类，普通呈杆状，两端钝圆，长1～3 μm，无运动力，不形成芽孢。这种病菌对外界环境的抵抗力很强，在干燥的分泌物中能够数月不死，在土壤和粪便中能够生存

7～12个月。

该病菌的消毒药，以酒精、福尔马林、漂白粉及臭药水的效果较好。其中，以酒精最佳，75%酒精能在短时间内将其杀死。

（二）流行特点

禽型结核杆菌在家禽中，以鸡的易感性最高，火鸡、鸭、鹅也都能感染，但并不严重。其他鸟类，如麻雀、乌鸦、斑鸠、孔雀、天鹅及猫头鹰等，也有发病的报道。这种病菌也能感染猪、牛，但对于人尚无感染发病的报道。

病禽的排泄物、分泌物中含有多量结核杆菌，排出后污染土壤、垫草、用具、饲料和饮水，当健康禽摄食后，病菌侵入消化道而发生感染。该病也可以通过呼吸道感染。内外环境的诱发因素，能促进本病的发生和发展。

鹅的结核病，多在种鹅中发生和流行。江苏省昆山县种猪场附属家禽饲养场曾在500只种鹅中发现65只相继发生结核病。

（三）临床症状

结核病的潜伏期很长，为2～12个月。疾病的发展很慢，早期感染多看不见明显症状。由于鹅对结核菌的抵抗力比鸡、鸭强，所以患病后较难察觉。待疾病发展到一定程度时，病鹅上喙部在鼻孔周围有疮节状隆起，从内向外渐渐发展，最后使角质层、真皮层也隆起，使喙表面破溃，溃疡面呈火山口状，内有干酪物，上喙内侧也向下隆起。病鹅表现离群独处，喜卧厌动，步态不稳，叫声嘶哑，胸肌萎缩，龙骨如刀，精神委顿，羽毛蓬松无光，食欲减退，但喜食米糠之类精料，消瘦。病程可达数月，最后因极度衰弱而死亡。有的鹅在水中因头颈无力高举而垂入水中被淹死。

（四）剖检

本病在剖检时，主要病变是在肝、脾、肠及肺等器官。特征性的病变是在脏器表面有灰白色或黄色的小结节，叫结核结节。结节的大小不一，小的针尖样，大的绿豆及至蚕豆般。将结节切开，外面包裹一层纤维组织性的包膜，里面充满一种乳白色干酪样物质，通常并不发生钙化。有的病鹅肺上有部分肿胀，剖开后里面也有许多结核结节，似珍珠嵌在蚌肉上一样。

（五）诊断

鹅结核病仅凭临床症状，不易做出诊断。如认为可疑，可以选症状明显的病鹅进行剖检。根据特征性的结核结节可做出初步诊断。有条件的，可以采取病鹅肝、脾组织，制成涂片，火焰固定后用石炭酸复红作抗酸染色，如果是结核病，在涂片中可以找到染成红色的结核杆菌。也可取病料接种于含蛋黄和甘油的培养基上，在 40℃温度下培养 30 天后，出现圆形、光滑、湿润、有闪光的灰黄色菌落，然后再做涂片染色镜检。

（六）防治措施

种鹅患结核病，药物治疗没有实际价值，必须采取坚决措施，予以隔离、淘汰，作烧毁或深埋处理。同时，对于鹅舍、用具等也应彻底清洗消毒。对于运动场，应铲去 20 cm 厚的一层表土，让日光充分晒后，撒一层生石灰，然后铺一层干净沙土。最好重新换个场地，建立无结核病的健康鹅群。

第三节 鹅的常见寄生虫病

在生物界中有相当一部分生物，不能自己主动地从自然界中摄取营养，而是将自己的身体暂时地或永久地附寄在其他生物的体表或体内，并以其组织、体液等作为自己的营养，进行发育和繁殖，给被寄生者以危害，甚至造成死亡，这类生物就叫寄生物，属于动物性的寄生物，叫寄生虫。被寄生虫附寄的生物，叫宿主或寄主。宿主由于受到寄生虫的寄生而引起的疾病，叫寄生虫病。

由于寄生虫长期地、大量地寄居在家禽肌体上剥夺营养，损伤宿主的脏器和组织，分泌毒素，破坏正常功能，所以寄生虫病一般有营养不良的病状和病变，如精神委顿，行动迟缓，羽毛松乱，生长停滞，贫血消瘦等。从一个个体来看，寄生虫病的损失似乎比传染病的损失小得多，但从群体来看，寄生虫病发病的面要比传染病广得多，持续的时间更长，总体的损失也相当大。一般来说，寄生虫病的损失常是慢性的，而传染病多为急性的。

对于鹅的寄生虫病不可忽视。据广东省农业科学院兽医研究所对 16 个鹅场共 3 921 只鹅的调查统计，球虫感染率平均为 46.6%，发病率平均为 11.7%，死亡率为 7%。据此推算，全省每年死于球虫病的鹅约 210 万只，这是一笔巨大的经济损失，且还不包括那些因球虫病虽未死却已影响增重的损失。

各种寄生虫都有自己特定的生活史和传染条件。击破或消除生活中任何一个环节，都可以阻止寄生虫的传播。在实际防治工作中，因为生活史中任何一个环节的全部击破或消除都是很困难的，所以最积极、最稳妥的方法是同时向每一个环节进攻，以期迅速、彻底地消灭病原。寄生虫病的防治办法不外乎动物体除虫（治疗）、外界环境除虫（灭绝病原）和消灭一切传播条件以防止健康动物感染（预防）等几个方面。

一、球 虫 病

鹅球虫病是由艾美尔属和泰泽属的各种球虫寄生于鹅的肠道引起的。雏鹅的易感性高，患病严重，死亡率高。主要特征为病鹅消瘦，贫血和下痢。病鹅不易复原，成年鹅往往成为带虫者，增重和产蛋均受影响。

（一）病原

在鹅粪中见到的为球虫的卵囊，呈圆形或椭圆形。外层卵囊壁由胶质膜、卵囊外壁和卵囊内壁三层构成。有些卵囊一端有一微孔，有些微孔上有极盖，卵囊内有一团球形原生质，内含物称卵囊质。卵囊在适宜温度、湿度及充足氧气的外界条件下，几天后即可完成孢子化过程，卵囊质分裂四个孢子囊，每个孢子囊内有 2 个子孢子及一团内余体。寄生于鹅的球虫常见有 10 种，其中艾美尔属 8 种、泰泽属 2 种，另有肾型球虫感染，我国已有报道。

鹅球虫发育分三个阶段：①无性繁殖。球虫在肠上皮细胞内裂殖增殖。②有性繁殖。先为配子生殖，形成大、小配子，大为雌性，小为雄者，大小配子结合为合子，后变成卵囊。③卵囊生殖。卵囊内形成四个孢子囊，每个孢子囊内含 2 个子孢子，共 8 个子孢子，到宿主体内进入肠上皮细胞。以上无性繁殖及有性繁殖阶段在鹅体内进行，称内生性发育。卵囊生殖在外界环境中完成，称外生性发育。

球虫寄生在上皮细胞内，发育到一定阶段形成卵囊进入肠道，随粪排出体外。在外界，卵囊内形成孢子囊，每个孢子囊含着子孢子，成为感染性卵囊。鹅经口感染这种卵囊后，子孢子在肠道内破卵囊而出，侵入肠上皮细胞变为裂殖体，再繁殖为裂殖子，并大量繁殖，使上皮细胞破坏，裂殖子从破坏的细胞内逸出，又侵入新的上皮细胞内，又裂体增殖，破坏新的上皮细胞。反复多次，使上皮细胞严重破坏，使鹅发病。无性生殖若干代后，到有性生殖，形成大小配子，结合为合子，后形成卵囊，随粪排出，在鹅粪中可检到卵囊。

（二）感染情况

鹅球虫病的传播是通过被病鹅或带虫鹅粪便污染的饲料、饮水、土壤或用具等，饲养管理人员也可能成为球虫卵囊的机械性传播者。

鹅球虫与其他禽类的球虫一样，具有明显的宿主特异性，它只能感染鹅，同样的，其他禽类的球虫也不能感染鹅。各种日龄的鹅均有易感性。雏鹅发病严重，死亡率高。由于饲养方式不同，发病日龄也不同。网上育雏因不接触地面和粪便不易发病，而常于下网接触地面后 4～5 天暴发鹅球虫病。如果常年地面饲养，发病日龄则无规律。但发病与季节有密切关系，每年5—8月份为多发季节，其他季节发生较少。

（三）临床症状

鹅感染本病后，其症状依发病情况和病程长短分为急性和慢性。急性病程为数天到2～3周，多见于雏鹅，开始精神不佳，羽毛松乱无光泽，缩头，行走缓慢，闭目呆立，有时卧地头弯曲伸至背部羽下，食欲减退或废绝，喜饮水，先便秘后拉稀，由稀糊状逐渐变为白色稀粪或水样稀粪，以至泄殖腔周围粘有稀粪。后由于肠道损伤及中毒加剧，翅膀轻瘫，共济失调，有渴感，食道膨大部充满液体，食欲废绝，稀粪水带血，后期逐步消瘦，发生神经症状，痉挛性收缩，不久即死亡，死亡率较高。成鹅也可发生但程度较轻。

（四）剖检

主要病变在消化道。尸体消瘦，黏膜苍白或发绀，泄殖腔周围羽毛被粪血污染，急性者呈严重的出血性卡他性炎症。肠黏膜增厚、出血、糜烂，在回盲段和直肠中段的肠黏膜具有糠麸样的假膜覆盖，肠黏膜上有溢血点和球虫结节，肠腔内有暗红血凝血块。

（五）诊断

根据流行特点、临床症状、病理剖检及粪便检查，进行综合性判断，可做出正确诊断。确诊采取粪便和病变部位刮取物镜检，可查到卵囊。

（六）防治措施

场地卫生消毒工作是制止发病的重要措施，及时清除粪便和更换垫草，并将清除物堆沤发酵腐败，以杀灭球虫卵囊。饲养场地保持清洁干燥，不在低洼潮湿及被球虫污染地带放牧。

使用下列抗球虫药有较好的预防和治疗作用：①球痢灵，以125 mg/kg浓度混入饲料连喂3～5天，作治疗暴发性球虫病用。②克球，多以250 mg/kg浓度混入饲料作治疗用，预防量减半。

③氯苯胍，以 33～66 mg/kg 浓度混入饲料连续使用。另外，广虫灵、优素精、氨丙啉、球净、盐霉素、莫能菌素等药物混入饲料对抗球虫均有一定的效果。但注意抗球虫药一般都应在屠宰前 1 周停药。

二、鹅绦虫病

全称为鹅矛形剑带绦虫病，是小鹅和中龄鹅常见的一种小肠内寄生虫病。当虫体大量积于肠道内时，可阻塞肠腔，破坏和影响鹅的消化吸收，并能吸收营养、分泌毒素，导致鹅只生长发育受阻和产蛋性能下降，乃至发生大批死亡。

（一）病原及感染情况

绦虫是一种白色、扁平、带状、分节的蠕虫，主要是矛形剑带绦虫。中间宿主是剑水蚤。虫卵或孕卵节片随鹅粪排出体外，落入水中，被剑水蚤吞食后，在剑水蚤体内发育为似囊尾蚴，鹅吞吃了含有似囊尾蚴的剑水蚤而感染，似囊尾蚴逸出吸附小肠黏膜发育为成虫，当虫体大量积聚于肠道时，可机械阻塞肠道，而影响鹅的消化吸收，并能分泌毒素及代谢产物，对鹅的血液系统和神经系统产生毒害作用。本病多发生于夏季和晚春放牧季节，呈地方性流行。

（二）临床症状

绦虫对鹅的危害主要是吸取营养，产生毒素和机械刺激。症状严重的程度取决于鹅只被感染程度、年龄大小及机体抵抗力。主要感染小、中龄鹅（5 日至 5 月龄鹅）。鹅感染后出现消化不良，食欲不振，渴感增加，粪便稀臭，先呈淡绿色，后变淡灰色，时有血便，混有黏液，含有长短不等的虫体孕卵节片。幼鹅发育受阻，消瘦，离群，呆立瞌睡。病鹅常出现神经症状，如行走不稳，运动时尾部着地歪颈仰头，背卧或侧卧时两脚划动，多次反复发作，机体极度消瘦而死亡。

（三）剖检

肠腔内有大量虫体积聚，造成肠阻塞，肠扭转，严重的引起肠破裂。肠壁由于绦虫头节的吸附，致使黏膜发炎受损，水肿出血，散存灰黄色结节，肠内容物稀臭，含有大量虫卵。

（四）诊断

检查粪便中的节片或虫卵；也可通过剖检病死鹅，在小肠查到虫体，即可确诊。

（五）防治措施

在本病流行地区，每年春夏两季对1～2月龄的鹅要定期进行虫卵和虫体检查，然后进行驱虫。虫体和虫卵检查方法为：收集鹅粪，放入500～1 000 ml量杯中，加满清水，用玻璃棒搅拌几分钟，然后静置10～15分钟，弃去上部澄清液，经几次反复，取出底部沉淀物，置于平皿中，肉眼可见虫体节片。在光学显微镜下可见虫卵。

消灭中间宿主。在已被污染的池塘，有条件的可干水一次，以便杀死水中的剑水蚤。将鹅粪及时地堆积起来，用堆积发酵的方法杀死虫卵。另外要消灭传播源。对病鹅用下列方法治疗：

1. 硫双二氯酚　按每千克体重30～50 mg硫双二氯酚拌饲料内服，早晨空腹一次见效。服药后出现腹泻是正常现象。若发生口吐白沫，全身发抖即出现中毒症状，可立即肌肉注射或皮下注射0.2～0.5 ml阿托品（每毫升含阿托品0.5 mg），药效迅速产生，上述症状几分钟之内就停止出现。如待到倒地抽搐时才注射，常抢救无效。鹅的品种不同，饲养条件不同，对硫双二氯酚的耐受能力也不一样，所以当大群驱虫时，必须先做小群试验，药量取低限，取得经验才全面开展。对瘦弱鹅，药量酌减。投药后观察排虫情况，粪便要集中堆集，防止扩散。

2. 氯硝柳胺　又名灭绦灵。每千克体重50～65 mg拌料1次内服，驱虫效果好，毒性小，安全范围大。

3. 吡喹酮　为高效广谱驱吸虫、绦虫药。驱禽绦虫效果好，毒性低，但价格较贵。

4. 槟榔煎剂　这是较古老的驱虫方法，但效果很好，较经济。取槟榔粉或槟榔片 50 g，加水 1 000 ml，煎成 750 ml，去渣即成。用量为每千克体重 10 ml。用洗球投至食道中，服药后 10～15 分钟即开始排虫体，持续排虫 2～3 小时。

三、鹅裂口线虫病

鹅裂口线虫病是由寄生于鹅肌胃的鹅裂口线虫所引起的一种寄生虫病。此病可在各地流行，某些地区感染率可在 90% 以上，主要危害小鹅，常造成大批死亡，损失较大。

（一）病原及感染情况

鹅裂口线虫属毛圆科，虫体细长，表面有横纹，呈粉红色，雄虫长 10～15 mm，雌虫长 12～24 mm，雄虫生殖孔开口处较宽，两端较细，雌雄生殖孔开口于虫子体的偏后方，卵呈长椭圆形。

鹅裂口线虫发育过程中不需中间宿主，雌虫在鹅肌胃内产卵，随粪便排出体外，在 23℃及适当的湿度下，经一昼夜即可发育成侵袭性幼虫而离开卵壳，进入外胃。此种侵袭性幼虫能沿牧草或地上爬行。鹅食了含有侵袭期幼虫的草而受感染，幼虫栖居在腺胃内，5 天后转移到肌胃角质层下方，经过 17～22 天后发育为成虫。虫卵若产在水中，则发育的幼虫经 15～25 天内死亡。

鸭与鹅能感染鹅裂口线虫，而对其家禽、野禽均未发现感染，说明其具有显著的宿主特异性。在鹅当中，雏鹅更易感染。除经口感染外，试验证明，经皮肤也可感染，这时线虫的幼虫在鹅体内移行要经过肺。我国有不少省发生过鹅裂口线虫病，个别地方的鹅群感染率高达 96.4%。

（二）临床症状

当虫体寄生于鹅肌胃角质层下面时，易使肌胃造成严重的损害。因此，患鹅出现食欲不振，甚至废绝，消化障碍，生长受阻，精神沉郁。随着病情的发展，病状加剧，患鹅体弱，贫血，下痢。如饲养管理良好，死亡率不高，但可成为带虫鹅和传播鹅；如饲养条件差时，也可造成大批死亡。

（三）剖检

虫体寄生于鹅肌胃角质层下面，寄生处角质层薄，有虫道，易碎、坏死、变色（呈棕黑色）。患处角质层易剥离，剥去角质层可见虫体，并且黏膜上有溃疡面。肠内食物消化不佳，稀而臭。粪中可检出虫卵。

（四）诊断

粪便检查发现本虫虫卵，剖检取获虫体，经鉴定即可确诊。

（五）防治措施

搞好鹅舍清洁卫生，定期给以消毒，有预防作用。如果牧场被病原污染，则应休闲 1～1.5 个月，以使病原体丧失侵袭能力。大、中、小鹅应分开饲养，防止交叉感染。

在本病流行的地方，每年要进行两次预防性驱虫，通常在20～30 日龄、3～4 月龄各 1 次。驱虫应在隔离鹅舍内进行，投药后的 3 天内，彻底清除鹅粪，进行生物发酵处理。

常用的驱虫药物有：

1. 四氯化碳　20～30 日龄鹅，每只 1 ml；1～2 月龄鹅，每只 2 ml；2～3 月龄鹅，每只 3 ml；3～4 月龄鹅，每只 4 ml；5 月龄以上 5～10 ml。早晨空腹用洗球注入食道内，一次性口服。

2. 驱虫净　每千克体重 40～50 mg，配成 0.01%浓度，饮水连用 7 天为一疗程。

3. 三氯酚　每千克体重 70～75 mg，一次性口服。

4. 吡喹酮　每千克体重 10～15 mg，一次性口服。

5. 枸橼酸哌嗪　每千克体重 0.2～0.3 g，一次性口服。

四、前殖吸虫病

前殖吸虫寄生在鹅、鸭的直肠、输卵管、法氏囊和泄殖腔内，常形成畸形蛋，诱发腹膜炎等病变。

（一）病原及感染情况

前殖吸虫在我国发现有5种，如卵圆前殖吸虫、楔形前殖吸虫等，虫体扁平，近似犁形，体表有小刺，体长3～6 mm，呈红棕色，虫卵大小为0.022 mm×0.013 mm，一端有盖，另一端有小刺。成虫在泄殖腔、输卵管内产卵，卵随粪便排出体外，如进入水中，被螺蛳吞食，虫卵在螺体内由毛蚴、胞蚴逐渐发育成尾蚴，尾蚴离螺体，到水中游动，附着于岸边水草上，遇到蜻蜓幼虫，就钻进其体内，并在其体内发育成囊幼，鹅在吞食含有囊幼的蜻蜓或其幼虫时则被感染，进入鹅的消化道，包囊被溶解，幼虫沿肠道移行到泄殖腔等处，经1～2周，即发育为成熟的吸虫。

鸡、鸭、鹅都能感染前殖吸虫，鸭的感染更多一些，这与其食性有关。鹅感染的几种前殖吸虫在我国许多省、市均有发现。一般来说，多在夏季，呈地方性流行，这与蜻蜓出现的季节有关。

（二）临床症状

本病呈地方性流行，发生在夏秋蜻蜓出没季节，鹅经常在水边觅食，吞食蜻蜓幼虫的机会较多，各种日龄的鹅均可感染。表现为精神不佳，食欲减退，羽毛蓬乱，最后体温升高，泄殖腔突出，肛门周边潮红，病鹅可在3～5天内死亡。成鹅产蛋下降，常出现畸形蛋和蛋滞致。

（三）剖检

在直肠、输卵管、泄殖腔、肛门处有炎症表现，细致观察可发现虫体，粪便沉淀物涂片可发现虫卵。

（四）诊断

发现病鹅产出软壳、薄壳或无壳蛋，或从泄殖腔流出石灰样物等症状时，可疑为本病。若从粪便中查到前殖吸虫的卵，或剖检病死鹅，在其腔上囊或输卵管内找到虫体，即可确诊。

（五）防治措施

在流行地区普查鹅群，发现病鹅进行隔离治疗。用四氯化碳治疗，效果较好，成年鹅每次 3～6 ml，胃管投服，间隔 5～7 天可再投药 1 次。用硫双二氯酚，按每千克体重 200 mg，1 次口服。用六氯乙烷（吸虫灵），按每千克体重 0.2～0.5 g 拌入少量精饲料，每天 1 次，连续 3 天，服药前要禁食 12～15 小时，如能与小剂量四氯化碳合用，则可提高效果。注意用四氯化碳驱虫均要按规定剂量投服，过多会引起中毒。

五、鹅嗜眼吸虫病

鹅嗜眼吸虫寄生于鹅的结膜囊内，引起结膜、角膜水肿发炎，失明，病鹅不能觅食，消瘦，影响生产发育和产蛋量。鸡、鸭也能感染。

（一）病原及感染情况

新鲜虫体为淡黄色，前端较狭，呈纺锤形或犁形，长 3～6 mm，宽 0.9～1.9 mm，虫卵椭圆形，无卵盖，内含毛蚴。寄生在眼结膜的嗜眼吸虫所产的卵，随眼分泌物落入水中，继而孵出毛蚴，毛蚴侵入螺体内继续发育，经过雷蚴和尾蚴阶段，尾蚴离开螺体转到水生植物上，形成瓶状的囊蚴，当鹅在水中吞食了附有囊蚴的螺体或水生植物时，引起感染。幼虫只在禽只嗉囊停留 1～5 天后，经鼻泪管移到眼的瞬膜囊内，一个月后发育为成虫。这种吸虫，鸡、鸭、鹅、火鸡、珍珠鸡均能自然感染。鹅的感染、发病情况各地不一。

（二）临床症状

病鹅初时流泪，眼结膜充血潮红，泪水在眼中形成许多小泡沫，眼睑水肿，用脚搔眼或将眼睛揩擦翼背部。第 3 眼睑晦暗，增厚，呈树枝状充血或潮红。眼结膜有少量针尖状出血点。少数严重病例，角膜深层有细小点状混浊，表面光滑晦暗，有的角膜表面形成溃疡，被黄色片状坏死物覆盖，剥离后有的出血。这种黄色坏死物，有的突出于眼裂外。结膜膜内有浅黄色线条样粘性（偶有脓性）分泌物。虫体都吸附在内眦瞬膜下的穹窿部结膜或球结膜处。大多数病鹅为单侧性眼发病，一只眼出现严重症状，而另一只眼虽有感染而无明显症状，只有少数鹅为双侧性眼发病。眼内虫体较多的病鹅，可双侧眼发病，由于强刺激而失明，难以进食，很快消瘦，如是种鹅则产蛋减少，最后导致死亡。

（三）诊断

根据鹅以结膜、角膜炎为主的临床症状，在眼内眦瞬膜下的穹窿部查到嗜眼吸虫即可确诊。

（四）防治措施

用75%酒精滴眼，由助手将鹅体固定，另一助手固定鹅头，右手用钝头金属细棒或眼科玻璃棒，从内眼角扒开瞬膜，用药棉吸干泪液后，立即滴入75%酒精4～6滴。用此法滴眼驱虫操作简便，可使病鹅症状很快消失，驱虫率可达100%。也可以采取人工翻眼除虫，需要3人，其中助手2人，按上法用钝头细棒拨开瞬膜，第三人用眼科镊子从结膜囊内摘除虫体，然后用一定浓度的硼酸水冲洗眼睛。

六、鹅　虱

鹅虱是禽类体表永久性外寄生虫，其种类较多，有的寄生在鹅的头部和体部，有的寄生在鹅的翅部。鹅虱严重侵袭时可引起鹅贫血消瘦，羽绒脱落，产蛋量下降，影响母鹅抱窝孵蛋。此外，鹅虱还能传播疾病，对鹅的危害性颇大。

（一）病原及症状

羽虱是鹅的一种外寄生虫，常寄生在鹅头部和体躯各部位。在冬春季节大量繁殖、啮噬鹅羽毛和皮屑，使羽毛脱落，骚动不安，引起贫血和消瘦。虱不仅吸血而且产生毒素，影响鹅生长发育和生产性能。虱体呈椭圆形，雄虱长 4～5 mm，雌虱 5～6 mm，体色浅黄，全身长有密毛，腹部分节，有明显的横带。传播途径主要是靠直接接触感染，一年四季均可发生，但冬季较为严重。

（二）防治措施

主要应抓好预防措施，搞好鹅的生活环境卫生和个体卫生。鹅的生活环境要清洁、干燥，定时消毒。鹅的个体卫生就是要让鹅多下水洗涤，清洗体表的污染物及皮屑等。如果鹅体有羽虱，就应进行治疗。具体治疗方法有：

1. *喷粉法* 用1%马拉硫磷粉喷撒在鹅身上或鹅舍。也可用氟化钠 5 份、滑石粉 95 份，混匀后喷撒在鹅的羽毛上。

2. *喷雾法* 将 25%的敌虫菊脂油剂，用水稀释成 1∶2 000、1∶4 000、1∶8 000 等，进行喷雾或药浴，使药液撒在鹅体上，灭虱效果很好。

3. *土法* 烟叶 1 份，水 20 份，煮 1 小时后放冷，用该水溶液洗鹅身，效果良好。可多重复几次，无副作用。

第四节 鹅的常见普通病

一、有机磷农药中毒

有机磷农药种类很多，如 1605、1059、敌百虫、敌敌畏、乐果、辛硫磷等，在农业中广泛应用，对人畜均有毒害。家禽比哺乳动物更敏感。鹅多因误食了施用过有机磷农药的野菜、青杂草、谷类、植物种子或多喝了污染农药的沟池水而引起中毒。有机磷可通过消化道黏膜、呼吸道黏膜、皮肤黏膜、伤口进入体内，与体内的胆碱酯酶结合，使胆碱酯酶失去活性，不能水解乙酰胆碱，导致体内乙酰胆碱蓄积而中毒。

（一）临床症状

鹅群突然大批发病，先死健壮采食好的鹅。病鹅表现呼吸困难，两脚站立不稳，频频摇头，并从口中甩出食入的饲料，全身发抖，泄殖腔外口急剧收缩，频排稀便，倒地抽搐昏迷而死。

（二）剖检

食道膨大部和肌胃的内容物可嗅到大蒜气味，有轻重程度不同的胃肠炎，黏膜充血或出血、脱落、溃疡，肝、肾肿大，质地变脆，脂肪变性，血液呈暗黑色。必要时可将病鹅或食道膨大部的内容物送有关单位化验。

（三）防治措施

农药的保管、贮存和使用必须严格注意安全。在鹅场附近禁止存放农药，刚喷洒过农药的农田、草原、沟塘及菜地禁止放牧和路过。鹅吃了含有机磷农药的饲料后，有症状出现时，快速使用下列药物解救：

1. 解磷定注射液　每只成鹅肌肉注射 1 ml（每 ml 含 40 mg）。第一次注射后 15 分钟，再注射 1 ml。配合硫酸阿托品治疗效果更好。雏鹅酌情减量。

2. 硫酸阿托品注射液　每只成鹅每次肌肉注射 1 ml，第一次过后 15 分钟再注射 1 ml，以后每 30 分钟口服阿托品片剂 1 片，连服 2～3 次，并给予充分饮水。中龄鹅按 0.5～2 kg 体重首次口服 1 片，以后 0.5 片。

3. 洗胃　有中毒症状出现时，应先及时用手压方法将食道内存留的食物挤压出来，再用洗球压入清水，用手压法再挤出清水，反复几次，不但可减少农药吸收，还有利于解药快速发挥效力。

二、痢特灵中毒

痢特灵又名呋喃唑酮，由于其具有广谱的抗菌作用和抗球虫作用，且价格低廉，使用方便，在家禽生产中常用做饲料添加剂。但如使用不当或者使用过量，均会导致痢特灵中毒，尤其是对幼禽的毒性更大。临诊常用剂量为每千克体重 10 mg，每天内服 2 次，若给药超过剂量便会出现中毒症状。

（一）临床症状

病鹅精神沉郁，颈强直，翅下垂，食欲下降或停食，但饮水量明显增多，站立不稳，步态蹒跚，全身震颤，惊厥鸣叫，到处乱走，个别转圈，最后倒地痉挛而死。

（二）剖检

嗉囊、腺胃和肌胃内有黄色黏液；肠道有出血性炎症；肝微肿大，呈橘黄色，有轻微的出血点；颈部皮下、腿肌有出血点和斑；胸腹腔有黄色液体；心包积有棕红色液体，心冠沟有出血点，左右心房也有出血点；肺有坏死点；脑膜出血；肾脏呈橘黄色。

（三）防治措施

（1）使用痢特灵时要正确掌握剂量，饮水时要先用少量酒精溶解，一般预防病的剂量为 0.02%，治疗量为 0.04%，连用 1 周要停药，否则会造成积累性中毒。

（2）服用本品时要注意鹅群反应，若出现中毒症状，应立即停药，同时在饮水中加 5%葡萄糖和速补 14，每天饮用 2 次，其余时间饮用口服补盐液。第二天就可见病鹅精神大有好转，第三天不再出现死亡，第五天鹅群基本恢复正常。

三、中　暑

又称日射病、热衰竭。鹅可大群发生，雏鹅更常见。在炎热的夏季，温度高湿度大，通气不良，饲养密度大时易发此病。不论在放牧烈日直射或是在鹅舍内均可发生。

（一）临床症状

病鹅呼吸急促，张口伸颈喘气，翅膀张开下垂，口渴，体温升高，战栗痉挛，倒地昏迷，有神经症状，出现大群或部分死亡。

（二）剖检

大脑和胸膜充血、出血，全身静脉郁滞，血液凝固不良，尸冷缓慢。

（三）防治措施

夏季放牧要早出晚归，避开中午酷热，驱赶缓慢，多走林荫道。在闷热低气压的阴雨天要减少放牧。鹅舍要通风，运动场要有遮荫棚，饮水要充足。

(1)　一旦发生中暑立即赶鹅下水，或将病鹅放入冷水盆内。放翅下静脉血，同时翅静脉注射糖盐水 100～200 ml，或饮糖盐水(500 g 水中加白糖 25 g)。

(2)　口服加滴水 8～10 滴，肌肉注射安那加或樟脑注射液 0.2 ml。

四、鹅 软 脚 病

鹅软脚病多在秋、冬寒冷的季节里发生，特别是雏鹅最易患软脚病。发病原因主要是由于饲料中缺乏维生素 D 和钙质；长期饲喂单一饲料；运动不足，鹅群密度过大，拥挤；鹅床过于潮湿，垫草铺置太少等等。

（一）病因分析

鹅软脚病是个综合性症候群，在大群饲养时，每群几乎都会出现，其原因有以下 4 个方面：

1. 营养缺乏或不平衡　鹅在 0～8 周龄的生长速度比肉鸡和肉鸭快 1 倍多，各种营养都必须满足，然而目前大多数养鹅户都是以粗饲料凑合喂养，营养不足球是软脚病发生的重要原因之一。

目前我国对鹅的营养需要研究得不深，不少项目是未知数。即使美国 NRC 公布了鹅的营养标准，其中有的项目也是根据鸡、火鸡和鸭的营养推算出来的，有时达到了现有营养标准也仍然出现软脚病。

与脚正常发育关系较密切的营养包括：钙、磷、锰、锌、维生素A、维生素D、维生素B_1、维生素B_2、叶酸、烟酸、胆碱及生物素等。有报道认为，饲料中维生素A含量过高，会影响维生素D的吸收和利用，造成维生素D缺乏症，出现软脚。鹅对胆碱的需要量比鸡和鸭都高得多。至于钙和磷、锰和锌的含量及比例，更应考虑和重视。

2. *疾病影响和后遗症* 许多病目前还没有疫苗防疫，都是在发病后靠投药治疗，如采用抗生素和磺胺类药治疗球虫、沙门氏菌等，虽然疾病得到了应有的治疗，但由于营养吸收不良易导致软脚病。

3. *饲养管理条件* 据报道，在有足够活动空间的饲养场里，软脚病不易发生；水泥场地比砂土地面较易发生软脚病；经常受应激比环境安静时易发生软脚病。

4. *遗传因素* 中国鹅比外国鹅（如白罗曼鹅）易发生软脚病，这可能与选种育种、遗传因素有关。

（二）临床症状

随着鹅的体重增加，脚软无力，支持不住较重的身体，以致不能行走，常常伏卧在地上。病鹅移动时跗关节触地，甚至两翼支撑着地。

（三）防治措施

要分析病因，及时改善饲养条件，目前通常采用的治疗方法有：

（1）让雏鹅得到充分运动和日光照射，促进维生素D的合成，注意青饲料的多样化。

（2）饲料内钙和磷的含量要合乎标准，并考虑其比例合适。

（3）补充鱼肝油。每只每天10～12滴，分2次喂服。

（4）发现病鹅时，每只鹅每天服维生素B_1 10 mg，贝壳粉或碳酸钙 0.5 mg，混于饲料中喂给，以减少本病的发生。也可在饲料中加入 3%石灰水溶液（用 3 g 氢氧化钙溶于 100 ml 水中，搅拌澄清，取上清液内服）。

五、输卵管脱垂

（一）病因分析

本病又称输卵管外翻。母鹅常发生本病，尤以新开产的高产母鹅为多发，由于产蛋过大而发生难产时，过分用力努责而引起输卵管外翻。另一种情况是因母鹅输卵管及泄殖腔发炎时，由于局部不断受刺激，频频努责，企图把肛门内的刺激物排出去，而引起输卵管和泄殖腔脱垂。

（二）临床症状

肛门外脱出一段充血发红的输卵管，时间稍长即变成暗紫红色。病鹅不安，精神沉郁，食欲减少。脱垂时间过长，输卵管发生坏死、溃烂，因细菌感染而引起败血症死亡。

（三）防治措施

及早发现，及时治疗，一般可以痊愈。治疗可采用如下方法：

（1）把脱出的部分用 0.1%高锰酸钾或 0.05%呋喃西林或 2%雷弗奴尔的冷水溶液冲洗干净，然后轻轻还纳复位。肛门四周皮肤做临时性袋口缝合。并可往输卵管内注入些冷消毒液，以减轻充血和促进收缩，每天 2～3 次，2～3 天可恢复。在治疗中，患鹅要单独饲养。

（2）用1%的普鲁卡因溶液冲洗或浸渍脱出部分，并在肛门周围做局部麻醉，以减轻发炎和疼痛感觉。把脱出的输卵管整复还纳之后，在肛门周围皮肤做烟包缝合，防止输卵管继续脱垂。在治疗期间如果母鹅继续产蛋，脱垂反复出现，治疗效果不佳，可予淘汰。

六、硬 嗉 病

（一）病因分析

小鹅消化机能不健全，母鹅刚放出巢饥饿贪食，或者吃入粗硬多纤维的饲料、过大的块根饲料，或咽下鸭毛、鹅毛、麻绳等异物而引起硬嗉病。

（二）临床症状

患鹅食道膨大部肿大，触诊坚实，里面充满硬固食物，停留1～2天不消化。病鹅神态不安，翅膀下垂，呆立不动，食欲废绝。

（三）防治措施

平时配合饲料要适当，块根类及粗硬多纤维饲料要切碎、切短，饲喂要定时定量。对患鹅可用注射器直接将植物油注入其硬固的食道膨大部，用手轻轻揉压并向食管下方推动，使其进入胃内。严重病例可在食道膨大部切一2～3 cm的小口，将阻塞物取出，用0.1％高锰酸钾水冲洗干净，再缝合。术后12小时内不喂料。

七、脚 趾 脓 肿

（一）病因分析

脚趾脓肿又叫趾瘤病，是由于鹅脚趾底部及周围组织受到机械性损伤、局部细菌感染而形成。体型大的鹅容易发生本病。运动场地粗糙、坚硬，放牧时经过有大量石砾的地方，都容易引起脚趾皮肤的损伤，因化脓菌感染而发生脚趾脓肿。

（二）临床症状

患鹅脚底化脓肿胀，有的黄豆大，有的鸽蛋大。有的炎症蔓延到脚趾间组织、关节和腱鞘。在脓胀部位的组织中，蓄积炎性渗出物及坏死组织，经过一定时间，脓肿逐渐干燥，变成干酪样。也有的脓肿溃烂后形成溃疡面，使患鹅行走困难，影响食欲，造成母鹅产蛋下降或停止。

（三）防治措施

鹅舍和运动场的地面应铺平，放牧时应选择平坦的道路。早期病例可采用手术治疗，即切开患部排脓，用1%～2%雷佛奴尔液冲洗，撒入土霉素粉，停止放牧，关养在干净鹅舍内，每天换药1次，7天左右可痊愈。

八、咽　喉　炎

（一）病因分析

生产肥肝时，填饲操作不慎，填饲管强行插入，造成机械损伤，引起咽喉黏膜及其深层组织发炎。

（二）临床症状

咽喉周围组织充血，肿胀和疼痛，填饲时鹅挣扎不安，填饲管不易插入食道。触诊咽喉时，鹅摇头抗拒检查。

（三）防治措施

填饲管要光滑，管口要圆钝，无缺口。填前要在填饲管上抹油。填饲员的指甲要剪光磨平，拉鹅舌的动作要轻，插入饲管要慢且角度正确。轻度炎症可内服土霉素，每次半粒（0.125 g），日服2次，局部用磺胺软膏涂擦。如咽喉部破损严重，则应及早淘汰。

九、公鹅生殖器官疾病

（一）病因分析

公鹅在寒冷天气配种，阴茎伸出后被冻伤，不能内缩，因而失去配种能力；也有的因公、母比例不当，公鹅长期滥配而过早地失去配种能力；再者，在水里配种时，阴茎露出后被蚂蟥咬伤，使阴茎受到感染发炎而失去配种能力。

（二）临床症状

阴茎露出后不能缩回，阴茎红肿，甚至感染化脓。如因交配频繁，则阴茎露出呈苍白色，久之变成暗红色。公鹅阳萎者，则虽有爬跨，但阴茎伸不出来，无法交配。

（三）防治措施

当阴茎受冻垂出在外，不能缩回时，应及时用温水温敷，或用0.1%高锰酸钾温热溶液冲洗干净，涂以抗生素软膏或三磺软膏，并娇正其位置。对阳萎和阴茎已呈暗红色的鹅应予淘汰。合理调整公、母配种比例，一般应为1：4～6。另外，在母鹅产蛋期到来之前，提早给公鹅补料。

十、异物性肺炎

（一）病因分析

异物性肺炎是因为饲料干湿拌合不匀，鹅群大，饲喂不定时，造成鹅抢食过急，饲料误人气管及支气管中，引起异物性肺炎的发生。

（二）临床症状

鹅采食后，突然抬头伸颈，张口摇头，咳嗽，呼吸困难，随后体温升高，不食，精神极度沉郁，不久窒息死亡。

（三）剖检

剖检可见喉头及鼻后孔有多量的干糠及黏液阻塞。气管及支气管内有糠麸饲料，气管及支气管壁充血。

（四）防治措施

喂料必须定时、定量，避免鹅抢食过急。饲料拌合必须均匀，宁湿勿干。本病不易治疗。

十一、维生素A缺乏症

维生素A是动物机体维持生命和生长发育的必需物质，主要是维持上皮组织的正常生长和修复，参与眼底感光物质的合成，并与抗病免疫有密切关系，因此对它应当格外重视。

维生素A广泛存在于动物的肝、蛋、乳中，而在其他常用的动物性饲料中含量甚微或无。植物性饲料中不含维生素A，但含有胡萝卜素（又称维生素A原），尤其以青绿饲料中含量丰富，它们可在动物体内转化为维生素A，故以放牧饲养为主的鹅，一般不易发生本病，但对舍饲的鹅应予补充维生素A。

10日龄以上的鹅对维生素A的需要量为4 000 IU/kg饲料，产蛋期为8 000 IU/kg饲料。由于疾病、健康状况以及维生素的质量等诸多因素的影响，常使产蛋期饲料维生素A的含量达到10 000IU/kg饲料。

（一）临床症状

7～14日龄的雏鹅发生维生素A缺乏症，是由于产蛋母鹅的日粮中缺乏维生素A所致。病雏呈现生长发育严重受阻，羽毛蓬乱，喙部黄色素变淡，一侧或两侧眼流泪，眼睑下方有时见乳酪样分泌物，角膜混浊，软化，严重时出现角膜穿孔，造成眼房液外流，眼球下陷，失明，直至死亡。种鹅维生素A缺乏，除了上述症状外，还出现产蛋量下降，蛋黄颜色变淡，受精率降低，孵化死胎增加，公鹅性欲不强，蹼、喙黄色消失。

（二）剖检

消化道、呼吸道黏膜生成一种白色小疤状结节，大的直径可达2 mm，数量很多，严重的可形成一层黄白色的假膜，覆盖在黏膜表面，刮去假膜可见溃疡灶，有炎性渗出和出血。

（三）防治措施

防止雏鹅先天性维生素A缺乏症，必须在产蛋母鹅的日粮中保证充足的维生素A或维生素A元供应，增加富含多维素的饲料比例，如胡萝卜、草粉、黄玉米、鱼粉等。当雏鹅群发生维生素A缺乏时，应在每千克日粮中补加1 000～1 500 IU的维生素A，或在每千克混合料中掺鱼肝油2～4 ml，也可在日粮中添加维生素A粉、维生素AD粉或禽用多种维生素，剂量和用法按厂家说明进行，1个月内可恢复正常。

十二、维生素D缺乏症

具有调节钙、磷代谢，促进生长发育的作用。维生素D在自然界中主要以两种形式存在，即维生素D_3和维生素D_2。其中家禽对D_3的利用能力较强，其效能比D_2高40倍。D_3仅存在于动物性饲料中，尤以肝脏含量最为丰富。

以放牧为主的鹅，能接受到日光中紫外线的照射，可合成足以满足自身需要的维生素D的量。但对舍饲的鹅，若不能经常受到阳光的直接照射，就必须在饲料中添加适量的维生素D添加剂，供其生长需要，否则就会出现维生素D缺乏症。在舍饲条件下，一般在每千克饲料中添加维生素D的剂量为：幼雏和育成期1 200 IU，产蛋期1 400 IU。

（一）临床症状

雏鹅维生素D不足，会发生佝偻病。本病在雏鹅出壳1周后就可出现。病鹅生长停滞，两腿无力，步态不稳，跛行，常以跗关节触地，喙变软或弯曲变形，喙食不便，由于钙化不全及软骨过度生长，造成关节肿大，特别是跗关节和肋骨关节明显。成年母鹅在产蛋不久即出现症状，开始产软壳蛋、薄壳蛋，随即停止产蛋，出现跛行，龙骨变形，食欲降低，喜卧不爱行动。

（二）剖检

脊椎骨和肋骨变形，特别是骨结合部有局限性肿大，形成突起的白色骨结节，有些出现骨折，骨质脆，胫骨弯曲等骨变态症状。

（三）防治措施

首先要分析饲料与每天接受日浴的情况，判断是缺乏维生素D，还是钙、磷含量不足或比例严重不适。属于钙、磷方面的原因，应立即调整，重新配比，并适当补充维生素D即可；属于缺乏维生素D时，应予补充，可于每千克饲料中添加清鱼肝油10～

20 ml，同时还要按说明书的要求加入禽用多种维生素添加剂，持续饲喂一段时间，一般为10～30天，至病鹅恢复健康为止。

十三、维生素B_1缺乏症

维生素B_1（又称硫胺素）为禽类碳水化合物代谢所必需的物质，主要存在于谷粒及其副产品等饲料中，如饲料配合得当，饲养方法合理，就不易引起本病。否则会引起20日龄左右的雏鹅成群发病，若不及时治疗就会出现大批死亡的现象。

（一）临床症状

因长期缺乏维生素B_1，致使神经发生退行性变化，呈多发性神经炎症状。病初精神不振，食欲消失，羽毛松乱无光泽，步态不稳，行走时常常跌撞、蹲下，倒地侧卧或两脚朝天作游泳状摆动、挣扎；然后有的出现神经麻痹症状，不能行走和站立，身体常坐在自身屈曲的腿上，头向背后极度弯曲呈“观星”姿势，有的突然跳跃，有的不断转圈，阵发性发作，最后抽搐、倒地死亡。成年鹅的症状与幼雏相似，只是发展比较缓慢，有时伴有下痢、贫血、体温下降等现象。

（二）剖检

无特殊病变部位，可见皮肤广泛性水肿，胃肠壁和生殖器官（卵巢及睾丸）萎缩。

（三）防治措施

常用维生素B_1进行治疗，每千克饲料添加10～20 mg，连用10～20天。维生素B_1在碱性环境下不稳定，因此在配合饲料中要注意防止加入碱性盐类。对病重者可喂服维生素B_1片剂，每只每天1片，连喂3天；或者采取肌注法治疗，每只每天0.2～0.4 ml维生素B_1注射液肌肉注射，连续3天。此外，日粮中应适当提高富含多维素饲料的比例，如糠麸、糙米、黄豆、肉骨粉及酵母等。除少数重病者外，大多数经治疗后可以康复。

参 考 文 献

1. 陈育新，曾繁同，沈慧乐等．中国水禽．农业出版社，1990
2. 曹宵．鹅的养殖及加工．江苏科学技术出版社，1992
3. 吴素琴，曹光辛，于汉周等．养鹅生产指南．农业出版社，1992
4. 董瑞璠．现代养鹅技术．中国农业科技出版社，1990
5. 杜文兴，姜加华，栾必荣等．科学养鹅一月通．中国农业大学出版社，1998
6. 张喜春．鹅．经济管理出版社，1998
7. 徐银学，谢庄，杜文兴等．肉用鹅饲养法．中国农业出版社，1997
8. 杨山，曾繁同，艾文森等．家禽生产学．中国农业出版社，1995
9. 国际水禽生产学术会议组织委员会．水禽生产——国际水禽生产学术会议论文集．中国畜牧兽医学会，1988
10. 陈耀王，许翥云，王恬．实用养鹅技术．农业出版社，1990
11. 焦骅，冯名振，韩绍杰等．养鹅技术．辽宁科学技术出版社，1995
12. 李世云，宁志忠，武志学．鹅养殖及产品加工．科学技术文献出版社，1994
13. 夏加发．高效养鹅短平快，中国致公出版社，1998
14. 方厚生，徐宏树，丁迎伟等．鹅的饲养与活拔毛技术．上海科学技术出版社，1990
15. 李绥章，黄明华．中国白鹅的养殖与加工．合肥科学技术出版社，1994
16. National Reserch Comcil. Mutrition Requiements of Pourtry 9th Revised Washington D C National Academy Press，1994
17. Singh R A. Poultry Production Mew Delhi-ludniarna Kalyani Publishers，1985
18. Bartlett Tom. Ducks and Geese Ramsbury. The Crowood Press，1986

图书在版编目(CIP)数据

简明养鹅手册/尹兆正，余东游，祝春雷编著．—北京：中国农业大学出版社，2002.4

ISBN 7-81066-457-3/S·338

Ⅰ．简… Ⅱ．①尹… ②余… ③祝… Ⅲ．鹅-饲养管理-技术手册 Ⅳ．S835.62

中国版本图书馆 CIP 数据核字(2002)第 010930 号

出版发行 中国农业大学出版社
经　销 新华书店
印　刷 北京万博诚印刷有限公司
版　次 2002 年 4 月第 1 版
印　次 2009 年 1 月第 3 次印刷
开　本 32　9.75 印张　240 千字
规　格 850×1 168
定　价 14.00 元

图书如有质量问题本社负责调换

社址 北京市海淀区圆明园西路 2 号　**邮政编码** 100193
电话 010-62732633　**网址** www.cau.edu.cn

简明养殖手册系列图书

更经济　更科学　更实用

书　　名	作　者	估(定)价
简明养蚕手册	顾国达	14.00(元)
简明禽病防治手册	杨秀女	18.00(元)
简明猪病防治手册	刘兴友	17.00(元)
简明牛病防治手册	肖定汉	16.00(元)
简明淡水养虾手册	李继勋	14.50(元)
简明饲料配方手册	萨仁娜	16.00(元)
简明鱼虾饲料手册	林　海	14.00(元)
简明养鸭手册	岳永生	15.00(元)
简明养牛手册	孙国强	14.50(元)
简明养蜂手册	袁耀东	15.50(元)
简明养羊手册	张英杰	13.00(元)
简明养鹿手册	卫功庆	16.00(元)
简明养鹅手册	尹兆正	14.00(元)
简明养狐手册	白秀娟	14.00(元)
简明养猪手册	田有庆	14.00(元)
简明养兔手册	王建民	13.00(元)
简明肉犬养殖手册	王顺宝	14.00(元)
简明养龟手册	宋憬愚	18.00(元)
简明养鳖手册	丁　雷	17.00(元)
简明肉鸡饲养手册	杨全明	14.00(元)
简明蛋鸡饲养手册	唐　辉	16.00(元)